云南烟用

商品有机肥
质量监控与应用

主　编　张晓伟　杨树明　龙　杰　孙浩巍　张　轲
副主编　李青彦　陈　峰　徐安传　王春琼　陈　丹
　　　　何　悦　李云翰　蔡洁云　彭丽娟　胡彬彬
　　　　闫　辉　王　炽　孙军伟　马　辉　李昌威
　　　　董杏梅　徐世斌　范昱明

西南交通大学出版社
·成　都·

图书在版编目（CIP）数据

云南烟用商品有机肥质量监控与应用 / 张晓伟等主编. -- 成都：西南交通大学出版社，2024. 11. - ISBN 978-7-5774-0071-6

Ⅰ. TS424

中国国家版本馆 CIP 数据核字第 20245K7C94 号

Yunnan Yanyong Shangpin Youjifei Zhiliang Jiankong yu Yingyong

云南烟用商品有机肥质量监控与应用

主编　张晓伟　杨树明　龙　杰　孙浩巍　张　轲

策 划 编 辑	李芳芳　张少华
责 任 编 辑	张少华
封 面 设 计	GT 工作室
出 版 发 行	西南交通大学出版社
	（四川省成都市金牛区二环路北一段 111 号
	西南交通大学创新大厦 21 楼）
营销部电话	028-87600564　028-87600533
邮 政 编 码	610031
网　　　址	http://www.xnjdcbs.com
印　　　刷	四川玖艺呈现印刷有限公司
成 品 尺 寸	184 mm × 260 mm
印　　　张	15
字　　　数	300 千
版　　　次	2024 年 11 月第 1 版
印　　　次	2024 年 11 月第 1 次
书　　　号	ISBN 978-7-5774-0071-6
定　　　价	96.00 元

编委会

前　言

　　烤烟生产是农业经济的重要组成部分，也是乡村振兴和农民增收的重要途径。云南是中式卷烟最大的核心烟叶生产基地，所产烟叶是中式卷烟重点骨干品牌配方中不可替代的原料。有机肥料在烟叶风格特色和品质形成中发挥了积极作用。近年来，云南烟草行业为彰显云南烟叶清甜香型风格，促进土壤保育和烟草产业健康发展，打好"绿色食品三张牌"，大力推行依托云南丰富的有机肥资源，利用商品有机肥替代部分化肥，每年施用商品有机肥约 20 万吨，为促进云南烟草化肥减量增效、烟叶提质增效和生态保护发挥重要作用。然而，有机肥中含有重金属、抗生素、激素与内分泌干扰物、病原生物、抗性菌等污染物且可能造成抗性基因的扩散，按现行有机肥质量控制指标、标准限值管理，其可能会对土壤环境质量、健康质量及烟草食品安全造成威胁。同时，由于缺乏完整的烟用商品有机肥质量监控体系，严重限制了该类产品的应用前景。

　　据测算，现代农业产量除了靠优良品种外，至少有 25% 是靠化肥获得。中国氮肥当季利用率为 30%～35%，磷肥和钾肥分别为 10%～20%、35%～50%，较发达国家低 15%～20%，每年农田氮肥损失率高达 33.3%～73.6%，平均总损失率约 50%。长期过度依赖化肥引发了资源浪费，增加农业生产成本；降低农产品产质量和安全性，限制农产品优质化、品牌化的价值提升空间；导致土壤"板、馋、贫、浅、酸、咸、脏、杂"，肥料利用率低等诸多负面效应，并对水体、土壤、大气环境安全造成极大威胁。商品有机肥是一种重要的有机碳肥料资源，对其合理利用能改善土壤结构、增加土壤有机碳储存，促进农产品提质增效。同时，其部分替代化肥是实现种养有机肥废弃物资源化利用，减少农业环境污染，改善乡村生态环境、固碳减排及推进现代农业高质量发展的有效方法。

针对目前烟用商品有机肥种类繁多，成分复杂，高端产品少，质量标准模糊，指标及检测不完善，产品质量监控体系不健全，提质增效应用技术不系统的局限性，本书由各撰写人员在云南有机物资源化和肥料化利用、有机肥研制及检测、安全生产及应用等长期相关工作研究成果的基础上，深度挖掘编者承担的中国烟草总公司云南省公司科技计划重点项目"烟用商品有机肥质量控制标准和监测体系构建及应用"（2021530000241034）、云南中烟工业有限责任公司科技计划重点项目"基于品牌适配性的云南植烟生态区域定位研究及应用"（2022539200340097）、云南省高层次科技人才及创新团队选拔专项"云南省农业环境保护农田土壤氮磷减蓄与高效利用创新团队"（202305AS350013）及云南省科技厅重大科技专项计划"生物源农药生产关键技术研究与高效绿色农药新产品开发"（202202AE090010）的研究结果，撰写此书。本书系统阐述了云南烟用商品有机肥料及其有机物料分类及资源量、品质及安全利用特性，以及质量控制体系；研究了主要原料发酵工艺和研制高端有机肥产业技术，构建了一套烟用商品有机肥料提质增效技术，并邀请省内知名专家进行了修改、审订，具有很强的针对性和实用性。该书的出版有利于促进植物营养理论研究，以及烟用商品有机肥料（或碳肥）研发及高效施用，提升云南有机肥企业产品质量，促进"绿色低碳"战略及推进烟草农业高质量发展。本书适合有机肥企业和从事有机肥料研制、检测及应用的科技工作者的使用，也适合政府及烟草有机肥质量监管部门的使用。

全书分上下 2 篇共 8 章。其中上篇包括 5 章：第 1 章主要概述有机肥种类及性质、商品有机肥与烤烟生产、云南烟用商品有机肥产业现状；第 2 章系统分析了烟用商品有机肥原料及特性；第 3 章分析了烟用商品有机肥质量特性；第 4 章阐述了烟用商品有机肥检测新技术方法；第 5 章研究了烟用商品有机肥质量监控及管理。下篇共包括 3 章：第 6 章论述主要原料的烟用有机肥发酵工艺参数；第 7 章论述新型烟用商品有机肥料研制与应用；第 8 章主要论述化肥与烟用商品有机肥精准配施技术实例。

由于烟用商品有机肥种类繁多，成分复杂，随着检测技术的迅速发展，新的技术和方法不断涌现，质量控制指标、标准限值也会随之更新，加之编者学术水平和编写经验有限，疏漏和不妥之处在所难免，敬请读者批评指正。

编　者

2024 年 3 月

目 录

云南烟用商品有机肥质量监控体系

1 概 论

1.1 有机肥料分类及性质

1.1.1 有机肥料种类及性质

有机肥料是指由动物的排泄物或动植物残体等富含有机质的副产品资源为主要原料，经发酵腐熟后而成的肥料。有机肥料产品分为农家肥和商品有机肥。

1.1.1.1 农家肥

农家肥是指在农村中收集人粪尿、厩肥、秸秆等农业废弃物，经过自然堆积发酵后的各种有机肥料。其营养全面，除含有丰富的有机质、氮、磷、钾等营养元素外，还含有植物生长所需的微量元素及生理活性物质，是优质的有机肥料，具有原料来源广泛、可就地取材就地使用、成本低廉等特点。

我国延续了数千年的农耕文明，自古就存在使用农家肥维持和提升地力的生产习惯。农家肥是中国传统农业精耕细作的基础，其在处理农村生产生活废弃物的同时，通过还田维持土壤地力常新，具有培肥地力、改善土壤结构、提高作物产量与品质的作用，成为中国传统农业得以维系数千年的传家宝。农家肥主要特点如下：

（1）数量巨大。农家肥在农业生产上起着重要的作用，来源广泛，可就地取材，降低农业生产成本。

（2）养分主要以有机态存在。如氮素呈蛋白质状态，磷素呈植酸、核蛋白和卵磷脂状态；有机养分绝大多数不能直接被植物吸收利用，故农家肥的肥效比无机肥料缓慢而时间持久。

（3）有机质含量高。农家肥中的有机质在土壤中被微生物分解腐烂放出二氧化碳和生成有机酸，这样既可增强植物二氧化碳营养，又可促使土壤难溶性养分的溶解。

（4）能改良土壤。农家肥中的有机质在土壤中经过微生物的作用形成腐殖质，腐殖质能促进土壤团粒结构的形成，使土壤疏松，易于耕作。同时能改善土壤通透性，有利于土壤微生物活动，促进土壤养分分解和结构，增强土壤保水保肥能力。

（5）是一种完全肥料。农家肥含有氮、磷、钾、钙、镁、硫等大量及中微量元素，可较全面地满足作物营养需要。但农家肥也存在微生物含量较少，有益微生物和有害微生物共生，易出现烧根、烧苗，导致减产的缺点。

传统农家肥种类繁杂，目前没有一个统一的分类标准。根据来源、特性和积制方法，可分为10大类，即粪尿类、秸秆类、堆沤肥类、土杂肥类、灰肥类、绿肥类、饼肥类、动物性杂肥类、腐殖酸类和农用"三废"类，每一类又分为若干个品种，不同品种的性质与使用方法存在一定差异。农家肥分类表如表1-1所示。

1. 粪尿类

粪尿肥的主要原料是人、畜禽的排泄物，其特点是养分平衡、肥效高，其中牛、马驴、骡粪和蚕沙品质稍差，猪、鸡粪存在重金属、抗生素超标的安全风险。

2. 秸秆类

秸秆肥是农村5料（饲料、垫料、燃料、工业原料、肥料）的主要材料，其养分含量丰富，利用率高，可垫厩、堆沤及直接还田，改善地力、土壤结构。

3. 堆沤肥类

堆沤肥是利用作物秸秆、农村生活垃圾、绿肥、杂草等有机物料与粪尿类肥料共同积制腐化而成的有机肥料。其具有粪尿类养分齐全、肥分浓厚的特点，兼有秸秆类富含有机质、钾等养分的性质，比较适合用于改土肥田，品质以沼气肥最好。

4. 土杂肥类

土杂肥种类多，来源广，成分复杂，其特点为粗有机物和酸碱变化大，富含磷、钾、钙、镁等营养元素，养分组成不平衡。其中，城市垃圾应进行分选和无害化处理后，方可施入土壤。使用灰肥时，其不能与氮肥或人畜粪尿混用，也不可与堆沤、厩肥类一起混用。

5. 灰肥类

灰肥类指的是通过植物残体（如稻草、秸秆、枝叶等）或其他有机物质燃烧后产生的灰烬作为肥料使用。这类肥料在中国传统农业中有着悠久的应用历史，其主要成分包括钾、钙、镁以及一些微量元素，对改善土壤质地、调节土壤酸碱度、补充土壤养分等方面具有一定的作用。

6. 绿肥类

绿肥是我国传统的生物肥源，能固定空气中的氮元素，品质较好，常用于荒地开发，是中低产田改良的重要先锋。绿肥的特点：含氮丰富，一年生草本易分解，肥劲短促；多年生草本和木本分解较慢，肥效长。常将绿肥割断压入土中沤烂作基肥，或切碎后加入粪肥或马尿做堆肥使用，对广开肥源、培肥土壤意义重大。

7. 饼肥类

饼肥俗称油枯，是含油的作物籽粒榨油后剩下的残渣。其养分含量高，而在土壤中分解快，比其他有机肥料易发挥肥效，在烤烟生产上发挥了重要的作用，如使烟叶含油多，韧性好，燃烧性强，提高其内在品质。

8. 动物性杂肥类

动物性杂肥类是一种重要的农家肥，主要来源于各种动物的排泄物及其副产品。这类肥料因其丰富的有机质、氮、磷、钾等营养元素而被广泛用于农业生产中，能有效提升土壤肥力，促进作物生长。

9. 腐殖酸肥类

腐殖酸类肥料多作为填充料与化肥混合生产有机无机复混肥，以及天然褐煤、草炭。其腐殖酸含量丰富，具有改良土壤、提高肥效、改善作物品质和刺激作物生长的作用。

10. 农用"三废"类

农用"三废"类指垃圾、生活污水、工业废水、废渣等废弃物。

表 1-1　农家肥分类表

类别		品种
粪尿类		人粪、人尿、猪尿、牛粪、牛尿、马粪、马尿、羊粪、羊尿、骡粪、驴粪、鸡粪、鸭粪、鹅粪、鸽粪、鹌鹑粪、狗粪、兔粪、蚕沙、猴粪、大象粪
秸秆类		水稻秸秆、玉米秸秆、小麦秸秆、荞麦秸秆、花生秆、番茄秆、向日葵秆、青稞秆、燕麦秆、马铃薯藤、红薯藤、西瓜藤、南瓜藤、油菜秸秆、烟秆、甘蔗茎叶、洋葱茎叶、蓖麻叶、大麻叶
堆沤肥类		水稻秸秆堆肥、麦秆堆肥、山草堆肥、松毛堆肥、玉米秸秆堆肥、猪厩堆肥、牛厩堆肥、马厩堆肥、羊厩堆肥、鸡厩堆肥、猪马牛羊混堆肥、混杂堆肥、沼气肥、沤肥、沼液、猪厩肥、牛厩肥、马厩肥、羊厩肥、鸡厩肥
土杂肥类	草木灰	水稻秆灰、玉米秆灰、小麦秆灰、甘蔗叶灰、荞麦秆灰、烤烟秆灰、向日葵秆灰、山草灰、煤灰、粪灰、灶灰、草泥灰、柴灰
	杂肥	硝土、火山土、老墙土、熏土、糟渣土、山基土、草甸土、塘泥、蔬菜废弃物、紫羊肝石、磷灰土、酒糟、豆腐渣、植物药渣、猪废弃物、牛废弃物、羊废弃物、河塘泥

类别		品种
绿肥类	栽培绿肥	紫云英、观叶苕子、白花苕、蓝花苕、黄花苜蓿、紫花苜蓿、蚕豆、大豆、豌豆、猪屎豆、绿豆、饭豆、白云豆、白三叶、红三叶、籽粒苋、黑麦草、芭豆叶、芋头秆
	水生绿肥	细绿萍、红萍、水花生、水浮莲、水葫芦、海肥
	野生绿肥	紫茎泽兰、蒿枝、苦刺、山杜鹃、葛藤、茅草、含羞草、合欢、云南飞机草、槐树叶、蓝靛、圣诞树、水马桑、苏麻、铁刀木、金光菊
饼肥类		菜籽饼、花生饼、桐籽饼、蓝花籽饼
腐殖酸肥类		褐煤、草炭
农用"三废"类		农用垃圾、废渣

1.1.1.2　商品有机肥

商品有机肥是经发酵腐熟、辅助一定加工工艺，使其达到无害化标准而形成的可以直接施入农田的有机肥，其原料来源主要有：畜禽粪便、城市污泥、工业废渣、农作物秸秆等。目前，我国商品有机肥料大致可分为精制有机肥料、有机无机复混肥料、生物有机肥料、生物炭基肥料、复合微生物肥料、药肥等类型，是绿色农产品、有机农产品和无公害农产品生产所需的主要肥料品种（黄绍文等，2017）。商品有机肥料产品分类和标准如表 1-2 所示。

表 1-2　商品有机肥料产品分类和标准

种类	产品标准	优点	缺点	来源
精制商品有机肥	有机质≥30%，总养分（$N+P_2O_5+K_2O$）≥4%，水分≤30%，pH 5.5~8.5，种子发芽指数≥70%，机械杂质≤0.5%，粪大肠菌群数≤100 个/g，蛔虫卵死亡率≥95%，总砷（As）≤15 mg/kg，总汞（Hg）≤2 mg/kg，总铅（Pb）≤50 mg/kg，总镉（Cd）≤3 mg/kg，总铬（Cr）≤150 mg/kg	有机质含量丰富	短期作物生长效果不明显，当季增产不理想	NY/T 525—2021
有机无机复混肥	Ⅰ型：有机质≥20%，总养分（$N+P_2O_5+K_2O$）≥15%，pH 5.5~8.5，水分≤12%； Ⅱ型：有机质≥15%，总养分（$N+P_2O_5+K_2O$）≥25%，pH 5.5~8.5，水分≤12%； Ⅲ型：有机质≥10%，总养分（$N+P_2O_5+K_2O$）≥35%，pH 5.0~8.5，水分≤10%。粒度≥70%，未标"含氯"产品氯离子≤3%，钠离子≤3%，缩二脲≤0.8%，总砷（As）≤50 mg/kg，总汞（Hg）≤5 mg/kg，总铅（Pb）≤150 mg/kg，总镉（Cd）≤10 mg/kg，总铬（Cr）≤500 mg/kg	有利于提高肥料利用率，功能微生物丰富	有机质含量偏低，成本较高	GB/T 18877—2020

续表

种类	产品标准	优点	缺点	来源
生物有机肥	有机质≥40%，有效活菌数≥0.2 亿/g，水分≤30%，pH 5.0～8.5，粪大肠菌群数≤100 个/g，蛔虫卵死亡率≥95%，总砷（As）≤15 mg/kg，总汞（Hg）≤2 mg/kg，总铅（Pb）≤50 mg/kg，总镉（Cd）≤3 mg/kg；总铬（Cr）≤150 mg/kg	富含有机质和提高养分释放能力的功能菌	成本较高，无机养分，当季增产不明显	NY/T 884—2021
生物炭基有机肥料	生物炭≥10%（Ⅰ型）或≥5%（Ⅱ型），碳≥25%（Ⅰ型）或≥20%（Ⅱ型），总养分（N+P₂O₅+K₂O）≥5%，水分≤30%，pH 6.0～10.0，粪大肠菌群数≤100 个/g，蛔虫卵死亡率≥95%，总砷（As）≤15 mg/kg，总汞（Hg）≤2 mg/kg，总铅（Pb）≤50 mg/kg，总镉（Cd）≤3 mg/kg；总铬（Cr）≤150 mg/kg	富含生物炭及氮磷钾养分	成本较高	NY/T 3618—2020
复合微生物肥料	有机质≥20%（固体）；有效活菌数≥0.2 亿/g（固体），有效活菌数≥0.5 亿/g（液体）；总养分（N+P₂O₅+K₂O）8%～25%（固体）或 6%～20%（液体）；水分≤30%（固体）；pH 5.5～8.5（固体）或 pH 5.5～8.5（液体）；杂菌率<30%（固体）或杂菌率<15%（液体）。粪大肠菌群数≤100 个/g，蛔虫卵死亡率≥95%，总砷（As）≤15 mg/kg，总汞（Hg）≤2 mg/kg，总铅（Pb）≤50 mg/kg，总镉（Cd）≤3 mg/kg；总铬（Cr）≤150 mg/kg	富含有机质和提高养分释放能力的功能菌	成本较高	NY/T 798—2015
药肥	有机质≥30%，总养分（N+P₂O₅+K₂O）≥4%，水分≤30%，pH 5.5～8.5，种子发芽指数≥70%，机械杂质≤0.5%，粪大肠菌群数≤100 个/g，蛔虫卵死亡率≥95%，总砷（As）≤15 mg/kg，总汞（Hg）≤2 mg/kg，总铅（Pb）≤50 mg/kg，总镉（Cd）≤3 mg/kg，总铬（Cr）≤150 mg/kg。农药有效成分含量≤2.5%，允许波动±25%。	兼有营养和提高农药利用率的功能		符合NY/T 525—2021 和 NY/T 3589—2020 要求

1. 精制有机肥

精制有机肥料指经过工厂化生产，不含有特定肥料效应微生物的商品有机肥料，其多以秸秆、畜禽粪便、菌菇渣类、锯末、蔗渣、桑树枝条、酒糟和中药渣为原料制成。

2. 有机无机复混肥

有机无机复混肥由有机和无机肥料混合或化合制成，既含有一定比例的有机质，又含有较高的养分，这与我国当前科学施肥所提倡的"有机和无机相结合"原则相符。

3. 生物有机肥

生物有机肥是以动植物残体为来源，经过无害化处理、腐熟的有机物料复合而成的一类兼具有益微生物肥料和有机肥效应的新型安全环保肥料，主要包括：采用微生物进行自然发酵形成的微生物有机肥；堆积发酵过程中采取特种通风、发酵设备生产的微生物有机肥；通过添加酵细剂、除臭剂加快发酵而形成的微生物有机肥。其特点如下所示：

（1）富含有益微生物菌群，环境适应性强，易发挥出种群优势。生物有机肥中含有发酵菌和功能菌，具有营养功能强、根际促生效果好、肥效高等优点。

（2）生物有机肥富含生理活性物质，生产生物有机肥需将有机物发酵，进行无害化、高效化处理，产生吲哚乙酸、赤霉素、多种维生素以及氨基酸、核酸、生长素、尿囊素等生理活动物质。

（3）生物有机肥富含有机、无机养分，生物有机肥原料以禽、畜粪便为主，富含有机、无机养分，N、P、K养分，各种中量和微量元素以及其他对作物生长有益的元素，故具养分含量丰富且体积小、宜施用的优点。

（4）生物有机肥经发酵处理后无致病菌、寄生虫和杂草种子，添加的微生物菌对生物和环境安全无害，且适合工业化生产和满足大规模农业生产需求。故生物有机肥兼具微生物肥料与有机肥料双重优点，具有明显改土培肥和增产、提高产品品质的效果（李庆康等，2003）。

4. 生物炭基有机肥料

生物炭基有机肥料是以生物炭与来源于植物或动物的有机物料混合发酵腐熟，或与来源于植物或动物的经过发酵腐熟的含碳有机物料混合制成的肥料。生物炭的多孔结构可以保水、保肥，提高化肥利用率30%～50%，多种碳基生物也多了生活的"小房子"，有利于保持土壤肥力，实现碳元素平衡。

5. 复合微生物肥料

复合微生物肥料指特定微生物与营养物质复合而成，能提供、保持或改善植物营养，提高农产品产量或改善农产品品质的活体微生物制品。其富含有机质和功能菌，可提高养分，改善土壤微生物菌群结构。

6. 药 肥

药肥是以有机肥为填料或载体，将农药和肥料按一定的比例配方相混合，并通过一定的工艺技术将肥料和农药稳定于特定的复合体系中而形成的新型生态复合肥料。其具有平衡施肥、营养齐全、广谱高效、增强抗逆性、肥药结合、互作增效、操作简便、安全环保、省工节本、增产增收、储运方便、低碳节能的优点。

1.1.1.3 传统有机肥与商品有机肥的区别

传统有机肥制备过程简单，尽管全量养分含量丰富，但普遍存在体积大、有效养分缺乏且比例不协调、易携带致病菌或影响烟叶品质的有机污染物等缺点（李庆康等，2003）。随着生产工艺的发展，传统有机肥缺点逐渐克服，现今商品有机肥因利用生物或物理处理技术除臭、发酵，具有养分含量丰富且协调、无臭味、致病菌、重金属、有机污染物风险明显降低（黄绍文等，2017）。然而，与早期传统有机肥相比，当下有机肥有机物料来源广泛，种类繁多，成分复杂，不恰当处理方式会导致严重的环境危害和公共健康风险。研究表明，来源于畜禽粪便的商品有机肥重金属含量明显高于传统有机肥，其中鸡粪和猪粪中 Cu、Zn 含量远高于 20 世纪 90 年代初，分别提高 1.5～16.2 倍、1.3～4.7 倍（黄绍文等，2017）。商品有机肥虽源于有机废弃物，但两者养分含量存在一定差异，其中商品有机肥中全氮、全钾及氮磷钾总含量比有机废弃物高 15.0%～51.2%，电导率高 2.1 倍，而有机废弃物的全磷和有机碳、C/N 和 C/P 比值比商品有机肥高 15.2%～41.5%。其中以猪粪为原料的商品有机肥，其全磷、有机碳、C/N 比值相对较高，其他肥源的商品有机肥则全氮、全钾、氮磷钾总养分含量、C/P 比及电导率相对较高。

1.1.2　有机肥肥效特性差异及其影响因素

不同种类及来源的有机肥，其营养成分和肥效特性有所不同，如表 1-3 所示。例如，以动物粪便为主有机肥的氮、磷、钾含量较高，植物性有机肥的微量元素含量较高。不同土壤类型、质地及土壤质量好坏等对有机肥的吸附和利用能力不同，进而影响有机肥肥效，其中"板、馋、贫、浅、酸、咸、脏、杂"的土壤对有机肥响应的正效应较大。有机肥的施肥方式和时机也会影响肥效，如深翻土壤、混匀施肥、分期施肥等方式都可以提高有机肥的利用率和肥效。有机肥分解和利用需要一定的水分和温度条件，土壤水分和温度的变化会影响有机肥肥效。土壤微生物群落对有机肥分解和利用起着重要作用，不同微生物群落对有机肥肥效也有较大的影响。因此，为最大程度地发挥有机肥肥效及改良土壤效应，应充分考虑不同气候因素、土壤特性（土壤类型、土壤质地、土壤质量）、农艺措施和种植制度的聚合作用，合理选择适宜的有机肥种类和施肥方式，注意土壤水分、温度和微生物群落管理。

表 1-3　有机肥肥效差异及影响因素

影响因素		肥效差异	参考文献
有机物料	动物性	有机质丰富，氮、磷、钾含量高，养分充足，能够改善土壤结构，促进土壤生物活性；缺点：不达标的有机肥容易滋生细菌和病原体，散发异味，污染环境	龚雪蛟等，2020

影响因素		肥效差异	参考文献
有机物料	植物性	富含植物营养素、有机酸、微量元素等，能够改善土壤质量，增加土壤保水保肥能力；缺点：养分含量较低，作用缓慢	张晓伟等，2023
	C/N	有机肥中有机碳氮比（有机肥氮素净矿化和净固定的C/N）	张晓伟等，2023
土壤因素	pH 值	土壤微生物最适 pH 值为 6.5～7.5，过酸过碱都会严重抑制土壤微生物的活动	Han KH，et al.，2004
	温度	功能菌一般在 18 ℃～25 ℃ 生命活动最活跃，地温过高过低都会影响其活性	Whitmore AP，2007
	水分	水分含量一般在 30% 左右，水分过高易造成有机肥变质发酵不良，对植物生长环境产生有害影响；过低则会导致有机肥在土壤中分解过慢，不能及时发挥作用，从而影响植物生长	Agehara S，et al.，2005
	类型	不同土壤类型的基础生产力不同，较高生产力的土壤养分供应能力较强，微生物丰富，有机肥增产效应较小；较低基础生产力土壤表达趋势相反	张海林等，2019
	质地	砂土保水保肥能力较差，黏土黏性大、土壤通透性较差，不同土壤质地对有机肥吸附和利用能力不同	张晓伟等，2022
	土壤障碍	土壤结构板结及贫瘠、土层浅薄、酸性、盐化、碱化、修复污染土壤	熊又升等，2020
人为因素	旋耕作业	传统旋耕（深度约 20 cm）和垂直深旋耕（深度约 40 cm）	张晓伟等，2023
	施用方式	有机肥应当用作基肥，沟施或穴施后都应覆土，直接裸露在外其效果不佳	韩晓日等，2007

1.2　商品有机肥与烤烟生产

商品有机肥替代是实现化肥减量增效的有效途径，对有机肥施用效果的研究集中在：

（1）对农作物产量的影响（邢月华等，2016；赵凤莲等，2011）；

（2）对农作物品质的影响（徐强等，2017；陆宏等，2016；艾俊国等，2015）；

（3）对土壤生理特性的影响（陆宏等，2016；邢月华等，2016）。

绿色、安全、可持续生态农业的发展与有机肥的施用密切相关，因为有机肥养分释放持续性强，在土壤中，通过有机肥自身养分与能量的重复循环转换，不仅能维持和提高作物生产率，也能有效地保护生态环境。在全球，越来越多的企业开始从事有机肥的生产和研究。在美国，有 200 多家企业在从事有机肥和化肥的混合生产，在有机肥生产中主要采用生化处理技术，对有机废弃物进行无毒、无害处理，并经过各项技术制作成有机肥（Lemaire et al.，2013）。由于有机肥养分的释放会受到土壤温度、湿度及微生物活动等限制，肥力难以控制和预测，目前多采用化肥与有机肥配合施用的方式。研究表明，化肥与有机肥配施既能有效改善土壤理化性质，提高土壤有机质含量，实现烤烟养分的有效供应，可促进烟株的生长，有效提高烟叶产量、产值及品质，又能增加根际土壤微生物量、活化土壤养分容量的供应强度，减轻土传病害，提高肥料利用率的效应（Bokhtiar et al.，2005；Chand et al.，2006；李波等，2011）。

1.2.1　商品有机肥对植烟土壤的影响

1.2.1.1　土壤物理性质

商品有机肥对改善土壤的理化性质具有较好的效果。土壤中施用不同的有机肥后，首先进行的主要是有机物矿质化，将有机物彻底分解为二氧化碳、水和矿物质养分，随后施腐殖化过程，可产生能够改善土壤理化性状的腐殖化物质（邓超等，2013），最终通过物理、化学及生物过程参与形成土壤有机-无机复合体，形成稳定团聚体结构，增加土壤大、中空隙度，降低土壤容重，增强土壤保水性、蓄肥性及透气性，改善土壤耕作性能（代晓燕等，2014）。与单施化肥相比，施有机肥促进土壤微团粒向大团聚体形成，较小粒径团聚体的含量下降，说明水稳性增强，土壤结构更稳定。施用有机肥后土壤有机物质增加，进而增强团聚体之间的黏结力和抗张强度，减少团聚体在湿润过程中因孔隙空气受压缩膨胀和破碎的现象，改变烟地土壤养分在土壤孔隙中的空间分布，促进土壤养分保蓄（王荣萍等，2011）。

1.2.1.2　土壤化学性质

当前，土壤酸化已经是制约土壤生产的难题和影响烟草发展的阻碍。在改良土壤酸化程度方面，有机肥一直有着积极的作用。土壤酸化的诱因是土壤中 NH_4^+ 硝化作用、硝酸盐淋溶以及作物对于土壤中阴阳离子吸收的不均衡所致（Lilienfein et al.，2000）。与单施化肥相比，施有机肥可显著降低土壤 NO_3-N 含量和质子净产量，增加有机碳的有效性，有效调节土壤碳氮养分含量和利用率平衡，刺激还原性硝酸盐的反硝化及有机质中高碱度灰分中和，从而使土壤 pH 值增加。同时，在土壤中施用有机肥可以保持土壤 pH 稳定，还能够减缓土壤酸化进程（马宁宁等，2011；张白鸽等，

2011）。有机肥在分解过程中产生腐殖酸是包含许多酸性官能团的弱酸，其可通过酸基的解离、氨基质子化等，从而提高土壤的酸碱缓冲性、EC、CEC（Chaiyarat et al.，2011；李军营等，2012）。有机肥料对土壤肥力的保持、改善和提高以及活化土壤养分等都有着重要的作用（胡可等，2010；熊又升等，2020）。土壤中施入有机肥可增加土壤活性炭和活性氮组分（Lazcano et al.，2013），且其富含的有机质在土壤中分解，会产生有机酸，通过酸溶作用从而促进矿物的风化和养分释放，再通过络合或者螯合等化学作用，增加矿质养分的有效性（田小明等，2012）。特别是施用有机肥可以激活有机质中富有负电荷的有机胶，附着大量阳离子和水分，从而提升土壤对酸碱的缓冲性，改善土壤营养有效成分活性。与传统堆肥、化肥相比，长期施用生物有机肥能显著提高土壤有机质、全氮、水解性氮、速效磷、速效钾含量及磷、钾肥施入土壤的有效性（Yang et al.，2012；孙倩倩等，2012）。

1.2.1.3 土壤微生物群落结构

土壤微生物是土壤生态环境的重要活性组分，参与土壤物质循环和能量转化，直接或间接影响土壤的物理化学性质，其群落的功能稳定性在土壤环境受到外界干扰时，对维持土壤生态系统的功能和稳定具有重要意义，被认为是土壤健康的生物学指标（Jiang et al.，2020）。土壤中极大多数微生物的生命活动，如呼吸代谢、生物合成都需要有机物质提供碳源和能量来维持。商品有机肥（尤其是生物有机肥）富含有益微生物，能够优化土壤微生物群落结构、提高烟草的抗病虫害能力。有机肥对植烟土壤微生物群落的影响如表 1-4 所示。微生物降解有机肥的过程中，生成的有机酸可以增加土壤养分有效性、提高土壤酶活性（徐虎等，2015）。有机肥的供应增强了微生物的代谢活性，微生物利用有机肥中的碳源、氮源，以及矿质营养大量繁殖提高生物多样性。施用腐殖酸、氨基酸有机肥能明显提高烟株生长前期土壤细菌数量，施用菜籽饼肥和腐殖酸能显著提高烟株生长中后期土壤细菌、放线菌含量（彭智良等，2009）。化肥减量 20%配施精制有机肥或生物有机肥后，烤烟根际土壤细菌数量、微生物总量明显增加，其中配施生物有机肥后烤烟根际土壤放线菌数量显著提高，真菌数量减少，且降低多为致病菌的子囊菌门相对丰度（张云伟等，2013）。有机肥与化肥配施可显著促进烤烟根际土壤微生物对碳底物的利用，其中生物有机肥配施化肥显著提高根际土壤微生物代谢活性以及对碳水化合物、羧酸和酚类碳源利用能力。有机质质量和数量对微生物多样性和群落组成影响很大，秸秆还田可增加土壤水溶性碳含量，方便微生物摄取能量繁殖，提高微生物多样性。

综上所述，长期施用有机肥能缓解土壤酸、瘦、板、黏、旱等问题，为烤烟稳产优质打好基础，是培肥地力，实现农业可持续发展的重要举措。

表 1-4 有机肥对植烟土壤微生物群落的影响

土壤	施肥处理	土层	群落变化	试验年限	参考文献
砂壤土	常规施肥+增施有机肥	0~20	微生物量碳增加 14%~20%，微生物量氮提升 24%	1	王兴松等，2023
黄潮土	腐熟羊粪有机肥+化肥	盆栽土	变形菌门、酸杆菌门和子囊菌门相对丰度增加	1	温烜琳等，2023
褐土	羊粪有机肥+化肥	0~20	增加放线菌门和变形菌门的相对丰度，降低酸杆菌门的相对丰度	1	李正辉等，2022
	生物有机肥+化肥	0~20	增施生物有机肥改善植烟土壤根际微生物数量，协调烤后烟叶化学成分	1	李佳等，2019
黄棕壤	化肥+不同类有机肥（商品有机肥、牛粪、绿肥）	0~20	微生物量碳、氮含量相比于单施化肥分别显著提高 19.9%~37.4%和 11.9%~21.0%	1	朱梦遥等，2022
	秸秆还田（水稻、玉米、烟草）+腐熟烟草秸秆有机肥+化肥	0~20	秸秆还田和腐熟有机肥处理的土壤微生物 OTUs 总量为 8 038~8 643，较对照组提高 7.4%~15.5%	3	樊俊等，2019
水稻土	微生物菌剂+有机肥+烤烟专用复合肥	0~20	微生物菌剂与氨基酸有机肥复配能有效改善植烟土壤微生物区系组成	1	熊维亮等，2020
潮土	生物炭+复配菌肥+烤烟专用复合肥	0~20	施用菌肥可明显提高土壤细菌、真菌和放线菌的数量	1	李影等，2019
黄壤	化肥减量配施生物有机肥	0~20	化肥减量配施生物有机肥可持续提高烤烟的产值和品质，改善土壤微生物区系，降低病原菌数量	5	赵力光等，2018
	化肥+有机肥（牛粪、油枯、秸秆）	0~20	有机肥与化肥配施氮素转化的相关微生物数量、氮素含量较单施化肥的土壤有不同程度升高	1	丁梦娇等，2016
红壤土	烤烟专用肥+有机肥（饼肥、牛粪、鸡粪、猪粪）	盆栽土	不同有机肥与烟草专用肥配施能明显增加植烟土壤中微生物数量，提高土壤酶活性	1	施娴等，2017
紫色土	烤烟专用复合肥+有机肥（农家肥、油枯）	0~20	紫色植烟土壤配施农家肥和油枯能提高土壤中放线菌数量，但对固氮菌、解钾菌、解磷细菌和解磷真菌的数量没有明显影响	1	黄维等，2017
黏壤土	化肥+微生物菌肥	0~20	施用微生物菌剂土壤微生物含量平均较对照提高 62.68%	1	艾童非等，2016

1.2.2　商品有机肥对烤烟生长发育的影响

商品有机肥替代 10%～20% 的无机氮能有效促进烟株生长，增加烟株根、茎、叶的干物质积累，提高株高、茎围、叶面积系数、根体积、根干重、根系总吸收面积和活跃吸收面积（王鹏等，2012；肖子康，2014）。应用生物有机肥替代 30% 化肥常规用量时，可促进烟株根系良好生长，提高根系活力，增加侧根和不定根条数，从而改善烤烟农艺性状表现、干物质积累和养分动态吸收（高铭，2018）。复合生物有机肥配施化肥能促进烤烟的生长发育，尤其是对烤烟生长后期干物质的积累和根系吸收能力的维持具有良好的效果（叶沁鑫，2019）。此外，当有机氮肥施用比例占总施氮量的 25% 时，有利于烤烟根系生长，使烟株生长健壮，能协调烟叶中氮磷钾营养的分配比例，提高上部烟叶钾的含量。有机无机复混肥能促进烤烟碳氮代谢强度、适时转化，调节烟株生育营养均衡供应（刘天波等，2016）。从形态解剖角度看，旱作烤烟叶片发育和结构在有机氮占 1/5 总施氮量时较好，对增加叶肉细胞密度有明显的效果。随着化肥所占比例的提高，栅栏组织密度减小（韦建玉等，2020）。有机肥与化肥配合施用，能够提高烤烟中下部叶片栅栏组织厚度，降低叶片空隙度，增加叶肉细胞密度，使下部叶片的解剖结构更趋近于中部叶的特征，且烤烟上部叶片厚度、组织疏松度上较为适宜，内含物较为充实，烟叶的耐熟性强，落黄好，成熟度高，烤后烟叶品质优于单施化肥的处理（刘勇军等，2018）。商品有机肥与化肥配合施用还影响到烤烟根系侧根疏导能力，能够增加各级侧根的轴向液压输导力，影响二级和一级侧根，并延长烟草生育期，使烟叶贪长晚熟（李艳平等，2016）。施用生物有机肥对改善烤烟根际营养和根系生长作用，不仅影响烤烟生长前期，而且能使烟株生长后期根系活力衰退减慢，根系仍有一定的吸收能力，保持对钾的高效吸收，增加烟叶内含物，更有利于上部叶开片（唐丽娜等，2021）。

1.2.3　商品有机肥对烤烟病害的影响

有机肥与无机肥配合施用能降低田间烟草的病害发生率。一方面，由于有机肥使烟株需肥规律与土壤供肥规律相吻合，养分供应更加合理，烟株新陈代谢增强，生长健壮，干物质积累较多，抗病性增强（杨德荣等，2019）；另一方面，由于许多有机肥中含有有益微生物种群，其产生大量抗生素，能抑制其他有害微生物的生长繁殖，对病原菌具有一定的拮抗、抑制作用，从而减少了病害的发生。烟梗（末）有机肥与商品有机肥均可显著降低烟草花叶病、青枯病、黑胫病及赤星病的发病率及病情指数，且烟梗（末）有机肥与化肥配施的防治效果优于单施烟梗（末）有机肥（耿明明等，2016）。烟杆-菜籽饼商品有机肥早期能促进烟叶早生快发，后期有利于烟叶成熟落黄，能显著促进烤烟根系生长，降低赤星病、普通花叶病、气候性斑点病、黑胫病的发生，随着烟杆-菜籽饼有机肥施用量的增加，烤烟产量和质量呈现显著提高的趋势（易克等，2018；吴福芳等，2015）。

1.2.4　商品有机肥对烤烟生理生化的影响

1.2.4.1　提高烤烟光合能力

烤烟获取 ATP 和生长发育的基础是光合作用，叶绿素是实现光合作用的重要中间载体，其含量高低能反映光合速率（PR）与叶片衰老特性。生物炭对烤烟光合速率正效应显著，平均提高 23.1%（郑九洲，2022）。施用有机肥对叶片光合色素、净光合速率等具有积极作用，有利于烤烟进行光合作用（高静娟等，2023），并延缓衰老进程。施有机肥可促进烟叶淀粉积累，其中腺苷二磷酸葡萄糖焦磷酸酶（AGPase）、淀粉合成酶（SS）和淀粉分支酶（SBE）的转录水平升高，成熟时达到最大值，有利于提高烟叶色素和香气（Song et al.，2016）。此外，有机肥富含的有机碳可促进碳水化合物向糖转化（余雨繁，2023），以节约酶、蛋白质、糖等大分子化合物生成时消耗的光合 ATP。叶片 N 含量与叶绿体活性密切相关，在叶片含氮量达最大的适宜施氮量，是决定植物 PR 的关键因子（李松伟等，2021），有机肥可直接增加土壤氨基酸态氮、氨基糖态氮等有机氮含量，控制植物生态系统碳氮循环，避免未被吸收利用的氮素流入江河而造成水污染。同时，有机氮通过丰富的土壤微生物，增加根瘤菌数量和繁殖能力，较大程度地将空气中不可被植物直接利用的游离氮转变为可吸收氨，增加内源性含氮化合物，提高烤烟的光合能力。

1.2.4.2　促进烤烟激素协同变化

有机肥对烤烟激素的调控主要体现在有机质方面。土壤有机质是制约土壤微生物多样性与数量的源头，微生物是植物激素的来源之一，土壤肥力改变可直接影响烤烟生长素吲哚乙酸（IAA）、赤霉素（GAs）、细胞分裂素（CTK）、脱落酸（ABA）等内源性激素水平。余雨繁（2023）的研究表明，有机质能够影响烤烟幼叶和根中激素 IAA、GAs、CTK 的生物合成途径，促进激素积累和上调。ABA 能引起芽休眠、器官脱落，持续配施有机肥可使烤烟体内 ABA 含量呈先下降后上升的趋势，这是由于当有机质含量过高时，根系感知逆境信息，启动烟株体内 ABA 生物合成系统，大量合成 ABA，并经木质部导管运输至茎、叶作用部位；而当有机质含量处于中下水平时，会提高 IAA、CTK、Gas 等促进型激素，以此共同参与协调烤烟各激素的变化趋势，调控烟株的生长发育（肖建才，2022）。

1.2.4.3　提高烤烟抗逆性

烤烟叶片中可溶性糖、可溶性蛋白、SOD、POD 是衡量烤烟抗逆性的重要指标。可溶性蛋白参与植物体内各种代谢活动，是植物生命活动的执行者；可溶性糖是植物生长发育过程中所必需的营养物质，对植物生长起调控作用。SOD、POD 能够防止细胞破坏性氧化活动，促进植物正常生长发育（李朝文等，2024）。张书豪等发现，有机肥可将烟叶可溶性蛋白含量提高 1.86 倍，POD 和 SOD 抗氧化酶活性分别能增加为 2.1 倍和 1.64 倍，进而显著提高烤烟对干旱胁迫的抗逆性，有利于烤烟度过生长期（王政等，2021）。

1.2.5　商品有机肥对烤烟肥料利用率的影响

有机肥可以促进烟株对 P、K、Mg、Ca、Mn、Zn 等的吸收和积累（高铭，2018）。与化肥相比，在扣减化肥常规用量 30%的基础上，配施商品有机肥的氮磷钾表观利用率及生理利用率均显著升高（张晓伟等，2023）。其中，酒糟和蔗渣商品有机肥配施化肥的氮磷钾表观利用率、生理利用率均显著高于桑树条有机肥和无机化肥。一方面，有机肥中的碳源可促进烟株根际微生物繁殖与生长，提高烟株对肥料的吸附及 N、P、K 转化（张士荣等，2017）；而且，有机肥的营养促进作物根系生长（陈雪等，2019），使根系生物量、根系分泌物和土壤中难溶性 P、K 的溶解性增加，进而促进植株的养分吸收（余小芬等，2020）。另一方面，酒糟和蔗渣商品有机肥含有益菌群，可富集固氮菌、磷钾细菌，降低养分流失，抑制有害真菌、细菌，从而改善根际环境，提高烤烟肥料利用率。与常规施肥相比，有机添加物与无机氮肥配施中，菜籽饼肥、稻草秸秆、油菜秸秆的氮素利用率分别为 19.5%、15.5%、8.1%，相应无机氮肥的利用率分别为 41.1%、42.7%和 35.7%；菜籽饼肥、稻草秸秆、菌菇渣对烤烟氮素累积贡献分别为 1.0%、2.4%、2.7%，其中打顶（63 d）后饼肥、稻草秸秆、菌菇渣供氮量分别占供氮总量的 4.4%、20.8%、18.9%。秸秆及饼肥对烤烟氮素营养贡献率较低（Liu et al.，2010）。

有研究表明，在氮磷钾肥施用量相同条件下，烟株对氮、磷的吸收利用率从高到低为砂土 > 重壤土 > 黏土，钾素利用率为重壤土 > 黏土 > 砂土，这种施肥效应差异一方面归因于砂土、黏土、重壤土在土壤水分、养分吸附、固定、淋失率等方面存在异质性（姜林等，2012）；另一方面与气候条件有关，如在烤烟移栽到团棵阶段，降水偏少，黏壤和壤土保水保肥强，在成熟期，降水较多，黏土和壤土水分含量高，造成根系活力下降、根系早衰。也有研究显示，质地越重的土壤有机质、有效磷和速效钾含量越高，高黏粒含量土壤增加有机肥能促进养分的吸收和固定（张一扬等，2020），有利于颗粒间形成大团聚体，提高土壤碳汇功能和水热性能（葛楠楠等，

2017），从而提高肥料的利用率，其中砂壤土氮肥利用率较高（朱佩等，2015）。与此相反，砂土土壤颗粒之间氧化铁、氧化锰、有机物质等胶结物质少，团聚作用减弱，烟株养分代谢及肥料利用减弱。

1.2.6　商品有机肥对烟叶产值及品质的影响

与单纯施用化肥相比，利用有机肥替代 25%的施氮量可提高烟叶产量、产值、均价和上中等烟率，能协调烟叶氮碱比、糖碱比，且烟叶施木克值、糖碱比、氮碱比较为合理，醚提取物、钾含量高，使烟叶化学成分更趋协调，提高烟味吃感，降低杂气的刺激性，致香物质种类多，含量高（邱妙文等，2009）。同时，增加上部烟叶中总糖、还原糖、淀粉含量，与中部烟叶差异变小，中、上部烟叶钾含量均有所增加，烟叶质量和燃烧性明显提高（高铭，2018）。生物有机肥与化肥配施有利于烤烟叶片充分发育，其产量及产值明显提高，烟叶光泽、弹性、油分香气质纯净、香气量较足、杂气较少、刺激性适中、余味舒适、烟气柔和、燃烧性好，提高烟叶评吸质量（王军等，2022）。研究表明，有机肥在分解过程中形成了复杂的中间产物，能促进烤烟根系的生长和代谢，有利于糖类、芳香物质的积累，因而烤后烟叶香气、吃味、外观品质较好（聂庆凯等，2020）。在土壤中施用秸秆，烤后烟叶总体品质优于对照，对提高中部、上部烟叶品质，促进化学成分协调有较好的效果，可有效提高烟叶香气质、香气量，减少杂气、刺激性（刘昌等，2018）。施用适量的复合生物有机肥能使烟叶的化学成分协调，内在品质提高，尤其是钾含量增加显著，同时生物有机肥还改善了烟叶的香气味、刺激性等指标（王彦锟等，2018）。含腐熟油枯的有机肥可促进化学成分更加协调，改善致香物质组成及含量，提高烟叶品质，但并不是饼肥用量越多越好。油枯有机无机复混肥和化肥配施可明显提高烟叶产量和上等烟比例，提高下部叶、中部叶和上部叶中有机酸的含量，可以增加烟叶的酸度，减少刺激性，醇化吃味，改善烟叶的品质，糖碱比较适宜，缩小了部位间的质量差异（季璇等，2019；余小芬等，2020）。其次，施用油枯有机无机复混肥使烟叶产量、产值及上等烟比例经济性状最佳；可提高烤烟根系活力，根系内源激素，以及烤后烟叶的绿原酸、钾、总糖和游离氨基酸含量，使烟叶化学成分比值合理（马兴华等，2016）。有机肥能显著降低烟叶的总氮和烟碱含量，提高还原糖含量，当有机肥含量占施肥量的 20%时，对提高烤烟品质，特别是改善烤烟香吃味效果最好（李亮等，2019；余小芬等，2020）。有机肥与无机氮肥配施能降低烟叶烟碱含量，增加糖碱比，改善烟叶品质，秸秆的还田降碱作用大于饼肥（王日俊等，2021）。商品有机肥与化肥配施后均可不同程度地提高烟叶品质，相关的研究较多，但不同类型商品有机肥对不同生态区烟叶品质调控效应的研究较少。

1.3　云南烟用商品有机肥产业概况

1.3.1　商品有机肥产业现状

1.3.1.1　商品有机肥企业产能情况

有机肥是实现我国农业现代化建设的重要支撑和实施国家粮食安全战略的重要基础，也是推动经济建设、政治建设、文化建设、社会建设和生态文明建设的重要保障。目前，我国有机肥行业处于蓬勃发展阶段，据农业部全国农业技术推广服务中心统计，有机肥企业生产的肥料分为 4 类：

（1）精制有机肥，主要提供有机质和少量养分，是有机农产品和绿色农产品的主要肥料，生产企业占肥料企业总数的 43%，但产能在 100 kt/a 以上的企业数量仅占 3%。

（2）有机无机混合肥料，不仅有一定的有机质含量，而且营养成分含量相对较高，生产企业占 35%，是目前有机肥企业主要的生产企业类型。

（3）生物有机肥，不仅含有高有机质，还含有能提高土壤释放养分能力的功能性细菌，生产企业占肥料生产厂家总量 13%。

（4）与有机肥相关的新型肥料，生产企业占 9%。

2019 年，有机肥料市场规模达到 1 020 亿元，2022 年达到 1 500 亿元。目前，云南有机肥厂有 243 家，分布于全省 129 个县区的 99% 以上，以昆明、玉溪最多，其中实际产能 10 万吨的企业有 63 家，产能 5 万吨的企业有 45 家，其余产能较低或无有机肥登记证。近年来，中国发布了相关政策，促进农业的绿色发展和有机肥料产业的发展，以倡导有机农业、绿色消费，绿色产业得到市场和政策的支持。

1.3.1.2　商品有机肥产业发展政策

2004—2023 年，连续 20 年发布的以"三农"为主题的中央一号文件，强调了"三农"问题在中国社会主义现代化时期"重中之重"的地位。有机肥作为农业生产的重要环节，以倡导有机农业、绿色消费，绿色产业得到市场和政策的支持，出台了诸多政策和有机肥行业税收优惠政策，如《2020 年化肥使用量零增长行动方案（2015）》《国务院关于印发土壤污染防治行动计划的通知（2016）》，有机肥减征增值税等，促进了农业绿色和有机肥料产业的发展。

1.3.1.3 云南商品有机肥应用现状

自 2020 年以来，云南省烟草公司陆续承担了商品有机肥推广应用补贴项目，商品有机肥产业化处于良好的发展阶段。据统计，2020—2022 年烟草行业每年施用商品有机肥 17 万吨～20 万吨，应用面积 30 万公顷，烟草公司补贴 600～800 元/t，为促进云南烟草减肥、增产、提质增效，以及保护耕地质量、实现乡村振兴发挥了巨大作用。

1.3.2 有机肥产业发展面临的问题

1.3.2.1 有机肥企业实力不强

有机肥产业发展良好与否首先体现在供给侧生产方面，现有企业生产与销售量不高，产品结构单一，有实力的企业较少。部分企业虽配备了化验室和检测设备，但专业技术力量相对薄弱，有机肥产业集中度低、整体企业实力不强，难以形成规模化与专业化生产，且有机肥价格偏低（精制有机肥 1 000～1 500 元/t），难以有较强的竞争优势。目前，有机肥料产业还处于起步阶段，相关生产企业虽注册量呈现较快增长趋势，但其规模较小、资金较少。从中国有机肥料相关企业的注册资金占比情况看，注册资金在 100 万元以内的占比 31%，100 万～500 万元的相关企业占比 28%，注资金在 500 万元以上的占比 41%，中小企业占比 59%。由于有机肥料企业规模较小，导致企业生产产品单一、研发技术薄弱，影响有机肥料产业的发展，难以形成品牌效应。

1.3.2.2 有机肥质量参差不齐

商品有机肥原料来源复杂，原料生产成本差异较大，不同有机肥产品理化指标差异较大，具体表现如下：

（1）有机肥无害化、完熟性及对土壤、环境的污染难以保证。例如，超范围添加生活垃圾、无机碳（褐煤、柴煤）和畜禽粪肥等原料存在安全隐患，未充分腐熟、无害化处理不完全或重金属、抗生素超标等导致农业事故。

（2）目前有机肥由于生产门槛低，生产方式五花八门。其中云南共有 243 家有机肥企业，由于各生产企业起点不同，技术水平差异较大，部分有机肥生产企业设备简陋、生产不规范、生产技术水平低，生产工艺落后，导致商品有机肥难以达到无害化要求、有效养分含量低，生产带有盲目性和随意性，质量控制体系不健全，品质不稳定，且具有区域性，部分地区供需错配，致使烟农对有机肥的信赖度降低，阻碍农民购买积极性。

（3）有机肥包装标识混乱。个别企业标上有机质、腐殖酸、氨基酸、动物蛋白、维生素等含量，合并算作养分总含量误导消费者。

（4）产品同质化、品种同质化、营销同质化。部分企业为了获得价格优势，采用劣质原料以次充好，市场混乱，引发"价格战"，牺牲服务与质量，陷入"恶性竞争"的死循环。大多数企业整体创新意识不强，研发投入较少，行业技术创新平台建设步伐缓慢，且缺乏产学研跨领域对接的有效机制，没有形成创新合力。

1.3.2.3　商品有机肥的推广和使用比例较低

有机肥虽然营养元素种类较为全面，但作物需要的有效营养成分（如 N、P、K 等）含量远低于化肥；而且有机肥在土壤中分解和被植物吸收过程较慢，很难满足农作物高产、高效的需要。加之当前因缺乏施用有机肥料的机械，这一瓶颈阻碍了有机肥的发展，致使有机肥无法单独在农田中大面积使用。与化肥配合施用是有效办法，但这势必会增加成本，从而影响农民购买和使用的积极性，这样就给有机肥料推广带来较大的阻力。

1.3.2.4　现行有机肥的标准不能满足烟草安全生产的需要

就烟草而言，现行有效的有机肥料 NY/T 525—2021 标准仍存在指标不全、匹配度不够等问题，具体表现如下：

（1）标准中规定氮磷钾总量 4% 的指标，需多种原料复配，若生产有机肥颗粒，还需在工艺中添加助剂，使得许多企业为生产合格有机肥产品，只能非法添加矿质碳和无机 N、P、K，但目前所用的检测技术无法分辨上述行为。

（2）检测有机质的方法，无法将有机碳和无机碳分开，为企业非法添加矿质碳等假有机质留下漏洞。

（3）关于检测氮磷钾方法中，检测的是总氮、总磷、总钾，无法分辨有机氮和无机氮、有机磷和无机磷、有机钾和无机钾。依据标准很难监管非法添加化肥氮、磷或钾以假冒有机氮磷钾，制造伪劣有机肥的行为。

（4）标准存在一些缺陷。一是指标不健全，如缺乏容重、电导率及抗生素、锌和铜含量等指标；二是缺乏对植烟土壤及烟叶品质具有潜在安全风险的有机肥原料设置必要的限制，如应限制使用猪粪，应设置稻草粉、谷壳粉、菌糠等有机物料添加比例上限；三是应不允许在有机肥中掺混矿质碳和无机 N、P、K 以次充好。

（5）标准仅统一设置含量标准，对不同原料、腐熟和生产工艺生产的有机肥无相应技术要求，对有机肥功能（营养、改良土壤）定位存在争议，在行业监管上存在较大难度。

（6）在有机肥料成分测定方法方面，有机肥的腐殖酸、全氮、全磷、全钾含量，以及杂草率、发芽指数的方法比较烦琐，危险系数较高，准确性低，需要建立快速检测方法。

总之，由于烤烟品质、安全性与有机肥成分及其含量密切相关，采用现行有机肥质量标准（养分总量及安全性）、指标限值等评价烟用商品有机肥质量仍存在一些缺陷。

1.3.2.5　企业间缺乏凝聚力，面临转型升级

目前，有机肥企业与化肥企业结合不紧密，与畜禽养殖业、绿色农业产业结合不紧密，需要行业组织规范和提高行业凝聚力。随着市场化改革的深入推进，企业运营成本不断攀升，部分企业经营十分艰难。有些企业不能紧跟形势发展，营销服务不能适应农业现代化发展需求的变化。企业在营销理念和营销模式上缺乏创新，对市场重视程度不够，没有建立起与农业经营主体变化相适应的专业化农化服务体系。在转型升级的背景下，需要行业组织和政府部门针对有机肥企业生产状况、企业规模、企业存在的问题进行针对性帮扶，实现行业的可持续发展。

1.3.2.6　产业政策扶持不配套，市场监管不严

因缺乏基础设施建设、生产销售及推广等方面扶持政策，产业发展举步维艰，主要表现在缺乏资金筹措政策、运输优惠政策、投标优惠政策和试验示范推广经费等方面。在质量管理上，也时有部分有机肥生产原料中有害物严重超标的问题出现。此外，一些商品有机肥重金属含量严重超标，特别是以畜禽粪便为原料的有机肥重金属含量、抗生素残留超标污染问题令人担忧。

1.3.3　亟待解决的问题及其措施

1.3.3.1　出台激励政策，促进产业提档升级

政府应制定商品有机肥产业发展规划，出台扶持政策（贷款、土地使用、用电、运输），鼓励企业建设和生产，引导企业扩大规模和生产装备的提档升级，技术改造和引进人才，提高生产、自动化智能化与管理水平，提升商品有机肥的产品质量和生产效率。

1.3.3.2　加大科技投入，解决质量关键控制点技术

开展全省性的有机肥资源普查，调查分析各类有机肥的资源量、物质组分，为

有机肥资源化利用提供"家底数据",并以此为基础建立全省主要有机肥质量监测网;开展有机肥肥效及主要污染物在土壤中的长期积累效应及对环境质量、农产品质量安全的影响;加强有机肥无害化与安全施用技术研究。引导企业研发不同功能的商品有机肥料,规范工艺技术、安全利用与质量控制等关键技术,带动企业优化原材料、设备、生产、工艺、质量和产品管理;研究各生产区不同土壤、不同作物的施肥技术参数,发挥有机肥施用效果,引导农户施用商品有机肥。

1.3.3.3　加大龙头企业认定力度

认定一批规模大、管理规范、有发展潜力的企业为产业化龙头企业,并对其重点扶持,包括贷款、补贴、宣传培训、技术指导、田间试验、示范样板等方面提供必要的经费保障。

1.3.3.4　强化商品有机肥料的质量监管

从源头上把关,设置市场准入制度,常态化对有机肥料企业的生产条件和质量保证体系进行检查,严格控制不合格产品不出厂、不流通、不使用。开展市场抽查,通报抽查结果,利用媒体曝光不合格产品的生产企业;推介优质产品,引导用户购买使用优质商品有机肥料产品。一方面加强价格管控,避免虚假宣传恶意提高有机肥料的价格,造成农户生产成本上升。另一方面,加强质量管控,不定时对市场中的有机肥料进行抽检,以保障有机肥料中有机质和相关元素含量符合国家标准,避免生产企业因低价竞争,而忽视产品质量,造成"劣币驱逐良币"现象,影响农户购买有机肥料,阻碍有机肥料产业发展。

2 烟用商品有机肥原料及特性

 ## 2.1 烟用有机原料资源分类及资源量

2.1.1 云南烟用有机肥原料分类

采用典型户调查、收集和分析统计年鉴、云南省农业农村厅年报、云南省烟草系统历年采购有机肥情况及云南省有机肥生产相关资料等方法,对云南省烟用商品有机肥及其主要组配有机物料来源、数量、分布及应用现状进行系统调查和分析。发现与 20 世纪末有机肥原料主要来自农业生产中的情况不同,目前由于工业的快速发展,工业废弃物原料的资源量快速增长,应用也越来越广泛。

按原料来源不同,将其分为 6 类:种植业废弃物、养殖业废弃物、工业废弃物、天然原料、生活类、动物分解类。

(1)种植业废弃物又分为作物秸秆类、林草废弃物。作物秸秆废弃物主要以谷、麦、薯等主粮作物秸秆,豆类、油料、园艺等经济作物秸秆为主;林草废弃物以果树枝条和林地杂草为主。

(2)养殖业废弃物主要有 3 类:粪尿类、动物加工废弃物、厩肥。

(3)工业加工废弃物包括食品及饮料加工废弃物、油料作物加工废弃物、烟末烟梗、植物源性中药渣、以其他植物或动物为原料的加工废弃物。

(4)天然原料主要使用褐煤、草炭等矿物原料及塘泥。

(5)生活类原料主要包括经分选和无害化处理后的城乡垃圾和厨余废弃物。

(6)动物分解类例如蚯蚓粪、蚕沙等动物排泄物。综合而言,云南省烟用商品有机肥原料以稻壳、骨粉、茶籽饼、菜籽饼、咖啡壳、草炭、桑树条粉、蔗渣、酒糟、药渣、菊花渣、腐殖土、褐煤、食用菌渣及畜禽粪便为主。

2.1.2 云南有机肥原料分布及资源量

原料供应在有机肥生产中是关键环节,其原料多为农业、工业产生的废弃物。

由表 2-1 可知，当前云南有机肥生产组配有机物料种类繁多，其中种植业废弃物（谷、麦、薯、豆、油料和园艺作物、林草废弃物）2 410.56 万吨、养殖业废弃物（畜禽粪便及畜禽圈舍垫料）17 226.35 万吨、加工业废弃物（稻壳、蔗渣、菜籽饼、茶籽饼、中药渣、骨粉、酒糟、食用菌渣）12 354.27 万吨和天然原料（草炭、泥炭、褐煤等）11 651.73 万吨为主，资源总量约 41 651.73 万吨，为发展废弃物资源化利用（肥料化、基质化）循环经济提供了广阔前景。

从表 2-1、表 2-2、表 2-3 可以看出，不同区域废弃物资源分布差异较大，这与各地区产业发展密切相关。其中，除玉米秸秆多分布于滇北等山区外，谷类、小麦、薯类副产物分布在滇中南部最多；豆类副产物分布于文山、曲靖、昭通、红河、大理和楚雄等；油菜、花生和油桐子等副产物集中于滇东北和滇中南部；蔬菜和花卉副产物集中于滇中及东南部；茶叶副产物分布较广泛，以滇西、滇南地区最多。果树枝条、林地杂草、养殖业废弃物（3 大类原料）在全省范围内均有分布。食品及饮料加工废弃物蔗渣集中分布于滇西南地区，食用菌废弃物分布于曲靖、德宏、文山、西双版纳及楚雄等地。烟梗烟沫多分布于植烟面积较大的区域（昆明、曲靖、大理、楚雄、红河、玉溪等），植物源性中药渣多分布于曲靖、大理、红河、昆明等地区。天然原料中的褐煤、泥炭、柴煤多分布于曲靖、昭通、红河、楚雄州、文山、大理、丽江等地。生活垃圾类则在全省范围内均有分布，资源量与地区人口数量直接关联。

表 2-1　云南省主要有机肥原料分布表

类别		名称	数量/万吨	分布情况
种植业废弃物	作物秸秆类	谷、玉米及薯类、麦类（大麦、小麦和青稞）	5 847	谷类集中在红河、文山、普洱、曲靖及楚雄等滇中南部；玉米多分布于滇北山区；小麦在临沧、普洱、楚雄、文山及红河等滇中南部分布最多；薯类多集中分布于曲靖、昭通等地
		豆类（大豆、蚕豆、豌豆等）	147	豆类多分布于文山、曲靖、昭通、红河、大理和楚雄等滇中南及滇东北部
		油料作物	87.21	油菜在全省范围内均有分布，集中在曲靖、文山、楚雄、保山、昭通等滇中和滇东北、滇南的部分地区；花生多分布于昭通、普洱、红河和文山等滇南及滇东北地区
		经济作物等	1 347	蔬菜类多分布于文山、红河、曲靖、昆明、玉溪和楚雄等滇中及东南部；花卉分布在昆明、玉溪、楚雄等滇中地区；茶叶分布较为广泛，主要集中在临沧、西双版纳、保山、德宏、红河、大理、昭通等地

续表

类别	名称		数量/万吨	分布情况
种植业废弃物	林地废弃物	果树枝条（桑树、桃树、梨树等）	12 589	全省范围内均有分布
		林地杂草等	1 459.2	全省范围内均有分布
养殖业废弃物	粪便类	鸡粪、羊粪、猪粪、牛粪等	214 870.2	全省范围内均有分布
	动物加工废弃物	骨粉、皮毛等废料	5 437.8	全省范围内均有分布
	厩肥		5 335.1	全省范围内均有分布
	鱼杂类、鱼类		63.25	多分布于曲靖、普洱、临沧、西双版纳、大理等滇中和滇西南
工业加工废弃物	食品及饮料加工废弃物	稻壳、酱油糟、蔗渣、果渣、酒糟、食用菌渣、沼渣	蔗渣：253.27	甘蔗集中分布于临沧、德宏、普洱、文山及保山等滇西南地区；食用菌多分布于曲靖、德宏、文山、西双版纳及楚雄等地
	油料作物加工废弃物	菜籽/油茶籽/茶籽/花生/橡胶籽/油桐子等	菜籽：18.26；花生：0.42	油茶籽集中于文山、曲靖两地；油桐子集中于曲靖、文山两地
	烟末烟梗		105.57	烟梗烟沫主要集中于曲靖、玉溪、楚雄、红河、昆明及大理等滇中地区
	植物源性中药渣		1 238.6	中药渣多分布于曲靖、大理、红河、昆明等地区
	造纸厂下脚料		3 271.4	昆明
天然原料	草炭、污泥（城市污水沉淀的污泥和工业废水沉淀的污泥）		5 689.4	石林、弥勒、寻甸
	褐煤、煤炭、柴煤		10 694.2	多分布于曲靖、昭通、红河、楚雄、文山、大理、丽江等地
生活类	城乡垃圾（分选和无害化处理）		1 183.97	全省范围内均有分布
	厨余废弃物（经分类和陈化）		980.4	全省范围内均有分布
动物分解类	蚯蚓粪、蚕沙等		2 578.2	全省范围内均有分布

表 2-2 云南省各州市主要农作物秸秆产量　　　　　　　单位：万吨

州（市）	花生秸秆	油菜秸秆	甘蔗巅	烟秆	蔬菜废弃物	其他作物废弃物	合计
昆明	2.42	8.85	0.06	2.99	547.65	63.42	625.38
曲靖	2.18	124.35	0	7.28	843.3	337.65	1 314.68
玉溪	2.42	19.05	5.4	3.41	467.55	22.92	520.73
保山	2.73	42.6	11.1	2.57	229.95	34.56	323.48
昭通	15.07	28.95	0.45	1.41	465.3	142.65	653.75
丽江	1.8	6.3	0.08	1.26	92.25	14.04	115.73
普洱	25.8	8.25	35.25	2.24	206.55	86.97	365.06
临沧	5.4	15.75	49.05	1.72	204.3	62.04	338.26
楚雄	3.1	35.4	0.83	3.61	485.55	42.87	571.25
红河	22.2	12.45	11.48	3.20	744.3	100.92	894.54
文山	44.4	53.25	17.1	2.29	911.25	51.3	1 079.59
西双版纳	2.7	0	11.4	0	119.7	6.9	140.70
大理	0.9	15.9	0.07	2.94	261.45	18.75	300.02
德宏	1.2	4.65	28.5	0.81	169.65	31.74	236.54
怒江	0.3	0.9	0.09	0	46.35	4.56	52.19
迪庆	0	3.15	0	0.07	16.2	11.85	31.27
全省	132	379.8	170.85	35.79	5 812.2	1 033.14	7 563.77

表 2-3 云南省各州市主要林产品废弃物产量　　　　　　　单位：万吨

州（市）	桐梓壳	油茶壳	核桃青皮	板栗壳	合计
昆明	0.00	0.02	2.96	7.77	10.75
曲靖	1.75	1.49	2.97	0.77	6.98
玉溪	0.00	0.00	2.34	1.57	3.91
保山	0.01	0.18	27.16	0.47	27.82
昭通	0.18	0.00	9.56	0.64	10.38
丽江	0.00	0.00	3.46	0.16	3.62
普洱	0.00	0.02	8.52	0.31	8.85
临沧	0.08	0.02	80.31	0.15	80.56
楚雄	0.00	0.00	14.96	4.81	19.77
红河	0.00	0.08	1.34	0.43	1.85
文山	1.05	2.66	0.67	0.20	4.58
西双版纳	0.00	0.00	0.01	0.01	0.02
大理	0.01	0.00	106.96	0.68	107.65
德宏	0.01	0.00	3.42	0.20	3.63
怒江	0.01	0.02	1.97	0.03	2.03
迪庆	0.00	0.00	2.24	0.10	2.34
全省	3.10	5.01	268.86	18.28	295.25

表 2-4　云南省各州市主要畜禽养殖情况及畜禽粪污产生量估算

市 （州）	畜禽饲养量/万头					畜禽粪污产生量/万吨				
	猪	牛	羊	禽类	合计	猪粪	牛粪	羊粪	禽粪	合计
昆明	1 764.06	144.39	863.30	19 195.67	21 967.42	8 820.30	1 443.90	431.65	230.35	10 926.20
曲靖	9 005.21	479.12	2 756.05	12 551.33	24 791.71	45 026.05	4 791.20	1 378.03	150.62	51 345.90
玉溪	1 134.18	90.76	373.80	25 368	26 966.74	5 670.90	907.60	186.90	304.43	7 069.82
保山	3 161.53	159.51	605.70	3 734	7 660.74	15 807.65	1 595.10	302.85	44.81	17 750.41
昭通	3 166.90	115.97	490.05	5 375.66	9 148.59	15 834.50	1 159.70	245.03	64.52	17 303.74
丽江	791.92	49.21	521.35	917.67	2 280.15	3 959.60	492.10	260.68	11.01	4 723.39
普洱	1 769.26	83.89	246.40	3 703.61	5 803.22	8 846.30	838.90	123.20	44.44	9 852.84
临沧	2 341.31	99.91	403.55	2 338	5 182.77	11 706.55	999.10	201.78	28.07	12 935.49
楚雄	2 187.99	184.03	1 064.45	3 205	6 641.47	10 939.95	1 840.30	532.23	38.46	13 350.94
红河	3 336.68	259.92	834.55	30 614.33	35 045.48	16 683.40	2 599.20	417.28	367.37	20 067.25
文山	1 774.53	274.77	514.00	5 634.667	8 197.97	8 872.65	2 747.70	257.00	67.63	11 944.97
西双版纳	230.81	20.78	16.85	1 371	1 639.44	1 154.05	207.80	8.43	16.45	1 386.73
大理	2 629.65	278.79	1 485.75	22 929.33	27 323.52	13 148.25	2 787.90	742.88	275.15	16 954.18
德宏	385.34	54.98	80.15	1 367	1 887.47	1 926.70	549.80	40.08	16.41	2 532.98
怒江	378.34	15.45	230.85	533.33	1 157.97	1 891.70	154.50	115.43	6.4	2 168.03
迪庆	264.18	22.42	83.20	228	597.80	1 320.90	224.20	41.60	2.74	1 589.44
全省	34 321.82	2 333.89	10 570.00	139 066.7	186 292.46	171 609.10	23 338.90	5 285.00	1 668.8	201 902.31

2.2　烟用有机肥原料特性

2.2.1　烟用有机肥原料理化特性

不同种类有机肥原料的水分、粗有机物、有机质、全氮、全磷、全钾、总养分含量及 pH、碳氮比等指标差异明显（见表 2-5）。

2.2.1.1　菜籽饼

由表 2-5 可知，不同来源的油枯含水量在 18.64% ～ 34.07%，均值为 23.35%；pH 值在 4.7 ~ 6.29，平均 pH 值 5.48，偏酸性；粗有机物在 75.21% ~ 95.27%，平均值为 91.93%；有机质在 80.07% ~ 91.46%，平均值为 86.63%；全氮在 4.75% ~ 6.46%，均值为 5.55%；磷含量在 2.04% ~ 2.3%，均值为 2.18%；钾含量 1.12% ~ 3.17%，均值为 2.33%；总养分含量在 3.83% ~ 13.02%，均值为 7.58%；碳氮比在 6.95 ~ 9.23，均值为 8.84。

2.2.1.2　猪粪

由表 2-5 可知，不同来源猪粪含水量在 7.96% ~ 19.05%，均值 11.22%；pH 值在 5.48 ~ 8.25，平均 pH 值为 7.24，偏碱性；粗有机物在 6.14% ~ 81.25%，平均值为 61.95%；有机质在 54.38% ~ 89.34%，平均值为 70.65%；全氮在 1.24% ~ 4.39%，均值为 2.36%；磷含量在 1.25% ~ 5.54%，均值 2.89%；钾含量在 1.12% ~ 3.17%，均值 2.33%；总养分含量在 3.83% ~ 13.02%，均值 7.58%；碳氮比在 19.34 ~ 23.46，均值为 21.69。

2.2.1.3　牛粪

由表 2-5 可知，牛粪含水量在 6.24% ~ 29.67%，均值 13.25%；pH 值在 4.98 ~ 9.86，平均 pH 值为 8.04，偏碱性；粗有机物在 2.71% ~ 90.62%，平均值为 64.68%；有机质在 43.69% ~ 85.37%，平均值为 65.11%；全氮在 1.58% ~ 3.76%，均值为 1.97%；磷含量在 1.34% ~ 3.35%，均值 1.88%；钾含量在 1.67% ~ 4.91%，均值 2.45%；总养分含量在 4.65% ~ 12.01%，均值为 6.30%。碳氮比在 23.15 ~ 26.27，均值为 25.08。

2.2.1.4　羊粪

由表 2-5 可知，不同羊粪来源其含水量在 6.96% ~ 15.35%，均值为 9.72%；pH 值在 6.76 ~ 8.01，平均 pH 值 7.89，偏碱性；粗有机物在 34.64% ~ 81.72%，平均值为 69.17%；有机质在 53.09% ~ 81.43%，平均值为 60.75%；全氮在 0.96% ~ 3.47%，均值为 1.72%；磷含量在 0.33% ~ 3.21%，均值为 1.43%；钾含量在 1.09% ~ 4.46%，均值为 2.02%；总养分含量在 2.41% ~ 10.44%，均值为 5.12%；碳氮比在 18.91 ~ 22.16，均值为 21.34。

2.2.1.5　鸡粪

由表 2-5 可知，鸡粪含水量在 4.67% ~ 24.25%，均值为 10.81%；pH 值在 5.94 ~ 8.13，平均 pH 值 7.66，偏碱性；粗有机物在 17.23% ~ 62.45%，平均值为 49.33%；有机质含量在 23.63% ~ 68.26%，平均值为 46.67%；全氮在 1.24% ~ 3.96%，均值为 2.13%；磷含量在 1.25% ~ 5.41%，均值为 2.95%；钾含量在 1.12% ~ 3.53%，均值为 2.07%；总养分含量在 3.68% ~ 12.77%，均值为 7.15%；碳氮比在 12.97 ~ 14.28，均值为 15.61。

2.2.1.6 蚕沙

由表 2-5 可知，不同来源蚕沙含水量在 9.83%～17.63%，均值为 12.01%；pH 值在 7.36～8.30，平均 pH 值 8.14，偏碱性；粗有机物在 50.47%～71.32%，平均值为 64.83%；有机质含量在 50.16%～72.65%，平均值为 62.29%；全氮在 0.52%～2.46%，均值为 1.49%；磷含量在 0.13%～0.79%，均值为 0.48%；钾含量在 0.67%～1.67%，均值为 1.37%；总养分含量在 1.35%～4.90%，均值为 3.33%。碳氮比在 16.48～20.53，均值为 19.01。

2.2.1.7 水稻秸秆

由表 2-5 可知，稻草含水量在 4.98%～13.03%，均值为 7.92%；pH 值在 6.53～7.71，平均 pH 值 7.35，偏碱性；粗有机物含量在 63.17%～75.48%，平均值为 76.54%；有机质含量在 60.39%～84.46%，平均值为 76.04%；全氮在 0.47%～1.46%，均值为 0.85%；磷含量在 0.14%～0.83%，均值为 0.45%；钾含量在 0.65%～2.91%，均值为 1.58%；总养分含量在 1.34%～5.18%，均值为 2.87%；碳氮比在 27.39～40.42，均值为 37.58。

2.2.1.8 玉米秸秆

由表 2-5 可知，玉米秸秆含水量在 4.57%～18.49%，均值为 8.29%；pH 值在 5.68～7.15，平均 pH 值 6.38，微酸性；粗有机物含量在 60.93%～87.64%，平均值为 84.59%；有机质含量在 57.38%～86.47%，平均值为 81.63%；全氮在 0.35%～1.46%，均值为 0.95%；磷含量在 0.14%～0.93%，均值为 0.78%；钾含量在 0.42%～2.51%，均值为 1.07%；总养分含量在 0.91%～4.88%，均值为 2.74%。碳氮比在 28.16～43.25，均值为 40.11。

2.2.1.9 油菜秸秆

由表 2-5 可知，油菜秸秆含水量在 6.96%～15.07%，均值为 10.22%；pH 值在 4.75～6.21，平均 pH 值 5.74，偏酸性；粗有机物含量在 72.26%～88.65%，平均值为 83.58%；有机质含量在 69.04%～88.42%，平均值为 81.61%；全氮在 0.28%～2.16%，均值为 1.03%；磷含量在 0.09%～2.24%，均值为 0.18%；钾含量在 0.68%～2.82%，均值为 1.69%；总养分含量在 1.06%～7.20%，均值为 2.89%。碳氮比在 30.26～50.14，均值为 48.37。

2.2.1.10　烟秆

由表 2-5 可知，烟秆含水量在 6.03%～14.51%，均值为 9.68%；pH 值在 4.98～6.55，平均 pH 值 5.73，偏酸性；粗有机物含量在 66.42%～88.36%，平均值为 84.01%；有机质含量在 64.16%～87.08%，平均值为 81.73%；全氮在 0.49%～2.26%，均值为 1.07%；磷含量在 0.08%～0.63%，均值为 0.38%；钾含量在 0.61%～3.04%，均值为 1.57%；总养分含量在 1.20%～5.92%，均值为 3.01%；碳氮比在 22.42～27.16，均值为 26.35。

2.2.1.11　甘蔗茎叶

由表 2-5 可知，甘蔗茎叶含水量在 4.67%～14.17%，均值为 9.03%；pH 值在 4.7～6.29，平均 pH 值 5.48，偏酸性；粗有机物含量在 70.43%～86.57%，均值为 80.93%；有机质含量在 70.62%～82.41%，平均值为 78.83%；全氮在 0.45%～1.46%，均值为 1.02%；磷含量在 0.06%～0.37%，均值为 0.18%；钾含量在 0.54%～1.91%，均值为 1.26%；总养分含量在 1.05%～3.73%，均值为 2.44%；碳氮比在 35.23～40.18，均值为 38.41。

2.2.1.12　豆粕

由表 2-5 可知，不同来源大豆含水量在 7.20%～18.31%，均值为 12.76%；pH 值在 5.78～6.62，平均 pH 值 6.2，偏酸性；粗有机物含量在 73.28%～85.42%，均值为 81.24%；有机质含量在 65.74%～83.99%，平均值为 74.87%；全氮在 1.14%～3.57%，均值为 2.35%；磷含量在 0.10%～0.27%，均值为 0.19%；钾含量在 0.95%～1.83%，均值为 1.39%；总养分含量在 2.20%～5.65%，均值为 3.90%；碳氮比在 11.45～18.22，均值为 16.27。

2.2.1.13　蚕豆茎叶

由表 2-5 可知，蚕豆茎叶含水量在 7.98%～14.47%，均值为 11.23%；pH 值在 5.25～6.01，平均 pH 值 5.63，偏酸性；粗有机物含量在 66.23%～87.16%，均值为 80.24%；有机质含量在 72.94%～81.76%，平均值为 77.35%；全氮在 1.64%～2.41%，均值为 2.03%；磷含量在 0.35%～0.87%，均值为 0.61%；钾含量在 1.28%～2.03%，均值为 1.66%；总养分含量在 3.27%～5.30%，均值为 4.28%；碳氮比在 16.57～20.43，均值为 19.18。

2.2.1.14　豌豆茎叶

由表 2-5 可知，不同地区豌豆茎叶含水量在 9.97% ~ 19.10%，均值为 14.54%；pH 值在 6.52 ~ 6.21，平均 pH 值 6.37，偏酸性；粗有机物含量在 59.73% ~ 88.94%，均值为 77.65%；有机质含量在 67.37% ~ 83.10%，平均值为 75.24%；全氮在 1.58% ~ 2.21%，均值为 1.90%；磷含量在 0.09% ~ 0.36%，均值为 0.23%；钾含量在 0.96% ~ 1.87%，均值 1.42%；总养分含量在 2.63% ~ 4.44%，均值为 3.54%；碳氮比在 10.21 ~ 14.53，均值为 13.79。

2.2.1.15　蔗渣

由表 2-5 可知，不同来源蔗渣含水量在 4.23% ~ 6.72%，均值为 5.33%；pH 值在 5.86 ~ 6.49，平均 pH 值 6.14，偏酸性；粗有机物含量在 53.29% ~ 89.47%，均值为 78.18%；有机质含量在 33.26% ~ 44.63%，平均值为 38.96%；全氮在 1.02% ~ 2.24%，均值为 1.67%；磷含量在 1.65% ~ 3.21%，均值为 2.44%；钾含量在 0.21% ~ 0.73%，均值为 0.75%；总养分含量在 2.90% ~ 7.28%，均值为 4.85%；碳氮比在 34.27 ~ 43.16，均值为 40.13。

2.2.1.16　酒糟

由表 2-5 可知，不同来源酒糟含水量在 6.64% ~ 9.73%，均值为 8.26%；pH 值在 3.58 ~ 4.76，平均 pH 值 4.38，强酸性；粗有机物含量在 75.02% ~ 91.03%，均值为 85.84%；有机质含量在 76.95% ~ 87.44%，平均值为 83.29%；全氮在 2.05% ~ 3.47%，均值为 2.53%；磷含量在 0.18% ~ 0.74%，均值为 0.42%；钾含量在 0.38% ~ 0.97%，均值为 0.64%；总养分含量在 2.60% ~ 5.16%，均值为 3.58%；碳氮比在 19.16 ~ 22.41，均值为 20.35。

2.2.1.17　中药渣

由表 2-5 可知，不同来源植物中药渣含水量在 7.78% ~ 8.24%，均值为 8.01%；pH 值在 4.43 ~ 6.86，平均 pH 值 5.65，偏酸性；粗有机物含量在 50.38% ~ 61.27%，均值为 57.23%；有机质含量在 49.67% ~ 56.36%，平均值为 53.02%；全氮在 1.02% ~ 1.98%，均值为 1.57%；磷含量在 0.06% ~ 0.53%，均值为 0.20%；钾含量在 0.38% ~ 1.63%，均值为 1.21%；总养分含量在 1.47% ~ 4.13%，均值为 2.97%；碳氮比在 15.34 ~ 23.16，均值为 21.38。

2.2.1.18　桑树枝条粉

由表 2-5 可知,其含水量在 6.71% ~ 9.08%,均值为 7.23%;pH 值在 4.17 ~ 6.28,平均 pH 值 5.89,偏酸性;粗有机物含量在 61.16% ~ 68.24%,均值为 65.28%;有机质含量在 60.15% ~ 78.02%,平均值为 71.16%;全氮在 0.54% - 1.99%,均值为 1.37%;磷含量在 0.18% ~ 2.12%,均值为 0.54%;钾含量在 0.91% ~ 2.74%,均值 1.75%;总养分含量在 1.65% ~ 6.84%,均值为 3.65%;碳氮比在 18.95 ~ 24.17,均值为 23.45。

2.2.1.19　烟梗

由表 2-5 可知,其含水量在 6.27% ~ 7.49%,均值为 6.83%;pH 值在 5.36 ~ 6.12,平均 pH 值 5.73,偏酸性;粗有机物含量在 58.71% ~ 87.95%,均值为 75.64%;有机质含量在 40.25% ~ 51.31%,平均值为 43.01%;全氮在 2.15% ~ 3.08%,均值为 2.97%;磷含量在 0.28% ~ 0.63%,均值为 0.45%;钾含量在 2.79% ~ 3.27%,均值为 2.91%;总养分含量在 5.22% ~ 6.96%,均值为 6.32%;碳氮比在 13.47 ~ 17.24,均值为 15.62。

2.2.1.20　草炭

由表 2-5 可知,其含水量在 5.79% ~ 10.24%,均值为 8.97%;pH 值在 4.39 ~ 5.12,平均 pH 值 4.94,偏酸性;粗有机物含量在 88.32% ~ 94.36%,均值为 90.84%;有机质含量在 60.15% ~ 87.18%,平均值为 61.23%;全氮在 1.39% ~ 2.09%,均值为 1.81%;磷含量在 0.05% ~ 0.21%,均值为 0.14%;钾含量在 0.11% ~ 0.66%,均值为 0.43%;总养分含量在 1.57% ~ 2.94%,均值为 2.37%;碳氮比在 3.49 ~ 8.56,均值为 5.27。

2.2.1.21　褐煤

由表 2-5 可知,其含水量在 5.79% ~ 8.25%,均值为 7.07%;pH 值在 5.12 ~ 6.15,平均 pH 值 5.96,偏酸性;粗有机物含量在 49.22% ~ 62.45%,均值为 53.82%;有机质含量在 50.85% ~ 60.43%,平均值为 50.91%;全氮在 0.21% ~ 0.58%,均值为 0.36%;磷含量在 0.05% ~ 0.21%,均值为 0.13%;钾含量在 0.04% ~ 0.13%,均值为 0.07%;总养分含量在 0.32% ~ 0.90%,均值为 0.55%;碳氮比在 3.24 ~ 5.56,均值为 4.26。

2.2.1.22　腐殖土

由表 2-5 可知,其含水量在 7.75% ~ 10.12%,均值为 8.48%;pH 值在 6.11 ~ 6.83,平均 pH 值 6.47,偏中性;粗有机物含量在 36.72% ~ 50.18%,均值为 47.43%;有机

质含量在 38.17%～51.23%，平均值为 42.92%；全氮在 1.52%～1.94%，均值为 1.63%；磷含量在 0.07%～0.15%，均值为 0.11%；钾含量在 0.13%～0.28%，均值为 0.17%；总养分含量在 1.73%～2.36%，均值为 1.90%；碳氮比在 4.56～7.16，均值为 5.23。

2.2.1.23 蔬菜废弃物

由表 2-5 可知，其含水量在 3.19%～24.56%，均值为 12.93%；pH 值在 6.18～8.15，平均 pH 值 7.14，中性；粗有机物含量在 38.72%～87.45%，均值为 67.52%；有机质含量在 35.12%～76.39%，平均值为 37.98%；全氮在 0.84%～3.95%，均值为 2.67%；磷含量在 0.13%～0.59%，均值为 0.34%；钾含量在 0.64%～5.56%，均值为 3.29%；总养分含量在 1.51%～9.27%，均值为 5.42%；碳氮比在 4.72%～22.68，均值为 7.59。

表 2-5　有机肥原料理化指标的统计特征值（风干基）

养分	项目	有机肥原料种类					
		菜籽饼（N=85）	猪粪（N=35）	牛粪（N=8）	羊粪（N=15）	鸡粪（N=10）	蚕沙（N=8）
水分/%	范围	18.64～34.07	7.96～19.05	6.24～29.67	6.96～15.35	4.67～24.25	9.83～17.63
	平均值	23.35	11.22	13.25	9.72	10.81	12.01
pH	范围	4.70～6.29	5.48～8.25	4.98～9.86	6.76～8.01	5.94～8.13	7.36～8.30
	平均值	5.48	7.24	8.04	7.89	7.66	8.14
粗有机物/%	范围	75.21～95.27	6.14～81.25	2.71～90.62	34.64～81.72	17.23～62.45	50.47～71.32
	平均值	91.33	61.95	64.68	69.17	49.33	64.83
有机质/%	范围	80.07～91.46	54.38～89.34	43.69～85.37	53.09～81.43	23.63～68.26	50.16～72.65
	平均值	86.63	70.65	65.11	60.75	46.67	62.29
全氮（N）/%	范围	4.75～6.46	1.24～4.39	1.58～3.76	0.96～3.47	1.24～3.96	0.52～2.46
	平均值	5.55	2.36	1.97	1.72	2.13	1.49
全磷（P）/%	范围	2.04～2.30	1.25～5.54	1.34～3.35	0.33～3.21	1.25～5.41	0.13～0.79
	平均值	2.18	2.89	1.88	1.43	2.95	0.48
全钾（K）/%	范围	1.12～3.17	1.12～3.17	1.67～4.91	1.09～4.46	1.12～3.53	0.67～1.67
	平均值	2.33	2.33	2.45	2.02	2.07	1.37
总养分/%	范围	3.83～13.02	3.83～13.02	4.65～12.01	2.41～10.44	3.68～12.77	1.35～4.90
	平均值	7.58	7.58	6.30	5.12	7.15	3.33
碳氮比（C/N）	范围	6.95～9.23	19.34～23.46	23.15～26.27	18.91～22.16	12.97～14.28	16.48～20.53
	平均值	8.84	21.69	25.08	21.38	15.61	19.01

养分	项目	有机肥原料种类					
		水稻秸秆（N=5）	玉米秸秆（N=8）	油菜秸秆（N=6）	烟秆（N=10）	甘蔗茎叶（N=6）	豆粕（N=10）
水分/%	范围	4.98～13.03	4.57～18.49	6.96～15.07	6.03～14.51	4.67～14.17	7.20～18.31
	平均值	7.92	8.29	10.22	9.68	9.03	12.76
pH	范围	6.53～7.71	5.68～7.15	4.75～6.21	4.98～6.55	4.70～6.29	5.78～6.62
	平均值	7.35	6.38	5.74	5.73	5.48	6.20
粗有机物/%	范围	63.17～75.48	60.93～87.64	72.26～88.65	66.42～88.36	70.43～86.57	73.28～85.42
	平均值	76.54	84.59	83.58	84.01	80.93	81.24
有机质/%	范围	60.39～84.46	57.38～86.47	69.04～88.42	64.16～87.08	70.62～82.41	65.74～83.99
	平均值	76.04	81.63	81.61	81.73	78.83	74.87
全氮（N）/%	范围	0.47～1.46	0.35～1.46	0.28～2.16	0.49～2.26	0.45～1.46	1.14～3.57
	平均值	0.85	0.95	1.03	1.07	1.02	2.35
全磷（P）/%	范围	0.14～0.83	0.14～0.93	0.09～2.24	0.08～0.63	0.06～0.37	0.10～0.27
	平均值	0.45	0.78	0.18	0.38	0.18	0.19
全钾（K）/%	范围	0.65～2.91	0.42～2.51	0.68～2.82	0.61～3.04	0.54～1.91	0.95～1.83
	平均值	1.58	1.07	1.69	1.57	1.26	1.39
总养分/%	范围	1.34～5.18	0.91～4.88	1.06～7.20	1.20～5.92	1.05～3.73	2.20～5.65
	平均值	2.87	2.74	2.89	3.01	2.44	3.90
碳氮比（C/N）	范围	27.39～40.42	28.16～43.25	30.26～50.14	22.42～27.16	35.23～40.18	11.45～18.22
	平均值	37.58	40.11	48.37	26.35	38.41	16.27
养分	项目	蚕豆茎叶（N=5）	豌豆茎叶（N=7）	蔗渣（N=10）	酒糟（N=7）	中药渣（N=8）	桑树枝条粉（N=6）
水分/%	范围	7.98～14.47	9.97～19.10	4.23～6.72	6.64～9.73	7.78～8.24	6.71～9.08
	平均值	11.23	14.54	5.33	8.26	8.01	7.23
pH	范围	5.25～6.01	6.21～6.52	5.86～6.49	3.58～4.76	4.43～6.86	4.17～6.28
	平均值	5.63	6.37	6.14	4.38	5.65	5.89
粗有机物/%	范围	66.23～87.16	59.73～88.94	53.29～89.47	75.02～91.03	50.38～61.27	61.16～68.24
	平均值	80.24	77.65	78.18	85.84	57.23	65.28

续表

养分	项目	有机肥原料种类					
		蚕豆茎叶（N=5）	豌豆茎叶（N=7）	蔗渣（N=10）	酒糟（N=7）	中药渣（N=8）	桑树枝条粉（N=6）
有机质/%	范围	72.94~81.76	67.37~83.10	33.26~	76.95~	49.67~	60.15~
	平均值	77.35	75.24	38.96	83.29	53.02	71.16
全氮（N）/%	范围	1.64~2.41	1.58~2.21	1.02~2.24	2.05~3.47	1.02~1.98	0.54~1.99
	平均值	2.03	1.90	1.67	2.53	1.57	1.37
全磷（P）/%	范围	0.35~0.87	0.09~0.36	1.65~3.21	0.18~0.74	0.06~0.53	0.18~2.12
	平均值	0.61	0.23	2.44	0.42	0.20	0.54
全钾（K）/%	范围	1.28~2.03	0.96~1.87	0.21~1.73	0.38~0.97	0.38~1.63	0.91~2.74
	平均值	1.66	1.42	0.75	0.64	1.21	1.75
总养分/%	范围	3.27~5.30	2.64~4.43	2.90~7.28	2.60~5.16	1.47~4.13	1.65~6.84
	平均值	4.28	3.54	4.85	3.58	2.97	3.65
碳氮比（C/N）	范围	16.57~20.43	10.21~14.53	34.27~43.16	19.16~22.41	15.34~23.16	18.95~24.17
	平均值	19.18	13.79	40.13	20.35	21.38	23.45

养分	项目	烟梗（N=8）	草炭（N=8）	褐煤（N=8）	腐殖土（N=8）	蔬菜废弃物（N=5）
水分/%	范围	6.27~7.49	5.79~10.24	5.79~8.25	7.75~10.12	3.19~24.56
	平均值	6.83	8.97	7.07	8.48	12.93
pH	范围	5.36~6.12	4.39~5.12	5.12~6.15	6.11~6.83	6.18~8.15
	平均值	5.73	4.94	5.96	6.47	7.14
粗有机物/%	范围	58.71~87.95	88.32~94.36	49.22~62.45	36.72~50.18	38.27~87.45
	平均值	75.64	90.84	53.82	47.43	67.52
有机质/%	范围	40.25~51.31	60.15~87.18	50.85~60.43	38.17~51.23	35.12~76.39
	平均值	43.01	61.23	50.91	42.92	37.98
全氮（N）/%	范围	2.15~3.08	1.39~2.09	0.21~0.58	1.52~1.94	0.84~3.95
	平均值	2.97	1.81	0.36	1.63	2.67
全磷（P）/%	范围	0.28~0.63	0.05~0.21	0.05~0.21	0.07~0.15	0.13~0.59
	平均值	0.45	0.14	0.13	0.11	0.34
全钾（K）/%	范围	2.79~3.27	0.11~0.66	0.04~0.13	0.13~0.28	0.64~5.56
	平均值	2.91	0.43	0.07	0.17	3.29
总养分/%	范围	5.22~6.96	1.57~2.94	0.32~0.90	1.73~2.36	1.51~9.27
	平均值	6.32	2.37	0.55	1.90	5.42
碳氮比（C/N）	范围	13.47~17.24	3.49~8.56	3.24~5.56	4.56~7.16	4.72~22.68
	平均值	15.62	5.27	4.26	5.23	7.59

2.2.2　有机肥原料中微量元素含量差异

不同有机肥原料中钙、镁、钠、硫、硅、铜、锌、铁、锰、硼、钼含量差异较大，如表 2-6 所示。

2.2.2.1　菜籽饼

由表 2-6 可知，菜籽饼钙含量在 0.12% ~ 1.43%，均值为 0.94%；镁在 0.14% ~ 0.51%，平均值为 0.42%；钠在 0.01% ~ 0.04%，平均值为 0.01%；硫在 0.14% ~ 1.39%，平均值为 0.81%；硅在 0.23% ~ 1.54%，均值为 0.73%；铜含量在 3.53 ~ 48.05 mg/kg，均值为 7.73 mg/kg；锌含量在 32.67 ~ 83.8 mg/kg，均值为 59.75 mg/kg；铁含量在 0.02% ~ 0.44%，均值为 0.09%；锰在 26.51 ~ 78.06 mg/kg，均值为 55.49 mg/kg；硼含量在 7.46 ~ 21.32 mg/kg，均值为 14.09 mg/kg；钼在 0.11 ~ 1.12 mg/kg，均值为 0.53 mg/kg。

2.2.2.2　猪粪

由表 2-6 可知，猪粪钙含量在 0.18% ~ 4.45%，均值为 1.51%；镁在 0.07% ~ 1.21%，平均值为 0.48%；钠在 0.18% ~ 3.41%，平均值为 0.27%；硫在 0.07% ~ 0.78%，平均值为 0.29%；硅在 0.31% ~ 28.88%，均值为 13.63%；铜含量在 0.98 ~ 85.07 mg/kg，均值为 25.31 mg/kg；锌含量在 8.29 ~ 325.63 mg/kg，均值为 104.89 mg/kg；铁含量在 0.02% ~ 4.97%，均值为 0.83%；锰在 15.97 ~ 1 213.74 mg/kg，均值为 327.55 mg/kg；硼含量在 1.61 ~ 18.93 mg/kg，均值为 6.98 mg/kg；钼在 0.03 ~ 6.54 mg/kg，均值为 0.92 mg/kg。

2.2.2.3　牛粪

由表 2-6 可知，牛粪钙含量在 0.38% ~ 4.69%，均值为 1.64%；镁在 0.06% ~ 0.76%，平均值为 0.32%；钠在 0.01% ~ 0.44%，平均值为 0.05%；硫在 0.06% ~ 0.48%，平均值为 0.25%；硅在 0.38% ~ 29.13%，均值为 13.12%；铜含量在 1.64 ~ 66.25 mg/kg，均值为 15.92 mg/kg；锌含量在 31.29 ~ 255.78 mg/kg，均值为 85.91 mg/kg；铁含量在 0.01% ~ 3.04%，均值为 0.41%；锰在 83.93 ~ 2147.51 mg/kg，均值为 583.07 mg/kg；硼含量在 1.23 ~ 36.67 mg/kg，均值为 9.58 mg/kg；钼在 0.03 ~ 5.81 mg/kg，均值为 1.06 mg/kg。

2.2.2.4　羊粪

由表 2-6 可知，羊粪钙含量在 0.51% ~ 4.56%，均值为 2.27%；镁在 0.13% ~ 1.02%，

平均值为 0.41%；钠在 0.02% ~ 0.57%，平均值为 0.11%；硫在 0.13% ~ 0.44%，平均值为 0.29%；硅在 0.38% ~ 28.86%，均值为 8.38%；铜含量在 10.71 ~ 66.59 mg/kg，均值为 26.73 mg/kg；锌含量在 39.01 ~ 227.78 mg/kg，均值为 99.25 mg/kg；铁含量在 0.03% ~ 2.14%，均值为 0.52%；锰在 63.07 ~ 953.89 mg/kg，均值为 475.95 mg/kg；硼含量在 3.72 ~ 36.48 mg/kg，均值为 21.76 mg/kg；钼在 0.06 ~ 7.84 mg/kg，均值为 1.25 mg/kg。

2.2.2.5　鸡粪

由表 2-6 可知，鸡粪钙含量在 0.16% ~ 4.41%，均值为 1.82%；镁在 0.06% ~ 0.92%，平均值为 0.47%；钠在 0.01% ~ 1.28%，平均值为 0.29%；硫在 0.13% ~ 0.93%，平均值为 0.42%；硅在 0.16% ~ 31.24%，均值为 13.16%；铜含量在 3.01 ~ 82.67 mg/kg，均值为 28.53 mg/kg；锌含量在 0.67 ~ 365.14 mg/kg，均值为 148.52 mg/kg；铁含量在 0.08% ~ 3.01%，均值为 0.77%；锰在 18.42 ~ 984.85 mg/kg，均值为 296.88 mg/kg；硼含量在 2.01 ~ 34.27 mg/kg，均值为 13.48 mg/kg；钼在 0.04 ~ 7.59 mg/kg，均值为 1.53 mg/kg。

2.2.2.6　蚕沙

由表 2-6 可知，蚕沙钙含量在 0.47% ~ 3.21%，均值为 1.12%；镁在 0.18% ~ 0.77%，平均值为 0.53%；钠在 0.01% ~ 0.08%，平均值为 0.02%；硫在 0.22% ~ 0.35%，平均值为 0.23%；硅在 3.79% ~ 5.84%，均值为 4.86%；铜含量在 2.06 ~ 9.74 mg/kg，均值为 7.35 mg/kg；锌含量在 9.66 ~ 38.41 mg/kg，均值为 21.39 mg/kg；铁含量在 0.08% ~ 0.27%，均值为 0.14%；锰在 31.57 ~ 345.82 mg/kg，均值为 119.34 mg/kg；硼含量在 3.65 ~ 15.79 mg/kg，均值为 11.15 mg/kg；钼在 0.12 ~ 1.09 mg/kg，均值为 0.61 mg/kg。

2.2.2.7　水稻秸秆

由表 2-6 可知，水稻秸秆钙含量在 0.07% ~ 1.38%，均值为 0.64%；镁在 0.09% ~ 0.37%，平均值为 0.18%；钠在 0.01% ~ 0.16%，平均值为 0.03%；硫在 0.04% ~ 0.27%，平均值为 0.13%；硅在 0.82% ~ 12.01%，均值为 7.18%；铜含量在 0.27 ~ 16.73 mg/kg，均值为 3.75 mg/kg；锌含量在 13.75 ~ 80.49 mg/kg，均值为 35.77 mg/kg；铁含量在 0.01% ~ 0.22%，均值为 0.06%；锰在 112.42 ~ 1 347.26 mg/kg，均值为 563.67 mg/kg；硼含量在 1.37 ~ 7.58 mg/kg，均值为 3.31 mg/kg；钼在 0.04 ~ 4.01 mg/kg，均值为 0.61 mg/kg。

2.2.2.8　玉米秸秆

由表 2-6 可知，玉米秸秆钙含量在 0.18% ~ 0.93%，均值为 0.52%；镁在 0.09% ~ 0.54%，平均值为 0.22%；钠在 0.02% ~ 0.03%，平均值为 0.02%；硫在 0.04% ~ 0.76%，平均值为 0.15%；硅在 0.75% ~ 6.42%，均值为 2.63%；铜含量在 1.43 ~ 40.18 mg/kg，均值为 7.05 mg/kg；锌含量在 5.69 ~ 93.87 mg/kg，均值为 20.49 mg/kg；铁含量在 0.03% ~ 0.28%，均值为 0.12%；锰在 7.55 ~ 167.84 mg/kg，均值为 51.16 mg/kg；硼含量在 1.68 ~ 9.01 mg/kg，均值为 5.16 mg/kg；钼在 0.13 ~ 5.12 mg/kg，均值为 0.67 mg/kg。

2.2.2.9　油菜秸秆

由表 2-6 可知，油菜秸秆钙含量在 0.08% ~ 2.97%，均值为 1.53%；镁在 0.06% ~ 0.39%，平均值为 0.18%；钠在 0.02% ~ 0.96%，平均值为 0.25%；硫在 0.03% ~ 0.72%，平均值为 0.33%；硅在 0.04% ~ 6.78%，均值为 0.65%；铜含量在 0.02 ~ 8.43 mg/kg，均值为 2.25 mg/kg；锌含量在 1.98 ~ 45.74 mg/kg，均值为 14.56 mg/kg；铁含量在 0.01% ~ 0.07%，均值为 0.03%；锰在 5.28 ~ 60.43 mg/kg，均值为 19.45 mg/kg；硼含量在 7.74 ~ 33.16 mg/kg，均值为 14.48 mg/kg；钼在 0.05 ~ 3.12 mg/kg，均值为 0.63 mg/kg。

2.2.2.10　烟秆

由表 2-6 可知，烟秆钙含量在 0.27% ~ 2.83%，均值为 1.29%；镁在 0.06% ~ 0.45%，平均值为 0.17%；钠在 0.01% ~ 0.08%，平均值为 0.02%；硫在 0.13% ~ 0.58%，平均值为 0.26%；硅在 0.04% ~ 9.61%，均值为 1.19%；铜含量在 3.27 ~ 38.43 mg/kg，均值为 13.82 mg/kg；锌含量在 9.47 ~ 89.71 mg/kg，均值为 27.52 mg/kg；铁含量在 0.01% ~ 0.35%，均值为 0.08%；锰在 8.17 ~ 182.54 mg/kg，均值为 53.16 mg/kg；硼含量在 9.53 ~ 22.29 mg/kg，均值为 15.67 mg/kg；钼在 0.09 ~ 4.67 mg/kg，均值为 1.15 mg/kg。

2.2.2.11　甘蔗茎叶

由表 2-6 可知，甘蔗茎叶钙含量在 0.51% ~ 1.36%，均值为 0.85%；镁在 0.12% ~ 0.33%，平均值为 0.22%；钠在 0.01% ~ 0.05%，平均值为 0.02%；硫在 0.11% ~ 0.46%，平均值为 0.25%；硅在 2.03% ~ 7.89%，均值为 5.16%；铜含量在 2.75 ~ 9.48 mg/kg，均值为 4.97 mg/kg；锌含量在 9.92 ~ 30.15 mg/kg，均值为 18.27 mg/kg；铁含量在

0.03% ~ 0.08%，均值为 0.04%；锰在 28.16 ~ 386.02 mg/kg，均值为 100.08 mg/kg；硼含量在 2.17 ~ 8.94 mg/kg，均值为 4.39 mg/kg；钼在 0.09 ~ 4.27 mg/kg，均值为 1.18 mg/kg。

2.2.2.12　豆粕

由表 2-6 可知，豆粕钙含量在 0.12% ~ 1.43%，均值为 0.84%；镁在 0.15% ~ 0.53%，平均值为 0.39%；钠在 0.01% ~ 0.05%，平均值为 0.03%；硫在 0.14% ~ 1.48%，平均值为 0.86%；硅在 2.23% ~ 1.75%，均值为 0.84%；铜含量在 3.67 ~ 49.02 mg/kg，均值为 7.89 mg/kg；锌含量在 28.45 ~ 83.53 mg/kg，均值为 56.78 mg/kg；铁含量在 0.08% ~ 0.47%，均值为 0.15%；锰在 20.15 ~ 284.76 mg/kg，均值为 62.24 mg/kg；硼含量在 6.08 ~ 30.41 mg/kg，均值为 14.97 mg/kg；钼在 0.13 ~ 2.48 mg/kg，均值为 0.64 mg/kg。

2.2.2.13　蚕豆茎叶

由表 2-6 可知，蚕豆茎叶钙含量在 0.13% ~ 3.72%，均值为 1.59%；镁在 0.09% ~ 0.63%，平均值为 1.59%；钠在 0.04% ~ 1.42%，平均值为 0.37%；硫在 0.05% ~ 0.63%，平均值为 0.18%；硅在 0.06% ~ 1.93%，均值为 0.65%；铜含量在 2.68 ~ 31.56 mg/kg，均值为 14.52 mg/kg；锌含量在 5.61 ~ 60.36 mg/kg，均值为 28.21 mg/kg；铁含量在 0.05% ~ 0.39%，均值为 0.17%；锰在 8.97 ~ 171.38 mg/kg，均值为 45.23 mg/kg；硼含量在 2.79 ~ 38.74 mg/kg，均值为 16.95 mg/kg；钼在 0.48 ~ 6.79 mg/kg，均值为 1.84 mg/kg。

2.2.2.14　豌豆茎叶

由表 2-6 可知，豌豆茎叶钙含量在 0.95% ~ 5.12%，均值为 2.06%；镁在 0.25% ~ 0.63%，平均值为 0.34%；钠在 0.01% ~ 0.39%，平均值为 0.08%；硫在 0.05% ~ 0.68%，平均值为 0.31%；硅在 0.17% ~ 3.38%，均值为 0.98%；铜含量在 2.69 ~ 23.27 mg/kg，均值为 9.36 mg/kg；锌含量在 14.81 ~ 80.42 mg/kg，均值为 43.56 mg/kg；铁含量在 0.02% ~ 0.79%，均值为 0.16%；锰在 12.85 ~ 183.78 mg/kg，均值为 66.05 mg/kg；硼含量在 10.37 ~ 22.83 mg/kg，均值为 17.32 mg/kg；钼在 0.18 ~ 24.68 mg/kg，均值为 4.15 mg/kg。

2.2.2.15　蔗渣

由表 2-6 可知，蔗渣钙含量在 0.49% ~ 1.38%，均值为 0.81%；镁在 0.12% ~ 0.32%，

平均值为 0.25%；钠在 0.01% ~ 0.08%，平均值为 0.05%；硫在 0.16% ~ 0.44%，平均值为 0.25%；硅在 2.07% ~ 7.92%，均值为 4.56%；铜含量在 2.82 ~ 9.83 mg/kg，均值为 4.55 mg/kg；锌含量在 9.91 ~ 28.18 mg/kg，均值为 20.42 mg/kg；铁含量在 0.02% ~ 0.08%，均值为 0.04%；锰在 56.24 ~ 371.06 mg/kg，均值 100.43 mg/kg；硼含量在 2.18 ~ 9.35 mg/kg，均值为 4.58 mg/kg；钼在 0.19 ~ 4.68 mg/kg，均值为 1.23 mg/kg。

2.2.2.16　酒糟

由表 2-6 可知，酒糟钙含量在 0.07% ~ 0.75%，均值为 0.33%；镁在 0.10% ~ 0.36%，平均值为 0.21%；钠在 0.01% ~ 0.05%，平均值为 0.02%；硫在 0.18% ~ 0.45%，平均值为 0.26%；硅在 0.17% ~ 6.48%，均值为 2.37%；铜含量在 3.67 ~ 19.76 mg/kg，均值为 7.69 mg/kg；锌含量在 26.13 ~ 55.49 mg/kg，均值为 40.12 mg/kg；铁含量在 0.03% ~ 0.25%，均值为 0.16%；锰在 4.56 ~ 62.43 mg/kg，均值为 44.18 mg/kg；硼含量在 0.29 ~ 7.84 mg/kg，均值为 4.15 mg/kg；钼在 0.21 ~ 1.29 mg/kg，均值为 0.65 mg/kg。

2.2.2.17　中药渣

由表 2-6 可知，中药渣钙含量在 1.43% ~ 2.13%，均值为 1.78%；镁在 0.25% ~ 0.47%，平均值为 0.31%；钠在 0.05% ~ 0.08%，平均值为 0.06%；硫在 0.23% ~ 0.37%，平均值为 0.25%；硅在 16.37% ~ 22.43%，均值为 18.12%；铜含量在 27.06 ~ 31.25 mg/kg，均值为 28.93 mg/kg；锌含量在 72.13 ~ 90.54 mg/kg，均值为 81.03 mg/kg；铁含量在 1.16% ~ 3.25%，均值为 2.34%；锰在 276.61 ~ 312.14 mg/kg，均值为 287.43 mg/kg；硼含量在 2.03 ~ 6.92 mg/kg，均值为 3.47 mg/kg；钼在 2.76 ~ 3.01 mg/kg，均值为 2.84 mg/kg。

2.2.2.18　桑树枝条粉

由表 2-6 可知，桑树枝条粉钙含量在 0.98% ~ 3.24%，均值为 1.57%；镁在 0.25% ~ 0.31%，平均值为 0.28%；钠在 0.05% ~ 0.07%，平均值为 0.06%；硫在 0.11% ~ 0.24%，平均值为 0.18%；硅在 0.45% ~ 0.76%，均值为 0.61%；铜含量在 3.35 ~ 28.74 mg/kg，均值为 20.25 mg/kg；锌含量在 34.85 ~ 66.92 mg/kg，均值为 40.57 mg/kg；铁含量在 0.05% ~ 0.16%，均值为 0.11%；锰在 78.92 ~ 143.56 mg/kg，均值为 102.97 mg/kg；硼含量在 3.45 ~ 12.96 mg/kg，均值为 8.78 mg/kg；钼在 1.98 ~ 4.03 mg/kg，均值为 2.58 mg/kg。

2.2.2.19　烟梗

由表 2-6 可知，烟梗钙含量在 0.31% ~ 2.84%，均值为 1.36%；镁在 0.09% ~ 0.46%，

平均值为 0.21%；钠在 0.05% ~ 0.09%，平均值为 0.08%；硫在 0.17% ~ 0.58%，平均值为 0.25%；硅在 0.37% ~ 9.52%，均值为 1.57%；铜含量在 4.14 ~ 35.49 mg/kg，均值为 14.58 mg/kg；锌含量在 10.43 ~ 85.25 mg/kg，均值为 27.51 mg/kg；铁含量在 0.12% ~ 0.34%，均值为 0.21%；锰在 18.23 ~ 81.54 mg/kg，均值为 45.76 mg/kg；硼含量在 9.63 ~ 18.29 mg/kg，均值为 16.61 mg/kg；钼在 0.72 ~ 1.38 mg/kg，均值为 0.95 mg/kg。

2.2.2.20　草炭

由表 2-6 可知，草炭钙含量在 1.81% ~ 3.03%，均值为 2.57%；镁在 0.15% ~ 0.24%，平均值为 0.19%；钠在 0.08% ~ 0.12%，平均值为 0.09%；硫在 0.15% ~ 0.47%，均值为 0.33%；硅在 8.14% ~ 14.21%，均值为 11.43%；铜含量在 28.53 ~ 64.89 mg/kg，均值为 47.41 mg/kg；锌含量在 67.18 ~ 172.45 mg/kg，均值为 106.73 mg/kg；铁含量在 0.12% ~ 0.34%，均值为 0.18%；锰在 124.57 ~ 432.52 mg/kg，均值为 386.91 mg/kg；硼含量在 0.33 ~ 0.56 mg/kg，均值为 0.47 mg/kg；钼在 0.12 ~ 0.21 mg/kg，均值为 0.15 mg/kg。

2.2.2.21　褐煤

由表 2-6 可知，褐煤钙含量在 0.17% ~ 0.24%，均值为 0.21%；镁在 0.12% ~ 0.23%，平均值为 0.18%；钠在 0.25% ~ 0.36%，平均值为 0.29%；硫在 0.05% ~ 0.09%，平均值为 0.07%；硅在 3.14% ~ 5.29%，均值为 4.12%；铜含量在 3.95 ~ 7.52 mg/kg，均值为 6.02 mg/kg；锌含量在 10.38 ~ 26.43 mg/kg，均值为 21.97 mg/kg；铁含量在 0.23% ~ 0.29%，均值为 0.26%；锰在 145.26 ~ 220.12 mg/kg，均值为 182.35 mg/kg；硼含量在 3.58 ~ 4.17 mg/kg，均值为 3.84 mg/kg；钼在 0.01 ~ 0.09 mg/kg，均值为 0.05 mg/kg。

2.2.2.22　腐殖土

由表 2-6 可知，腐殖土钙含量在 1.34% ~ 1.67%，均值为 1.52%；镁在 0.34% ~ 0.47%，平均值为 0.39%；钠在 0.04% ~ 0.08%，平均值为 0.05%；硫在 0.07% ~ 0.12%，平均值为 0.08%；硅在 30.57% ~ 32.49%，均值为 31.48%；铜含量在 14.36 ~ 16.58 mg/kg，均值为 15.23 mg/kg；锌含量在 75.44 ~ 88.19 mg/kg，均值为 86.97 mg/kg；铁含量在 0.05% ~ 1.11%，均值为 0.07%；锰在 356.23 ~ 394.72 mg/kg，均值为 380.16 mg/kg；硼含量在 10.93 ~ 12.79 mg/kg，均值为 11.05 mg/kg；钼在 0.33 ~ 0.45 mg/kg，均值为 0.37 mg/kg。

2.2.2.23　蔬菜废弃物

由表 2-6 可知，蔬菜废弃物钙含量在 0.51% ~ 4.29%，均值为 1.66%；镁在 0.14% ~ 0.81%，平均值为 0.45%；钠在 0.06% ~ 1.78%，平均值为 0.56%；硫在 0.31% ~ 0.84%，平均值为 0.57%；硅在 0.48% ~ 12.06%，均值为 3.78%；铜含量在 2.56 ~ 60.17 mg/kg，均值为 11.18 mg/kg；锌含量在 16.43 ~ 82.48 mg/kg，均值为 56.32 mg/kg；铁含量在 0.04% ~ 0.67%，均值为 0.22%；锰在 22.78 ~ 413.34 mg/kg，均值为 110.03 mg/kg；硼含量在 13.72 ~ 26.35 mg/kg，均值为 19.86 mg/kg；钼在 0.23 ~ 7.54 mg/kg，均值为 2.03 mg/kg。

表 2-6　有机肥原料中微量元素含量的统计特征值（风干基）

元素	项目	有机肥原料种类					
		菜籽饼（N=85）	猪粪（N=35）	牛粪（N=8）	羊粪（N=15）	鸡粪（N=10）	蚕沙（N=8）
钙（Ca）/%	范围	0.12 ~ 1.43	0.18 ~ 4.45	0.38 ~ 4.69	0.51 ~ 4.56	0.16 ~ 4.41	0.47 ~ 3.21
	平均值	0.94	1.51	1.64	2.27	1.82	1.12
镁（Mg）/%	范围	0.14 ~ 0.51	0.07 ~ 1.21	0.06 ~ 0.76	0.13 ~ 1.02	0.06 ~ 0.92	0.18 ~ 0.77
	平均值	0.42	0.48	0.32	0.41	0.47	0.53
钠（Na）/%	范围	0.01 ~ 0.04	0.18 ~ 3.41	0.01 ~ 0.44	0.02 ~ 0.57	0.01 ~ 1.28	0.01 ~ 0.08
	平均值	0.01	0.27	0.05	0.11	0.29	0.02
硫（S）/%	范围	0.14 ~ 1.39	0.07 ~ 0.78	0.06 ~ 0.48	0.13 ~ 0.44	0.13 ~ 0.93	0.22 ~ 0.35
	平均值	0.81	0.29	0.25	0.29	0.42	0.23
硅（Si）/%	范围	0.23 ~ 1.54	0.31 ~ 28.88	0.38 ~ 29.13	0.38 ~ 28.86	0.16 ~ 31.24	3.79 ~ 5.84
	平均值	0.73	13.63	13.12	8.38	13.16	4.86
铜（Cu）/(mg/kg)	范围	3.53 ~ 48.05	0.98 ~ 85.07	1.64 ~ 66.25	10.71 ~ 66.59	3.01 ~ 82.67	2.06 ~ 9.74
	平均值	7.73	25.31	15.92	26.73	28.53	7.39
锌（Zn）/(mg/kg)	范围	32.67 ~ 83.8	8.29 ~ 352.63	31.29 ~ 225.78	39.01 ~ 227.78	0.67 ~ 365.14	9.66 ~ 38.41
	平均值	59.75	104.89	85.91	99.25	148.52	21.39
铁（Fe）/%	范围	0.02 ~ 0.44	0.02 ~ 4.97	0.01 ~ 3.04	0.03 ~ 2.14	0.08 ~ 3.01	0.08 ~ 0.27
	平均值	0.09	0.83	0.41	0.52	0.77	0.14
锰（Mn）/(mg/kg)	范围	26.51 ~ 78.06	15.97 ~ 1 213.74	83.93 ~ 2 147.51	63.07 ~ 953.89	18.42 ~ 984.85	31.57 ~ 345.82
	平均值	55.49	327.55	583.07	475.95	296.88	119.34
硼（B）/(mg/kg)	范围	7.46 ~ 21.32	1.61 ~ 18.93	1.23 ~ 36.67	3.72 ~ 36.48	2.01 ~ 34.27	3.65 ~ 15.79
	平均值	14.09	6.98	9.58	21.76	13.48	11.15
钼（Mo）/(mg/kg)	范围	0.11 ~ 1.12	0.03 ~ 6.54	0.03 ~ 5.81	0.06 ~ 7.84	0.04 ~ 7.59	0.12 ~ 1.09
	平均值	0.53	0.92	1.06	1.25	1.53	0.61

续表

元素	项目	有机肥原料种类					
		水稻秸秆（N=5）	玉米秸秆（N=8）	油菜秸秆（N=6）	烟秆（N=10）	甘蔗茎叶（N=6）	豆粕（N=10）
钙（Ca）/%	范围	0.07~1.38	0.18~0.93	0.08~2.97	0.27~2.83	0.51~1.36	0.12~1.43
	平均值	0.64	0.52	1.53	1.29	0.85	0.84
镁（Mg）/%	范围	0.09~0.37	0.09~0.54	0.06~0.39	0.06~0.45	0.12~0.33	0.15~0.53
	平均值	0.18	0.22	0.18	0.17	0.22	0.39
钠（Na）/%	范围	0.01~0.16	0.02~0.03	0.02~0.96	0.01~0.08	0.01~0.05	0.01~0.05
	平均值	0.03	0.02	0.25	0.02	0.02	0.03
硫（S）/%	范围	0.04~0.27	0.04~0.76	0.03~0.72	0.13~0.58	0.11~0.46	0.14~1.48
	平均值	0.13	0.15	0.33	0.26	0.25	0.86
硅（Si）/%	范围	0.82~12.01	0.75~6.42	0.04~6.78	0.04~9.61	2.03~7.89	0.23~1.75
	平均值	7.18	2.63	0.65	1.19	5.16	0.84
铜（Cu）/（mg/kg）	范围	0.27~16.73	1.43~40.18	0.02~8.43	3.27~38.43	2.75~9.48	3.67~49.02
	平均值	3.75	7.05	2.25	13.82	4.97	7.89
锌（Zn）/（mg/kg）	范围	13.75~80.49	5.69~93.87	1.98~45.74	9.47~89.71	9.92~30.15	28.45~83.53
	平均值	35.77	20.49	14.56	27.52	18.27	56.78
铁（Fe）/%	范围	0.01~0.22	0.03~0.28	0.01~0.07	0.01~0.35	0.03~0.08	0.08~0.47
	平均值	0.06	0.12	0.03	0.08	0.04	0.15
锰（Mn）/（mg/kg）	范围	112.42~1 347.26	7.55~167.84	5.28~60.43	8.17~182.54	28.16~386.02	20.15~284.76
	平均值	563.67	51.16	19.45	53.16	100.08	62.24
硼（B）/（mg/kg）	范围	1.37~7.58	1.68~9.01	7.74~33.16	9.53~22.29	2.17~8.94	6.08~30.41
	平均值	3.14	5.16	14.48	15.67	4.39	14.97
钼（Mo）/（mg/kg）	范围	0.04~4.01	0.13~5.12	0.05~3.12	0.11~1.34	0.09~4.27	0.13~2.48
	平均值	0.61	0.67	0.63	0.46	1.18	0.64
元素	项目	蚕豆茎叶（N=5）	豌豆茎叶（N=7）	蔗渣（N=10）	酒糟（N=7）	中药渣（N=8）	桑树枝条粉（N=6）
钙（Ca）/%	范围	0.13~3.72	0.95~5.12	0.49~1.38	0.07~0.75	1.43~2.13	0.98~3.24
	平均值	1.59	2.06	0.81	0.33	1.78	1.57
镁（Mg）/%	范围	0.09~0.63	0.25~0.63	0.12~0.32	0.10~0.36	0.25~0.47	0.25~0.31
	平均值	0.24	0.34	0.25	0.21	0.31	0.28
钠（Na）/%	范围	0.04~1.42	0.01~0.39	0.01~0.08	0.01~0.05	0.05~0.08	0.05~0.07
	平均值	0.37	0.08	0.05	0.02	0.06	0.06

元素	项目	有机肥原料种类					
		蚕豆茎叶（N=5）	豌豆茎叶（N=7）	蔗渣（N=10）	酒糟（N=7）	中药渣（N=8）	桑树枝条粉（N=6）
硫（S）/%	范围	0.05~0.63	0.05~0.68	0.16~0.44	0.18~0.45	0.23~0.37	0.11~0.24
	平均值	0.178	0.31	0.25	0.26	0.25	0.18
硅（Si）/%	范围	0.06~1.93	0.17~3.38	2.07~7.92	0.17~6.48	16.37~22.43	0.45~0.76
	平均值	0.65	0.98	4.56	2.37	18.12	0.61
铜（Cu）/（mg/kg）	范围	2.68~31.56	2.69~23.27	2.87~9.83	3.67~19.76	27.06~31.25	3.35~28.74
	平均值	14.52	9.36	4.55	7.69	28.93	20.25
锌（Zn）/（mg/kg）	范围	5.61~60.36	14.81~80.42	9.91~28.18	26.13~55.49	72.13~90.54	34.85~66.92
	平均值	28.21	43.56	20.42	40.12	81.03	40.57
铁（Fe）/%	范围	0.05~0.39	0.02~0.79	0.02~0.08	0.03~0.25	1.16~3.25	0.05~0.16
	平均值	0.17	0.16	0.04	0.16	2.34	0.11
锰（Mn）/（mg/kg）	范围	8.97~171.38	12.85~183.78	56.24~371.06	4.56~62.43	276.61~312.14	78.92~143.56
	平均值	45.23	66.05	100.43	44.18	287.43	102.97
硼（B）/（mg/kg）	范围	2.79~38.74	10.37~22.83	2.18~9.35	0.29~7.84	2.03~6.92	3.45~12.96
	平均值	16.95	17.32	4.58	4.15	3.47	8.78
钼（Mo）/（mg/kg）	范围	0.48~6.79	0.18~24.68	0.19~4.68	0.21~1.29	2.76~3.01	1.98~4.03
	平均值	1.84	4.15	1.23	0.65	2.84	2.58

元素	项目	烟梗（N=8）	草炭（N=8）	褐煤（N=8）	腐殖土（N=8）	蔬菜废弃物（N=5）
钙（Ca）/%	范围	0.31~2.84	1.81~3.03	0.17~0.24	1.34~1.67	0.51~4.29
	平均值	1.36	2.57	0.21	1.52	1.66
镁（Mg）/%	范围	0.09~0.46	0.15~0.24	0.12~0.23	0.34~0.47	0.14~0.81
	平均值	0.21	0.19	0.18	0.39	0.45
钠（Na）/%	范围	0.05~0.09	0.08~0.12	0.25~0.36	0.04~0.08	0.06~1.78
	平均值	0.08	0.09	0.29	0.05	0.56
硫（S）/%	范围	0.17~0.58	0.15~0.47	0.05~0.09	0.07~0.12	0.31~0.84
	平均值	0.25	0.33	0.07	0.08	0.57
硅（Si）/%	范围	0.37~9.52	8.14~14.21	3.14~5.29	30.57~32.49	0.48~12.06
	平均值	1.57	11.43	4.12	31.48	3.78

元素	项目	有机肥原料种类				
		烟梗 （N=8）	草炭 （N=8）	褐煤 （N=8）	腐殖土 （N=8）	蔬菜废弃物 （N=5）
铜（Cu）/（mg/kg）	范围	4.14～35.49	28.53～64.89	3.95～7.52	14.36～16.58	2.56～60.17
	平均值	14.58	47.41	6.02	15.23	11.18
锌（Zn）/（mg/kg）	范围	10.43～85.25	67.18～172.45	10.38～26.43	75.44～88.19	16.43～82.48
	平均值	27.51	106.73	21.97	86.97	56.32
铁（Fe）/%	范围	0.12～0.34	0.12～0.34	0.23～0.29	0.05～1.11	0.04～0.67
	平均值	0.21	0.18	0.26	0.07	0.22
锰（Mn）/（mg/kg）	范围	18.23～81.54	124.57～432.52	145.26～220.12	356.23～394.72	22.78～413.34
	平均值	45.76	386.91	182.35	380.16	110.03
硼（B）/（mg/kg）	范围	9.63～18.29	0.33～0.56	3.58～4.17	10.93～12.79	13.72～26.35
	平均值	16.61	0.47	3.84	11.05	19.86
钼（Mo）/（mg/kg）	范围	0.72～1.38	0.12～0.21	0.01～0.09	0.33～0.45	0.23～7.54
	平均值	0.95	0.15	0.05	0.37	2.03

2.2.3 有机肥原料中重金属及抗生素含量差异

不同有机肥原料中重金属（铅、铬、镉、砷、汞、镍）及抗生素（土霉素、四环素、金霉素、强力霉素）含量存在明显差异，如表 2-7 所示。

2.2.3.1 菜籽饼

由表 2-7 可知，菜籽饼铅含量在 1.67～20.83 mg/kg，均值为 6.55 mg/kg；铬在 4.62～10.96 mg/kg，均值为 6.62 mg/kg；镉在 0.33～0.78 mg/kg，均值为 0.58 mg/kg；砷在 0.68～4.36 mg/kg，均值为 2.04 mg/kg；汞在 0.01～0.16 mg/kg，均值为 0.05 mg/kg；镍在 3.45～23.07 mg/kg，均值为 3.68 mg/kg。土霉素、四环素、金霉素和强力霉素均为痕量。按 NY/T 525—2021 和 NY/T 798—2015 标准，菜籽饼样品中铅、铬、镉、砷、汞、镍含量均未超标，作有机肥原料较为安全。

2.2.3.2 猪粪

由表 2-7 可知，猪粪铅含量在 3.78～70.33 mg/kg，均值为 21.09 mg/kg；铬在 7.21～34.27 mg/kg，均值为 17.64 mg/kg；镉在 0.32～4.79 mg/kg，均值为 1.38 mg/kg；砷

在0.31～63.53 mg/kg，均值为23.04 mg/kg；汞在0.02～0.23 mg/kg，均值为0.08 mg/kg；镍在1.49～40.93 mg/kg，均值为12.56 mg/kg。从抗生素含量看，猪粪土霉素含量在5.25～13.19 mg/kg，均值为8.12 mg/kg；四环素在0.28～1.03 mg/kg，均值为0.52 mg/kg；金霉素在3.61～11.28 mg/kg，均值为7.65 mg/kg；强力霉素在0.98～2.45 mg/kg，均值为1.78 mg/kg。根据NY/T 525—2021和GB/T 32951—2016标准，猪粪含水量高，铅、镉、砷、土霉素、四环素、金霉素和强力霉素均超标。

2.2.3.3　牛粪

由表2-7可知，牛粪含铅在2.25～64.78 mg/kg，均值为9.73 mg/kg；铬在2.84～29.32 mg/kg，均值为7.32 mg/kg；镉在0.16～1.04 mg/kg，均值为0.61 mg/kg；砷在0.46～5.86 mg/kg，均值为1.43 mg/kg；汞在0.01～0.06 mg/kg，均值为0.04 mg/kg；镍在1.46～22.91 mg/kg，均值为7.39 mg/kg。从抗生素含量看，牛粪土霉素在3.67～5.26 mg/kg，均值为4.15 mg/kg；四环素在1.36～2.58 mg/kg，均值为1.92 mg/kg；金霉素在17.63～21.45 mg/kg，均值为18.31 mg/kg；强力霉素在0.18～0.57 mg/kg，均值为0.37 mg/kg。按NY/T 525—2021和GB/T 32951—2016标准，牛粪中铅及4种抗生素容易超标。

2.2.3.4　羊粪

由表2-7可知，羊粪铅含量在3.17～75.23 mg/kg，均值为19.56 mg/kg；铬在3.77～27.58 mg/kg，均值为8.98 mg/kg；镉在0.18～2.25 mg/kg，均值为1.02 mg/kg；砷在1.21～2.68 mg/kg，均值为1.38 mg/kg；汞在0.01～0.08 mg/kg，均值为0.04 mg/kg；镍在4.58～22.37 mg/kg，均值为14.31 mg/kg。从抗生素含量看，羊粪土霉素在1.32～2.81 mg/kg，均值为1.95 mg/kg；四环素在1.03～2.41 mg/kg，均值为1.45 mg/kg；金霉素在13.67～17.48 mg/kg，均值为16.15 mg/kg；强力霉素在0.15～0.32 mg/kg，均值为0.21 mg/kg。按NY/T 525—2021和GB/T 32951—2016标准，羊粪中铅易超标，抗生素污染风险高。

2.2.3.5　鸡粪

由表2-7可知，鸡粪铅在2.89～59.37 mg/kg，均值为8.94 mg/kg；铬在1.73～35.61 mg/kg，均值为13.54 mg/kg；镉在0.06～1.12 mg/kg，均值为0.49 mg/kg；砷在0.85～35.06 mg/kg，均值为13.91 mg/kg；汞在0.03～0.11 mg/kg，均值为0.06 mg/kg；镍在3.85～33.82 mg/kg，均值为18.13 mg/kg。从抗生素含量看，鸡粪土霉素在1.42～2.75 mg/kg，均值为在1.82 mg/kg；四环素在0.13～0.42 mg/kg，均值为0.25 mg/kg；金

霉素在 10.61 ~ 15.32 mg/kg，均值为 13.18 mg/kg；强力霉素在 0.31 ~ 0.76 mg/kg，均值为 0.49 mg/kg。按 NY/T 525—2021 和 GB/T 32951—2016 标准，鸡粪中铅、砷易超标，抗生素污染风险较高。

2.2.3.6　蚕沙

由表 2-7 可知，蚕沙铅含量在 2.07 ~ 4.26 mg/kg，均值为 3.23 mg/kg；铬在 0.86 ~ 2.76 mg/kg，均值为 1.57 mg/kg；镉在 0.37 ~ 0.65 mg/kg，均值为 0.48 mg/kg；砷在 0.49 ~ 2.41 mg/kg，均值为 1.59 mg/kg；汞在 0.01 ~ 0.03 mg/kg，均值为 0.02 mg/kg；镍在 0.95 ~ 2.34 mg/kg，均值为 1.98 mg/kg。按 NY/T 525—2021 标准，蚕沙作有机肥原料较为安全。

2.2.3.7　水稻秸秆

由表 2-7 可知，水稻秸秆铅含量在 1.43 ~ 11.76 mg/kg，均值为 3.57 mg/kg；铬在 0.39 ~ 7.48 mg/kg，均值为 3.02 mg/kg；镉在 0.15 ~ 0.93 mg/kg，均值为 0.46 mg/kg；砷在 0.13 ~ 2.36 mg/kg，均值为 1.34 mg/kg；汞在 0.03 ~ 0.10 mg/kg，均值为 0.05 mg/kg；镍在 0.69 ~ 7.16 mg/kg，均值为 3.58 mg/kg。按 NY/T 525—2021 标准，水稻秸秆作为有机肥原料使用较为安全。

2.2.3.8　玉米秸秆

由表 2-7 可知，玉米秸秆铅含量在 0.84 ~ 10.63 mg/kg，均值为 2.96 mg/kg；铬在 0.54 ~ 9.62 mg/kg，均值为 4.26 mg/kg；镉在 0.25 ~ 1.53 mg/kg，均值为 0.42 mg/kg；砷在 0.22 ~ 3.71 mg/kg，均值为 1.14 mg/kg；汞在 0.02 ~ 0.07 mg/kg，均值为 0.04 mg/kg；镍在 0.47 ~ 7.94 mg/kg，均值为 3.05 mg/kg。按 NY/T 525—2021 标准，玉米秸秆作有机肥原料较为安全。

2.2.3.9　油菜秸秆

由表 2-7 可知，油菜秸秆铅含量在 0.68 ~ 5.22 mg/kg，均值为 1.26 mg/kg；铬在 0.24 ~ 4.92 mg/kg，均值为 1.79 mg/kg；镉在 0.27 ~ 1.16 mg/kg，均值为 0.53 mg/kg；砷在 0.17 ~ 1.46 mg/kg，均值为 0.53 mg/kg；汞在 0.03 ~ 0.13 mg/kg，均值为 0.06 mg/kg；镍在 0.67 ~ 4.16 mg/kg，均值为 2.18 mg/kg。按 NY/T 525—2021 标准，油菜秸秆作有机肥原料较为安全。

2.2.3.10 烟秆

由表 2-7 可知，烟秆铅含量在 0.77 ~ 9.13 mg/kg，均值为 2.05 mg/kg；铬在 1.47 ~ 23.36 mg/kg，均值为 12.25 mg/kg；镉在 0.18 ~ 1.64 mg/kg，均值为 0.74 mg/kg；砷在 0.14 ~ 1.18 mg/kg，均值为 0.68 mg/kg；汞在 0.01 ~ 0.10 mg/kg，均值为 0.04 mg/kg；镍在 0.16 ~ 28.23 mg/kg，均值为 5.04 mg/kg。按 NY/T 525—2021 标准，烟秆作为非烟作物有机肥原料使用较为安全，烟秆不能作烟用有机肥。

2.2.3.11 甘蔗茎叶

由表 2-7 可知，甘蔗茎叶铅含量在 1.45 ~ 18.37 mg/kg，均值为 8.72 mg/kg；铬在 1.71 ~ 5.36 mg/kg，均值为 2.59 mg/kg；镉在 0.07 ~ 1.23 mg/kg，均值为 0.618 mg/kg；砷在 0.15 ~ 0.72 mg/kg，均值为 0.46 mg/kg；汞在 0.02 ~ 0.09 mg/kg，均值为 0.05 mg/kg；镍在 1.39 ~ 3.08 mg/kg，均值为 1.74 mg/kg。按 NY/T 525—2021 标准，甘蔗茎叶可作有机肥原料使用。

2.2.3.12 大豆粕

由表 2-7 可知，大豆粕含铅在 1.93 ~ 3.57 mg/kg，均值为 2.75 mg/kg；铬在 1.31 ~ 4.07 mg/kg，均值为 2.69 mg/kg；镉在 0.26 ~ 0.67 mg/kg，均值为 0.47 mg/kg；砷在 0.26 ~ 0.58 mg/kg，均值为 0.42 mg/kg；汞在 0.04 ~ 0.09 mg/kg，均值为 0.07 mg/kg；镍在 2.17 ~ 25.72 mg/kg，均值为 6.19 mg/kg。按 NY/T 525—2021 标准，大豆粕作有机肥原料较为安全。

2.2.3.13 蚕豆茎叶

由表 2-7 可知，蚕豆茎叶铅含量在 2.09 ~ 6.77 mg/kg，均值为 4.43 mg/kg；铬在 1.13 ~ 6.82 mg/kg，均值为 3.98 mg/kg；镉在 0.11 ~ 0.53 mg/kg，均值为 0.32 mg/kg；砷在 0.12 ~ 1.05 mg/kg，均值为 0.59 mg/kg；汞在 0.03 ~ 0.08 mg/kg，均值为 0.06 mg/kg；镍在 1.27 ~ 9.93 mg/kg，均值为 3.46 mg/kg。按 NY/T 525—2021 标准，蚕豆茎叶可作有机肥原料使用。

2.2.3.14 豌豆茎叶

由表 2-7 可知，豌豆茎叶铅含量在 1.47 ~ 4.33 mg/kg，均值为 2.90 mg/kg；铬在 1.35 ~ 5.76 mg/kg，均值为 3.56 mg/kg；镉在 0.21 ~ 0.68 mg/kg，均值为 0.45 mg/kg；砷在 0.2 ~ 0.43 mg/kg，均值为 0.32 mg/kg；汞在 0.01 ~ 0.12 mg/kg，均值为 0.07 mg/kg；

镍在 0.84 ~ 9.15 mg/kg，均值为 3.42 mg/kg。按 NY/T 525—2021 标准，豌豆茎叶可作有机肥原料使用。

2.2.3.15 蔗渣

由表 2-7 可知，蔗渣铅含量在 1.41 ~ 3.89 mg/kg，均值为 2.95 mg/kg；铬在 1.41 ~ 5.12 mg/kg，均值为 3.68 mg/kg；镉在 0.24 ~ 0.71 mg/kg，均值为 0.48 mg/kg；砷在 0.22 ~ 0.45 mg/kg，均值为 0.35 mg/kg；汞在 0.02 ~ 0.16 mg/kg，均值为 0.08 mg/kg；镍在 0.47 ~ 3.21 mg/kg，均值为 1.95 mg/kg。按 NY/T 525—2021 标准，蔗渣可作有机肥原料使用。

2.2.3.16 酒糟

由表 2-7 可知，酒糟铅含量在 1.36 ~ 3.84 mg/kg，均值为 2.43 mg/kg；铬在 0.58 ~ 4.01 mg/kg，均值为 2.77 mg/kg；镉在 0.07 ~ 0.61 mg/kg，均值为 0.35 mg/kg；砷在 0.72 ~ 1.66 mg/kg，均值为 1.22 mg/kg；汞在 0.04 ~ 0.25 mg/kg，均值为 0.12 mg/kg；镍在 2.73 ~ 10.12 mg/kg，均值为 5.78 mg/kg。按 NY/T 525—2021 标准，酒糟作有机肥原料较为安全。

2.2.3.17 中药渣

由表 2-7 可知，中药渣铅含量在 10.46 ~ 23.62 mg/kg，均值为 17.04 mg/kg；铬在 7.43 ~ 16.29 mg/kg，均值为 11.86 mg/kg；镉在 0.29 ~ 0.94 mg/kg，均值为 0.62 mg/kg；砷在 3.66 ~ 10.43 mg/kg，均值为 7.05 mg/kg；汞在 0.02 ~ 0.09 mg/kg，均值为 0.04 mg/kg；镍在 14.34 ~ 17.15 mg/kg，均值为 15.23 mg/kg。按 NY/T 525—2021 标准，中药渣作有机肥原料使用时存在重金属及提取药物所用化学试剂的残留安全风险。

2.2.3.18 桑树枝条粉

由表 2-7 可知，桑树枝条粉铅含量在 0.06 ~ 0.19 mg/kg，均值为 0.13 mg/kg；铬在 1.48 ~ 6.35 mg/kg，均值为 3.92 mg/kg；镉在 0.13 ~ 0.26 mg/kg，均值为 0.20 mg/kg；砷在 0.07 ~ 0.15 mg/kg，均值为 0.11 mg/kg；汞在 0.01 ~ 0.03 mg/kg，均值为 0.02 mg/kg；镍在 0.54 ~ 5.71 mg/kg，均值为 2.95 mg/kg。按 NY/T 525—2021 标准，桑树枝条粉作有机肥原料较为安全。

2.2.3.19 烟梗

由表 2-7 可知，烟梗铅含量在 11.61 ~ 25.68 mg/kg，均值为 16.07 mg/kg；铬在

4.41～13.25 mg/kg，均值为 10.74 mg/kg；镉在 0.18～0.73 mg/kg，均值为 0.51 mg/kg；砷在 3.12～9.63 mg/kg，均值为 6.15 mg/kg；汞在 0.12～0.17 mg/kg，均值为 0.14 mg/kg；镍在 0.35～7.12 mg/kg，均值为 4.07 mg/kg。按 NY/T 525—2021 标准，烟梗作非烟作物有机肥原料使用较为安全，不能作烟用有机肥使用。

2.2.3.20　草炭

由表 2-7 可知，草炭铅含量在 8.14～20.65 mg/kg，均值为 13.27 mg/kg；铬在 5.49～12.38 mg/kg，均值为 9.23 mg/kg；镉在 2.21～2.54 mg/kg，均值为 2.38 mg/kg；砷在 6.69～12.57 mg/kg，均值为 10.17 mg/kg；汞在 0.05～0.11 mg/kg，均值为 0.08 mg/kg；镍在 3.28～5.31 mg/kg，均值为 4.15 mg/kg。按 NY/T 525—2021 标准，草炭可作有机肥原料使用。

2.2.3.21　褐煤

由表 2-7 可知，褐煤铅含量在 7.92～25.67 mg/kg，均值为 19.13 mg/kg；铬在 20.58～38.24 mg/kg，均值为 26.16 mg/kg；镉在 0.82～1.37 mg/kg，均值为 1.12 mg/kg；砷在 5.41～9.13 mg/kg，均值为 7.82 mg/kg；汞在 0.13～0.26 mg/kg，均值为 0.17 mg/kg；镍在 0.78～1.45 mg/kg，均值为 1.03 mg/kg。按 NY/T 525—2021 标准，褐煤中重金属含量在安全范围内。

2.2.3.22　腐殖土

由表 2-7 可知，腐殖土铅含量在 3.19～15.68 mg/kg，均值为 12.14 mg/kg；铬在 24.21～41.29 mg/kg，均值为 30.19 mg/kg；镉在 0.95～1.43 mg/kg，均值为 1.15 mg/kg；砷在 6.27～10.15 mg/kg，均值为 8.89 mg/kg；汞在 0.16～0.31 mg/kg，均值为 0.25 mg/kg；镍在 16.70～18.95 mg/kg，均值为 17.21 mg/kg。按 NY/T 525—2021 标准，腐殖土的重金属含量在安全范围内。

2.2.3.23　蔬菜废弃物

由表 2-7 可知，蔬菜废弃物铅含量在 0.58～22.64 mg/kg，均值为 7.28 mg/kg；铬在 0.37～16.29 mg/kg，均值为 7.09 mg/kg；镉在 0.36～1.43 mg/kg，均值为 0.68 mg/kg；砷在 0.85～2.14 mg/kg，均值为 1.68 mg/kg；汞在 0.11～0.15 mg/kg，均值为 0.12 mg/kg；镍在 4.27～23.96 mg/kg，均值为 6.92 mg/kg。按 NY/T 525—2021 标准，蔬菜废弃物中重金属含量在安全范围内。

表 2-7　有机肥原料中重金属及抗生素含量（风干基）

元素	项目	有机肥原料种类					
		菜籽饼（N=85）	猪粪（N=35）	牛粪（N=8）	羊粪（N=15）	鸡粪（N=10）	蚕沙（N=8）
铅（Pb）/（mg/kg）	范围	1.67~20.83	3.78~70.33	2.25~64.78	3.17~75.23	2.89~59.37	2.07~4.26
	平均值	6.55	21.09	9.73	19.56	8.94	3.23
铬（Cr）/（mg/kg）	范围	4.62~10.96	7.21~34.27	2.84~29.32	3.77~27.58	1.73~35.61	0.86~2.76
	平均值	6.62	17.64	7.32	8.98	13.54	1.57
镉（Cd）/（mg/kg）	范围	0.33~0.78	0.32~4.79	0.16~1.04	0.18~2.25	0.06~1.12	0.37~0.65
	平均值	0.58	1.38	0.61	1.02	0.49	0.48
砷（As）/（mg/kg）	范围	0.68~4.36	0.31~63.53	0.46~5.86	1.21~2.68	0.85~35.06	0.49~2.41
	平均值	2.04	23.04	1.43	1.38	13.91	1.59
汞（Hg）/（mg/kg）	范围	0.01~0.16	0.02~0.23	0.01~0.06	0.01~0.08	0.03~0.11	0.01~0.03
	平均值	0.05	0.08	0.04	0.04	0.06	0.02
镍（Ni）/（mg/kg）	范围	3.45~23.07	1.49~40.93	1.46~22.91	4.58~22.37	3.85~33.82	0.95~2.34
	平均值	3.68	12.56	7.39	14.31	18.13	1.98
土霉素/（mg/kg）	范围	痕量	5.25~13.19	3.67~5.26	1.32~2.81	1.42~2.75	痕量
	平均值	痕量	8.12	4.15	1.95	1.82	痕量
四环素/（mg/kg）	范围	痕量	0.28~1.03	1.36~2.58	1.03~2.41	0.13~0.42	痕量
	平均值	痕量	0.52	1.92	1.45	0.25	痕量
金霉素/（mg/kg）	范围	痕量	3.61~11.28	17.63~21.45	13.67~17.48	10.61~15.32	痕量
	平均值	痕量	7.65	18.31	16.15	13.18	痕量
强力霉素/（mg/kg）	范围	痕量	0.98~2.45	0.18~0.57	0.15~0.32	0.31~0.76	痕量
	平均值	痕量	1.78	0.37	0.21	0.49	痕量
元素	项目	水稻秸秆（N=5）	玉米秸秆（N=8）	油菜秸秆（N=6）	烟秆（N=10）	甘蔗茎叶（N=6）	豆粕（N=10）
铅（Pb）/（mg/kg）	范围	1.43~11.76	0.84~10.63	0.68~5.22	0.77~9.13	1.45~18.37	1.93~3.57
	平均值	3.57	2.96	1.26	2.05	8.72	2.75
铬（Cr）/（mg/kg）	范围	0.39~7.48	0.54~9.62	0.24~4.92	1.47~23.36	1.71~5.36	1.31~4.07
	平均值	3.02	4.26	1.79	12.25	2.59	2.69
镉（Cd）/（mg/kg）	范围	0.15~0.93	0.25~1.53	0.27~1.16	0.18~1.64	0.07~1.23	0.26~0.67
	平均值	0.46	0.42	0.54	0.74	0.61	0.47
砷（As）/（mg/kg）	范围	0.13~2.36	0.22~3.71	0.17~1.46	0.14~1.18	0.15~0.72	0.26~0.58
	平均值	1.34	1.14	0.53	0.68	0.46	0.42

续表

元素	项目	有机肥原料种类					
		水稻秸秆（N=5）	玉米秸秆（N=8）	油菜秸秆（N=6）	烟秆（N=10）	甘蔗茎叶（N=6）	豆粕（N=10）
汞（Hg）/（mg/kg）	范围	0.03~0.10	0.02~0.07	0.03~0.13	0.01~0.10	0.02~0.09	0.04~0.09
	平均值	0.05	0.04	0.06	0.04	0.05	0.07
镍（Ni）/（mg/kg）	范围	0.69~7.16	0.47~7.94	0.67~4.16	0.16~28.23	1.39~3.08	2.17~25.72
	平均值	3.58	3.05	2.18	5.04	1.74	6.19

元素	项目	蚕豆茎叶（N=5）	豌豆茎叶（N=7）	蔗渣（N=10）	酒糟（N=7）	中药渣（N=8）	桑树枝条粉（N=6）
铅（Pb）/（mg/kg）	范围	2.09~6.77	1.47~4.33	1.41~3.89	1.36~3.84	10.46~23.62	0.06~0.19
	平均值	4.43	2.90	2.95	2.43	17.04	0.13
铬（Cr）/（mg/kg）	范围	1.13~6.82	1.35~5.76	1.41~5.12	0.58~4.01	7.43~16.29	1.48~6.35
	平均值	3.98	3.56	3.68	2.77	11.86	3.92
镉（Cd）/（mg/kg）	范围	0.11~0.53	0.21~0.68	0.24~0.71	0.07~0.61	0.29~0.94	0.13~0.26
	平均值	0.32	0.45	0.48	0.35	0.62	0.20
砷（As）/（mg/kg）	范围	0.12~1.05	0.20~0.43	0.22~0.45	0.72~1.66	3.66~10.43	0.07~0.15
	平均值	0.59	0.32	0.35	1.22	7.05	0.11
汞（Hg）/（mg/kg）	范围	0.03~0.08	0.01~0.12	0.02~0.16	0.04~0.25	0.02~0.09	0.01~0.03
	平均值	0.06	0.07	0.08	0.12	0.04	0.02
镍（Ni）/（mg/kg）	范围	1.27~9.93	0.84~9.15	0.47~3.21	2.73~10.12	14.34~17.15	0.54~5.71
	平均值	3.46	3.42	1.95	5.78	15.23	2.95

元素	项目	烟梗（N=8）	草炭（N=8）	褐煤（N=8）	腐殖土（N=8）	蔬菜废弃物（N=5）
铅（Pb）/（mg/kg）	范围	11.61~25.68	8.14~20.65	7.92~25.67	3.19~15.68	0.58~22.64
	平均值	16.07	13.27	19.13	12.14	7.28
铬（Cr）/（mg/kg）	范围	4.41~13.25	5.49~12.38	20.58~38.24	24.21~41.29	0.37~16.29
	平均值	10.74	9.23	26.16	30.19	7.09
镉（Cd）/（mg/kg）	范围	0.18~0.73	2.21~2.54	0.82~1.37	0.95~1.43	0.36~1.43
	平均值	0.51	2.38	1.12	1.15	0.68
砷（As）/（mg/kg）	范围	3.12~9.63	6.69~12.57	5.41~9.13	6.27~10.15	0.85~2.14
	平均值	6.15	10.17	7.82	8.89	1.68
汞（Hg）/（mg/kg）	范围	0.12~0.17	0.05~0.11	0.13~0.26	0.16~0.31	0.11~0.15
	平均值	0.14	0.08	0.17	0.25	0.12
镍（Ni）/（mg/kg）	范围	0.35~7.12	3.28~5.31	0.78~1.45	16.7~18.95	4.27~23.96
	平均值	4.07	4.15	1.03	17.21	6.92

2.2.4 各类有机物料安全性评价指标

根据对各类有机物料资源品质分析，其安全性评价指标如表2-8所示。其中：

（1）蔬菜、花卉废弃物的安全性评价指标为农药残留；

（2）养殖业废弃物的安全性评价指标为重金属含量、盐分、抗生素、病原菌（蛔虫卵、粪大肠菌）、氯、化学萃取药剂名称和含量等；

（3）工业残渣（稻壳、酱油糟、蔗渣、果渣、菜籽饼、茶籽饼、酒糟、食用菌渣、沼渣）的安全性评价指标为盐分、重金属、病原菌、氯；

（4）烟末烟梗的评价指标为盐分、病原菌、氯、农药残留、烟碱；

（5）植物源性中药渣的安全性评价指标为重金属、抗生素、氯、所用有机浸提剂含量等；

（6）造纸厂和味精厂的下脚料的安全性评价指标为重金属、氯、所用有机浸提剂含量等；

（7）草炭、泥炭、污泥的安全性评价指标为重金属、病原菌、氯；

（8）褐煤、煤炭、柴煤的安全性评价指标包括腐殖酸（黄腐酸、黑腐酸）、容重；

（9）厨余废弃物的安全性评价指标包括盐分、油脂、蛋白质代谢产物（胺类）、黄曲霉素、种子发芽指数等；

（10）蚯蚓粪的安全性评价指标为重金属含量；

（11）水产养殖废弃物的安全性评价指标为盐分、重金属含量等。

表2-8　云南省主要有机肥原料分类及安全性评价指标表

类别	来源	养分	特点	安全性评价指标	佐证材料
种植业废弃物	作物秸秆类：谷、薯类和麦类（大麦、小麦和青稞）、豆类（大豆、蚕豆、豌豆等）、油料作物、园艺作物、经济作物等 林草废弃物：果树枝条（桑树、梨树、核桃青皮、坚果壳等）、林地杂草等	纤维素和木质素高，氮磷钾含量较低（除豆科类），单独采用较少，用于发酵物料的有机质，调节碳氮比	原料丰富，价格低廉，大面积收购困难且季节性较强，全年生产需提前备货	蔬菜、花卉的农药残留	无
养殖业废弃物	粪类：鸡粪尿、猪粪尿、牛粪尿等 动物加工废弃料：骨粉、皮毛等废料 厩肥	有机质含量高，纤维含量低不易分解	使用时要经过充分腐熟发酵，高温杀灭病虫卵、病原菌和杂草种子	重金属含量、盐分、抗生素、病原菌（蛔虫卵、粪大肠菌），化学萃取品种和含量等	化学萃取剂说明、检测报告
	水产养殖废弃物	氮磷钾高	—	盐分、重金属含量等	生产工艺说明、检测报告
工业加工废弃物	食品及饮料加工废弃物：稻壳、酱油渣、蔗糖、果渣、酒糟、食用菌渣、沼渣等	原料市场规模大、地域性强，价格低廉，有机质高，含水量高（60%以上）	使用时注意调和pH值、重金属	盐分、重金属、病原菌、氯	生产工艺（化学添加剂种类及含量）说明、检测报告
	油料作物加工废弃物：菜籽/油菜籽/花生/橡胶籽桐油子等	粗有机物、氮磷钾含量高，粗蛋白和粗脂肪含量较高；C/N比低，易分解	养分含量高，云南主要用油菜子敲原料用作烤烟肥料	盐分、农药残留等	

续表

类别	来源	养分	特点	安全性评价指标	佐证材料
工业加工废弃物	烟末烟梗	此类物料有机质、养分、糖类都较高	产品肥力效果好，有抑制杂菌、抵抗土壤虫害的效果，价格低廉	盐分、病原菌、氯、农药残留	检测报告
	植物源性中药渣	药渣有阿维菌素渣、头孢渣、泰乐渣、青霉渣等，药渣整体上蛋白等其他养分含量较高	价格属于中下等，能够抵后肥力效果较好，抗其他有害病菌，但原料稳定流动性较大，稳定货源较少	重金属、抗生素、氯、所用有机浸提剂含量等	有机浸提剂说明、检测报告
天然原料	造纸厂的下脚料	主要成分是木质素	是极难吸收的一种有机质，造纸过程中加有化学原料，存留在下脚料里	重金属、所用有机浸提剂含量等	有机浸提剂说明、检测报告
	草炭、泥炭、污泥（城市污水沉淀的污泥和工业废水沉淀的污泥）	含一定量的有机质和氮磷钾养成分，原料不用钱，加工成本低	重金属和大肠杆菌严重超标	重金属、病原菌、氯	检测报告
	褐煤、煤炭、柴煤	属表观有机质，不是土壤微生物的碳源，有效成分是植物碳酸	不深加工是无效的有机养分	腐殖酸（黄腐酸、黑腐酸）、容重	检测报告
生活类	城乡垃圾（分选和无害化处理）	养分含量低	量大，但污染物众多，需经无害化处理才可使用	重金属	检测报告
	厨余废弃物（经分类和陈化）	含油脂、蛋白质	—	盐分、油脂、蛋白质代谢产物（胺类）、黄曲霉素、种子发芽指数等	处理工艺（脱盐、脱油、固液分离等）说明、检测报告等
动物分解类	蚯蚓类、蚕沙等	氮磷钾高	是有机肥的好原料，但货源有限	重金属含量等	养殖原料说明、检测报告

3　烟用商品有机肥质量特性

 ## 3.1　烟用商品有机肥理化特性

2021—2023 年，对云南 13 个地州烤烟生产采购的烟用商品有机肥，每年约 18 万吨，按 500 t 取 1 个代表性样品，总共采集到 931 个云南省商品有机肥样品（其中 2021 年 279 个、2022 年 368 个、2023 年 284 个）。参考 GB/T 11957—2001、GB/T 39356—2020、GB/T 19524.1—2004、GB/T 19524.2—2004、GB/T 32951—2016、GB/T 19145—2022、NY/T 525—2021、NY/T 1978—2022、NY/T 305.1—305.4—1995 和 HG/T 3276—2019 标准进行指标检测。

3.1.1　烟用商品有机肥理化指标

烟用商品有机肥理化指标如表 3-1 所示。由表 3-1 可知，云南不同烟用商品有机肥水分含量为 12.07% ~ 43.86%，均值为 26.32%。抽样有机肥容重变幅为 0.35 ~ 0.87 g/cm³，均值为 0.60 g/cm³。有机肥的有机质含量为 19.74% ~ 64.07%，均值为 38.66%。总养分含量为 1.51% ~ 10.27%，均值为 6.11%。全氮含量为 0.43% ~ 4.32%，均值为 1.65%。全磷含量为 0.32% ~ 5.96%，均值为 2.36%。全钾含量为 0.63% ~ 7.89%，均值为 2.11%。pH 值为 3.4 ~ 8.81，均值为 6.65，偏酸性样品占多数；腐殖酸总量为 15.11% ~ 27.21%，均值为 20.36%。游离腐殖酸含量为 7.09% ~ 25.42%，均值为 12.62%。电导率为 0.17 ~ 22.2 mS/cm，均值为 6.44 mS/cm。有机碳含量为 12.59% ~ 40.88%，均值为 24.67%。有机碳氮比范围在 6.87 ~ 43.56，均值为 6.59。硝态氮含量为 727.65 ~ 4 272.06 mg/kg，均值为 1 722.66 mg/kg。铵态氮含量为 10.5 ~ 1 142.22 mg/kg，均值为 293.51 mg/kg。粗灰分检出范围为 15.57% ~ 71.90%，平均值为 10.45%。总植物碱含量为 0.10%，均值为 0.01%。综上所述，云南烟用商品有机肥理化指标变异较大，变异系数在 13.38% ~ 91.26%，其中，有机肥的 pH 变异较小，其铵态氮含量变异最大。

表 3-1 烟用商品有机肥理化指标

项目	最小值	最大值	均值	标准差	变异系数/%
水分/%	12.07	43.86	26.32	9.17	34.84
容重/（g/cm³）	0.35	0.87	0.60	0.11	18.33
有机质/%	19.74	64.07	38.66	8.33	21.55
总养分（N+P₂O₅+K₂O）/%	1.51	10.27	6.11	1.84	30.11
全氮（N）/%	0.43	4.32	1.65	0.89	53.94
全磷（P₂O₅）/%	0.32	5.96	2.36	1.28	54.24
全钾（K₂O）/%	0.63	7.89	2.11	1.03	48.82
pH	3.40	8.81	6.65	0.89	13.38
腐殖酸总量/%	15.11	27.21	20.36	3.59	17.63
游离腐殖酸/%	7.09	25.42	12.62	3.54	28.05
电导率/（mS/cm）	0.17	22.20	6.44	3.11	48.29
有机碳/%	12.59	40.88	24.67	5.32	21.56
C/N	6.87	43.56	17.69	6.59	37.25
硝态氮/（mg/kg）	727.65	4 272.06	1 722.66	698.46	40.55
铵态氮/（mg/kg）	10.50	1 142.22	293.51	267.87	91.26
粗灰分/%	15.57	71.90	47.09	10.45	22.19
总植物碱/%	0.01	0.10	0.02	0.01	50.00

3.1.2 烟用商品有机肥料中微量元素含量

不同烟用有机肥的中微量元素含量如表 3-2 所示。由表 3-2 可知，有机肥样品中钙含量为 0.43%～13.74%，均值为 3.20%，变异系数为 58.52%；镁含量为 0.29%～1.33%，均值为 0.69%，变异系数为 24.05%；铁含量为 0.07%～3.33%，平均值为 1.58%，变异系数为 43.73%；锰含量范围在 88.10～1 035.2 mg/kg，平均值为 387.78 mg/kg，变异系数为 37.95%。硫含量为 0.15%～4.93%，均值为 1.24%，变异系数为 82.25%。硼含量为 21.58～980.49 mg/kg，平均值为 184.02 mg/kg，变异系数为 59.43%。钼含量为 0.28～1.50 mg/kg，均值为 0.41 mg/kg，变异系数达 104.65%，检出含量波动范围大。

表 3-2　不同烟用有机肥的中微量元素含量

项目	最小值	最大值	均值	标准差	变异系数/%
钙（Ca）/%	0.43	13.74	3.20	1.87	58.52
镁（Mg）/%	0.29	1.33	0.69	0.17	24.05
铁（Fe）/%	0.07	3.33	1.58	0.69	43.73
锰（Mn）/（mg/kg）	88.10	1 035.2	387.78	147.15	37.95
硫（S）/%	0.15	4.93	1.24	1.02	82.25
硼（B）/（mg/kg）	21.58	980.49	184.02	109.37	59.43
钼（Mo）/（mg/kg）	0.28	1.50	0.41	0.22	104.65

3.1.3　烟用商品有机肥腐殖酸组分含量

烟用商品有机肥腐殖酸组分含量如表 3-3 所示。由表 3-3 可知，有机肥腐殖酸总量含量在 10.34%～36.40%，均值为 19.59%，变异系数为 21.13%。胡敏酸碳含量为 2.06～91.88 g/kg，均值为 22.99 g/kg，变异系数为 69.60；富里酸碳含量为 4.78～98.62 g/kg，均值为 27.62 g/kg，变异系数为 68.10%，胡敏酸碳和富里酸碳变异较高。

表 3-3　烟用商品有机肥腐殖酸组分含量

项目	最小值	最大值	均值	标准差	变异系数/%
腐殖酸总量/%	10.34	36.40	19.59	4.14	21.13
胡敏酸碳/（g·kg^{-1}）	2.06	91.88	22.99	16.00	69.60
富里酸碳/（g·kg^{-1}）	4.78	98.62	27.62	18.81	68.10

3.1.4　烟用商品有机肥主要理化指标间相关性

烟用商品有机肥主要理化指标的相关性如表 3-4 所示。由表 3-4 可知，有机肥主要指标中，有机质、氮、有机碳、硝态氮、氨态氮跟其他指标的相关性较高，显著相关指标数 15 个以上。有机质与有机碳、pH 值、电导率和总植物碱之外的指标均具有相关性，其中与钾、水分、容重、粗灰分、氯离子、种子发芽指数、杂草种子活性和机械杂质均具有极显著负相关。氮与磷和氯离子不具有相关性，与水分、容重、粗灰分、种子发芽指数、杂草种子活性和机械杂质都均有负相关。有机碳与硝态氮、铵态氮呈正相关，与粗灰分、氯离子、种子发芽率、杂草种子活性、机械杂质呈负相关。硝态氮与氨态氮、总植物碱呈极显著正相关，与种子发芽率、机械杂质呈显著负相关。氨态氮与氯离子呈显著相关，与种子发芽率、杂草种子活性、机械杂质均呈极显著负相关。

其他指标中，磷与水分、有机碳、氨态氮呈正相关，与硝态氮、总植物碱、氯离子和机械杂质呈负相关；钾与 pH 值、电导率、硝态氮、铵态氮、总植物碱和氯离子均呈正相关，与游离腐殖酸、有机碳和种子发芽率呈负相关；水分与 pH 值、腐殖酸总量、游离腐殖酸、有机碳、硝态氮、铵态氮和总植物碱等呈负相关，与粗灰分、种子发芽率、机械杂质呈正相关；pH 值与硝态氮、总植物碱、氯离子、种子发芽率等呈正相关，与游离腐殖酸、容重和粗灰分等均呈极显著负相关；腐殖酸总量与游离腐殖酸、有机碳呈极显著正相关，与容重、粗灰分和机械杂质呈负相关；游离腐殖酸与有机碳和铵态氮具有正相关，与粗灰分、总植物碱、氯离子、种子发芽率和机械杂质等呈负相关；电导率与硝态氮、铵态氮、总植物碱、氯离子等具有正相关，与容重、种子发芽率和杂草种子活性等呈负相关；容重与粗灰分、机械杂质呈正相关，与有机碳、硝态氮、总植物碱和种子发芽率呈负相关；粗灰分与氯离子、种子发芽率、杂草种子活性、机械杂质等均呈极显著正相关，与硝态氮、铵态氮、总植物碱等均呈极显著负相关；总植物碱与氯离子、种子发芽率呈极显著正相关；氯离子与杂草种子活性呈极显著负相关，与机械杂质呈极显著正相关；种子发芽率与机械杂质呈显著正相关。

烟用商品有机肥主要营养指标与腐殖酸组分间的相关性如表 3-5 所示。据表 3-5 可知，全氮和腐殖酸总量与 10 个指标均有相关性，有机质、水解性氮、总养分、氯离子、胡敏酸+富里酸总碳、富里酸碳与 9 个检测指标均有相关性。其中，pH 值与除全钾、总养分、氯离子和胡敏酸碳之外的指标均呈现极显著负相关；有机质除与全磷、全钾之外的指标均呈现极显著正相关，其中与腐殖酸总量、全氮、胡敏酸碳+富里酸碳、富里酸碳、水解性氮的相关系数分别为 0.917、0.788、0.788、0.774、0.607。全氮和水解性氮均与全磷、全钾、总养分、氯离子、腐殖酸总量、富里酸碳、胡敏酸碳等具有正相关关系。全磷与总养分、腐殖酸总量和富里酸碳呈极显著正相关。全钾与总养分呈极显著相关，相关系数为 0.805，与氯离子相关系数为 0.527，呈极显著相关。总养分与氯离子、腐殖酸总量、胡敏酸碳、富里酸碳极显著正相关。氯离子与腐殖酸总量、胡敏酸碳+富里酸碳、胡敏酸碳、富里酸碳呈极显著正相关。腐殖酸总量还与胡敏酸碳+富里酸碳、胡敏酸碳、富里酸碳呈极显著正相关。

表 3-4　烟用商品有机肥主要理化指标的相关性

项目	有机质	总养分	氮	磷	钾	水分	pH值	腐殖酸总量	游离腐殖酸	电导率	容重	有机碳	粗灰分	硝态氮	铵态氮	总植物碱	氯离子	种子发芽率	杂草种子活性	机械杂质
有机质	1	0.196**	0.627**	0.122*	-0.168**	-0.295**	0.036	0.820**	0.793**	-0.024	-0.285**	1.000**	-0.892**	0.114	0.180**	0.038	-0.228**	-0.135*	-0.188**	-0.355**
总养分	0.196**	1	-0.210**	0.272**	-0.083	0.819**	-0.309**	0.294**	0.310**	0.082	-0.06	0.196**	0.028	-0.333**	-0.200**	-0.260**	0.042	0.102	0.042	0.101
氮	0.627**	-0.210**	1	0.074	0.186**	-0.551**	0.207**	0.560**	0.502**	0.277**	-0.271**	0.627**	-0.775**	0.457**	0.621**	0.172**	-0.028	-0.268**	-0.174**	-0.250**
磷	0.122*	0.272**	0.074	1	0.047	0.314**	-0.147	-0.064	0.097	0.067	-0.01	0.122*	-0.179**	0.172**	-0.199**	-0.170**	-0.007	-0.007	-0.001	-0.154**
钾	-0.168**	-0.083	0.186**	0.047	1	-0.023	0.127**	-0.122*	-0.124*	0.810**	-0.102	-0.168**	0.04	0.526**	0.228**	0.177**	0.347**	-0.272**	-0.073	0.077
水分	-0.295**	0.819**	-0.551**	0.314**	-0.023	1	-0.392**	-0.298**	-0.205**	0.071	0.043	-0.295**	0.503**	-0.407**	-0.220**	-0.291**	0.065	0.106*	0.103	0.197**
pH值	0.036	-0.309**	0.207**	-0.147	0.127**	-0.392**	1	-0.036	-0.192**	-0.082	-0.322**	0.036	-0.218**	0.299**	-0.272**	0.356**	0.245**	0.184**	-0.101	0.099
腐殖酸总量	0.820**	0.294**	0.560**	-0.064	-0.122*	-0.298**	-0.036	1	0.899**	0.028	-0.107*	0.820**	-0.775**	0.093	0.058	0.003	-0.092	-0.053	-0.088	-0.192**
游离腐殖酸	0.793**	0.310**	0.502**	0.097	-0.124*	-0.205**	-0.192**	0.899**	1	-0.002	-0.026	0.793**	-0.678**	-0.025	0.129*	-0.153**	-0.193**	-0.156**	-0.024	-0.244**
电导率	-0.024	0.082	0.277**	0.067	0.810**	0.071	-0.082	0.028	-0.002	1	-0.207**	-0.024	-0.076	0.391**	0.372**	0.131*	0.440**	-0.269**	-0.123*	0.005
容重	-0.285**	-0.06	-0.271**	-0.01	-0.102	0.043	-0.322**	-0.107*	-0.026	-0.207**	1	-0.285**	0.405**	-0.308**	-0.094	-0.161**	0.087	-0.125*	-0.048	0.155**
有机碳	1.000**	0.196**	0.627**	0.122*	-0.168**	-0.295**	0.036	0.820**	0.793**	-0.024	-0.285**	1	-0.892**	0.114	0.180**	0.038	-0.228**	-0.135*	-0.188**	-0.355**
粗灰分	-0.892**	0.028	-0.775**	-0.179**	0.04	0.503**	-0.218**	-0.775**	-0.678**	-0.076	0.405**	-0.892**	1	-0.365**	-0.272**	-0.178**	0.174*	0.141*	0.212**	0.348**
硝态氮	0.114	-0.333**	0.457**	0.172**	0.526**	-0.407**	0.299**	0.093	-0.025	0.391**	-0.308**	0.114	-0.365**	1	0.230**	0.262**	0.051	-0.112*	-0.068	-0.125*
铵态氮	0.180**	-0.200**	0.621**	-0.199**	0.228**	-0.220**	-0.272**	0.058	0.129*	0.372**	-0.094	0.180**	-0.272**	0.230**	1	-0.077	0.124**	-0.432**	-0.173**	-0.185**
总植物碱	0.038	-0.260**	0.172**	-0.170**	0.177**	-0.291**	0.356**	0.003	-0.153**	0.131*	-0.161**	0.038	-0.178**	0.262**	-0.077	1	0.280**	0.164**	-0.077	-0.044
氯离子	-0.228**	0.042	-0.028	-0.007	0.347**	0.065	0.245**	-0.092	-0.193**	0.440**	0.087	-0.228**	0.174*	0.051	0.124**	0.280**	1	0.034	-0.155**	0.307**
种子发芽率	-0.135*	0.102	-0.268**	-0.007	-0.272**	0.106*	0.184**	-0.053	-0.156**	-0.269**	-0.125*	-0.135*	0.141*	-0.112*	-0.432**	0.164**	0.034	1	0.07	0.123*
杂草种子活性	-0.188**	0.042	-0.174**	-0.001	-0.073	0.103	-0.101	-0.088	-0.024	-0.123*	-0.048	-0.188**	0.212**	-0.068	-0.173**	-0.077	-0.155**	0.07	1	-0.002
机械杂质	-0.355**	0.101	-0.250**	-0.154**	0.077	0.197**	0.099	-0.192**	-0.244**	0.005	0.155**	-0.355**	0.348**	-0.125*	-0.185**	-0.044	0.307**	0.123*	-0.002	1

表 3-5　烟用商品有机肥主要营养指标与腐殖酸组分间的相关性

项目	pH 值	有机质	全氮	水解性氮	全磷	全钾	总养分	氯离子	腐殖酸总量	胡敏酸碳+富里酸碳	胡敏酸碳	富里酸碳
pH 值	1	-0.310**	-0.335**	-0.417**	-0.251*	0.187	-0.107	0.188	-0.351**	-0.356**	-0.089	-0.434**
有机质	-0.310**	1	0.788**	0.607**	0.134	0.111	0.392**	0.518**	0.917**	0.788**	0.419**	0.774**
全氮	-0.335**	0.788**	1	0.802**	0.435**	0.384**	0.745**	0.604**	0.793**	0.695**	0.195	0.831**
硝态氮	-0.417**	0.607**	0.802**	1	0.449**	0.067	0.497**	0.462**	0.615**	0.575**	0.16	0.690**
全磷	-0.251*	0.134	0.435**	0.449**	1	0.219	0.679**	0.095	0.272*	0.234	0.03	0.311**
全钾	0.187	0.111	0.384**	0.067	0.219	1	0.805**	0.527**	0.135	0.16	0.141	0.11
总养分	-0.107	0.392**	0.745**	0.497**	0.679**	0.805**	1	0.555**	0.463**	0.428**	0.162	0.476**
氯离子	0.188	0.518**	0.604**	0.462**	0.095	0.527**	0.555**	1	0.525**	0.510**	0.334**	0.446**
腐殖酸总量	-0.351**	0.917**	0.793**	0.615**	0.272*	0.135	0.463**	0.525**	1	0.825**	0.457**	0.795**
胡敏酸碳与富里酸碳	-0.356**	0.788**	0.695**	0.575**	0.234	0.160	0.428**	0.510**	0.825**	1	0.730**	0.814**
胡敏酸碳	-0.089	0.419**	0.195	0.16	0.03	0.141	0.162	0.334**	0.457**	0.730**	1	0.197
富里酸碳	-0.434**	0.774**	0.831**	0.690**	0.311**	0.11	0.476**	0.446**	0.795**	0.814**	0.197	1

3.2　烟用商品有机肥安全性

3.2.1　烟用商品有机肥安全性

烟用商品有机肥安全性指标如表3-6所示。由表3-6可知，有机肥的总砷为0.67～16.11 mg/kg，均值为8.36 mg/kg。总汞为0.03～0.88 mg/kg，均值为0.20 mg/kg。总铅为7.54～62.83 mg/kg，均值为27.34 mg/kg。总镉为0.71～5.92 mg/kg，均值为2.18 mg/kg。总铬为3.9～74.05 mg/kg，均值为23.98 mg/kg。总铜变化幅度为9.55～312.25 mg/kg，均值为41.85 mg/kg；总锌为36.83～4 464.00 mg/kg，均值为156.28 mg/kg。总镍为8.23～41.95 mg/kg，均值为27.31 mg/kg。全铝检出范围在0.04～6.44 mg/kg，平均检出值为2.99 mg/kg。粪大肠菌群数为4.0～1 160个/g，均值为126.09个/g。蛔虫卵死亡率均值为97.2%。氯离子为0.01～1.43 mg/kg，均值为0.34 mg/kg。种子发芽指数范围为11.08%～100.00%，均值为87.01%。机械杂质变幅为0.07%～13.91%，均值为1.84%。杂草种子活性检出范围在0.10%～2.33%，均值为0.04%。土霉素检出范围在3.68～12.19 mg/kg，均值为8.16 mg/kg。四环素范围在0.29～2.58 mg/kg，均值为1.49 mg/kg。金霉素范围在12.68～22.45 mg/kg，均值为16.24 mg/kg。强力霉素范围在0.19～2.37 mg/kg，均值为0.99 mg/kg。从变异系数来看，除蛔虫卵死亡率、土霉素外，其他指标变异均较大，其中总锌、粪大肠菌群数、机械杂质及杂草种子活性指标的变异系数均超过100%，说明烟用商品有机肥安全性风险依然很高。

表3-6　烟用商品有机肥安全性指标

项目	最小值	最大值	均值	标准差	变异系数/%
总砷（As）/（mg/kg）	0.67	16.11	8.36	4.11	49.14
总汞（Hg）/（mg/kg）	0.03	0.88	0.20	0.14	72.26
总铅（Pb）/（mg/kg）	7.54	62.83	27.34	11.43	41.81
总镉（Cd）/（mg/kg）	0.71	5.92	2.18	0.78	35.78
总铬（Cr）/（mg/kg）	3.90	74.05	23.98	10.29	42.92
总铜（Cu）/（mg/kg）	9.55	312.25	41.85	40.71	97.29
总锌（Zn）/（mg/kg）	36.83	4 464.00	156.28	411.12	263.08
总镍（Ni）/（mg/kg）	8.23	41.95	27.31	6.79	24.88

续表

项目	最小值	最大值	均值	标准差	变异系数/%
全铝（Al）/（mg/kg）	0.04	6.44	2.99	1.57	52.51
粪大肠菌群数/（个/g）	4.00	1 160.00	126.09	258.64	205.12
蛔虫卵死亡率/%	95.41	98.62	97.20	3.58	13.49
氯离子（Cl⁻）/%	0.01	1.43	0.34	0.25	73.53
种子发芽指数/%	11.08	100.00	87.01	20.60	23.68
机械杂质/%	0.07	13.91	1.84	2.57	139.67
杂草种子活性/（株/kg）	0.10	2.33	0.04	0.23	575.00
土霉素/（mg/kg）	3.68	12.19	8.16	0.24	2.94
四环素/（mg/kg）	0.29	2.58	1.49	0.17	11.41
金霉素/（mg/kg）	12.68	22.45	16.24	1.25	7.70
强力霉素/（mg/kg）	0.19	2.37	0.99	0.32	32.32

8 种重金属的单一污染指数和综合污染指数见表 3-7。参考内梅罗综合污染指数评价标准，有机肥样品中的砷、汞、铅、镉、铬、铜、锌、镍单因子污染指数均<1.0，均达到清洁水平。8 种重金属的污染指数从大到小的顺序依次为镉、砷、铅、锌、铜、镍、铬和汞，说明镉、砷、铅是有机肥最重要的潜在污染风险元素。有机肥样品的综合污染指数超过了安全限值，达到了污染警戒线（0.7<$P_{综}$<1.0），这说明现有商品有机肥存在重金属污染的风险。

表 3-7　烟用商品有机肥中 8 种重金属的污染指数

项目	单因子	综合
总砷（As）	0.67	
总汞（Hg）	0.11	
总铅（Pb）	0.64	
总镉（Cd）	0.92	
总铬（Cr）	0.18	0.72
总铜（Cu）	0.30	
总锌（Zn）	0.40	
总镍（Ni）	0.27	

3.2.2　烟用商品有机肥中重金属指标间的相关性

烟用商品有机肥中 8 种重金属含量的相关性如表 3-8 所示。由表 3-8 可知，有机肥中 8 种重金属的相关性系数，除了汞和砷之间无相关性以外，其余重金属元素和砷均极显著相关（ $P<0.01$ ）。汞与铅、铬、铜、镍等 4 种重金属均有极显著相关。铅与铬和镍也具有极显著相关性。镉与锌呈极显著相关，系数达 0.741。铬与铜、镍均呈极显著相关，其中与镍相关系数为 0.754。铜与锌、镍呈极显著相关。

表 3-8　烟用商品有机肥中 8 种重金属含量的相关性

项目	总砷	总汞	总铅	总镉	总铬	总铜	总锌	总镍
总砷	1							
总汞	0.025	1						
总铅	0.153**	0.138**	1					
总镉	0.598**	−0.038	−0.03	1				
总铬	0.376**	0.178**	0.450**	−0.002	1			
总铜	0.244**	0.228**	0.011	0.101	0.386**	1		
总锌	0.407**	−0.067	−0.032	0.741**	−0.005	0.211**	1	
总镍	0.457**	0.128*	0.245**	0.074	0.754**	0.542**	0.04	1

3.2.3　烟用商品有机肥料综合指标间的相关性

烟用商品有机肥综合指标间的相关性如表 3-9 所示。从表 3-9 可以看出，有机质、全氮和有机碳，与其他各项指标的关联数最多：在其余 35 个指标中，有机质和有机碳与除 pH 值、电导率、总植物碱、钙、硫等 5 项指标外的 30 项指标均具有相关性，有机质与有机碳的相关系数为 1.000，有机质和有机碳与腐殖酸总量、游离腐殖酸、全氮等指标的相关系数最大，分别为 0.820、0.793、0.627；全氮与除全磷、总镉、氯离子、钙、镁外的 30 项指标均具有相关性，与粗灰分、有机质、有机碳、铵态氮等相关系数最大，分别为-0.775、0.627、0.627、0.621。此外，游离腐殖酸、粗灰分、硝态氮、铵态氮、水分、种子发芽指数、总砷、总汞、总铬、铁、硼、全铝等与其他各项指标的关联数均大于 25。其中粗灰分与有机质、总养分、总腐殖酸、游离性腐殖酸、有机碳、硝态氮、铵态氮等主要养分指标均呈极显著负相关，其主要组成为矿物质氧化物或盐类等无机物质，不能被植物吸收利用，在指标评价中可关注其含量值。

根据上述各指标数理统计及相关性分析结果，烟用商品有机肥的重要指标为：外观、水分、pH、电导率、有机质、总养分（ $N+P_2O_5+K_2O$ ）、全氮、全磷、全钾、硝态氮、氯离子、腐殖酸总量、游离腐殖酸、碳氮比、总砷、总铅、总锌、总铜、总锰、总镍、总铬、总汞、全铝、种子发芽指数、机械杂质、粪大肠菌群数、蛔虫卵死亡率。

表 3-9　烟用商品有机肥综合指标间的相关性

指标	有机质	总养分	全氮	全磷	全钾	水分	pH值	种子发芽指数	机械杂质	总砷(As)	总汞(Hg)	总铅(Pb)	总镉(Cd)	总铬(Cr)	总铜(Cu)	总锌(Zn)	总镍(Ni)	氯离子(Cl)	杂草种子活性
有机质	1	0.151**	0.627**	0.122*	-0.168**	-0.295**	0.036	-0.135*	-0.355**	-0.262**	-0.138**	-0.211**	-0.158**	-0.427**	0.390**	-0.174**	0.288**	-0.228**	-0.188**
总养分	0.151**	1	0.450**	0.678**	0.711**	0.024	0.047	-0.252**	-0.120*	0.108*	-0.172**	-0.033	0.406**	-0.270**	-0.178**	0.527**	-0.082	0.103	-0.096
全氮	0.627**	0.450**	1	0.074	0.186**	-0.551**	0.207**	-0.268**	-0.250**	-0.177**	-0.251**	-0.441**	0.1	-0.522**	-0.436**	0.152*	0.364**	-0.028	-0.174**
全磷	0.122*	0.678**	0.074	1	0.047	0.314**	-0.147**	-0.007	-0.154*	-0.021	0.044	0.345**	0.046	0.064	-0.122*	0.142*	0.055	-0.170**	-0.001
全钾	-0.168**	0.711**	0.186**	0.047	1	-0.023	0.127*	-0.272**	0.077	0.273**	-0.203**	-0.194**	0.555**	-0.255**	0.038	0.628**	-0.02	0.347**	-0.073
水分	-0.295**	0.024	-0.551**	0.314**	-0.023	1	-0.392**	0.106*	0.099	-0.130*	0.160**	0.388**	-0.002	0.436**	0.356**	0.051	0.403**	0.065	0.103
pH值	0.036	0.047	0.207**	-0.147**	0.127*	-0.392**	1	0.184**	0.123*	-0.123*	-0.124*	-0.096	0.017	-0.219**	-0.258**	-0.005	-0.274**	0.245**	-0.101
种子发芽指数	-0.135*	-0.252**	-0.268**	-0.007	-0.272**	0.106*	0.184**	1	0.123*	-0.123*	0.144**	0.202**	-0.259**	0.171**	0.07	-0.292**	-0.02	0.034	0.07
机械杂质	-0.355**	-0.120*	-0.250**	-0.154*	0.077	0.099	0.123*	0.123*	1	0.266**	-0.113*	0.044	-0.042	0.245**	0.019	-0.069	0.224**	0.307**	-0.002
总砷(As)	-0.262**	0.108*	-0.177**	-0.021	0.273**	-0.130*	-0.123*	-0.123*	0.266**	1	0.025	0.153**	0.598**	0.376**	0.244**	0.407**	0.457**	0.111**	0.057
总汞(Hg)	-0.138**	-0.172**	-0.251**	0.044	-0.203**	0.160**	-0.124*	0.144**	-0.113*	0.025	1	0.138*	-0.038	0.178**	0.228**	-0.067	0.128*	-0.221**	-0.035
总铅(Pb)	-0.211**	-0.033	-0.441**	0.345**	-0.194**	0.388**	-0.096	0.202**	0.044	0.153**	0.138*	1	-0.03	0.450**	0.011	-0.032	0.245**	-0.111*	0.344**
总镉(Cd)	-0.158**	0.406**	0.1	0.046	0.555**	-0.002	0.017	-0.259**	-0.042	0.598**	-0.038	-0.03	1	-0.002	0.101	0.741**	0.074	-0.005	-0.018
总铬(Cr)	-0.427**	-0.270**	-0.522**	0.064	-0.255**	0.436**	-0.219**	0.171**	0.245**	0.376**	0.178**	0.450**	-0.002	1	0.386**	-0.005	0.754**	0.065	0.178**
总铜(Cu)	0.390**	-0.178**	-0.436**	-0.122*	0.038	0.356**	-0.258**	0.07	0.019	0.244**	0.228**	0.011	0.101	0.386**	1	0.211**	0.542**	0.03	-0.038
总锌(Zn)	-0.174**	0.527**	0.152*	0.142*	0.628**	0.051	-0.005	-0.292**	-0.069	0.407**	-0.067	-0.032	0.741**	-0.005	0.211**	1	0.04	0.001	-0.03
总镍(Ni)	0.288**	-0.082	0.364**	0.055	-0.02	0.403**	-0.274**	-0.02	0.224**	0.457**	0.128*	0.245**	0.074	0.754**	0.542**	0.04	1	0.203**	0.043
氯离子(Cl)	-0.228**	0.103	-0.028	-0.170**	0.347**	0.065	0.245**	0.034	0.307**	0.111**	-0.221**	-0.111*	-0.005	0.065	0.03	0.001	0.203**	1	-0.155**
杂草种子活性	-0.188**	-0.096	-0.174**	-0.001	-0.073	0.103	-0.101	0.07	-0.002	0.057	-0.035	0.344**	-0.018	0.178**	-0.038	-0.03	0.043	-0.155**	1
腐植酸总量	0.820**	0.043	0.560**	-0.064	-0.122*	-0.298**	-0.036	-0.053	-0.192**	-0.141**	-0.207**	-0.155**	-0.162**	-0.293**	-0.270**	-0.226**	-0.134*	-0.092	-0.088

续表

指标	有机质	总养分	全氮	全磷	全钾	水分	pH 值	种子发芽指数	机械杂质	总砷（As）	总汞（Hg）	总铅（Pb）	总镉（Cd）	总铬（Cr）	总铜（Cu）	总锌（Zn）	总镍（Ni）	氯离子（Cl⁻）	杂草种子活性
游离腐植酸	0.793**	0.127*	0.502**	0.097	-0.124*	-0.205**	0.192**	0.156**	-0.244**	-0.149**	-0.118*	-0.095	-0.163**	0.251**	-0.272**	-0.207**	-0.085	-0.193**	-0.024
电导率	-0.024	0.630**	0.277**	0.067	0.810**	0.071	-0.082	-0.269**	0.005	0.256**	-0.244**	-0.283**	0.352**	0.203**	0.063	0.379**	0.112*	0.440**	-0.123*
容重	-0.285**	-0.148**	-0.271**	-0.01	-0.102	0.043	-0.322**	-0.125*	0.155**	0.022	0.043	0.093	-0.011	0.217**	0.214**	-0.024	0.223**	0.087	-0.048
有机碳	1.000**	0.151**	0.627**	0.122*	-0.168**	-0.295**	0.036	-0.135*	-0.355**	-0.262**	0.138**	-0.211**	-0.158**	-0.427**	-0.390**	-0.174**	-0.288**	-0.228**	0.188**
粗灰分	-0.892**	-0.176**	-0.775**	0.033	0.04	0.503**	-0.218**	0.141**	0.348**	0.252**	0.193**	0.382**	0.059	0.511**	0.417**	0.071	0.384**	0.174**	0.212**
硝态氮	0.114*	0.349**	0.457**	-0.179**	0.526**	-0.407**	0.299**	-0.112*	-0.125*	0.200**	-0.201**	-0.320**	0.498**	0.259**	-0.098	0.560**	0.239**	0.051	-0.068
铵态氮	0.180**	0.429**	0.621**	0.172**	0.228**	-0.220**	-0.038	-0.432**	-0.185**	0.025	-0.178**	-0.338**	0.217**	0.229**	-0.246**	0.322**	-0.064	0.124*	-0.173**
总植碱	0.038	0.036	0.172**	-0.199**	0.177**	-0.291**	0.356**	0.164**	-0.044	-0.222**	-0.145**	-0.229**	-0.057	-0.362**	-0.086	-0.081	-0.302**	0.280**	-0.077
钙	0.099	0.002	0.065	-0.069	0.042	-0.102	0.368**	0.266**	0.038	-0.063	-0.155**	0.065	-0.064	-0.083	-0.148**	-0.115*	-0.09	0.083	-0.012
镁	-0.111*	0.222**	0.084	0.003	0.312**	0.003	0.129*	0.066	0.048	0.168**	-0.089	-0.199**	0.187**	0.066	0.264**	0.230**	0.196**	0.213**	-0.137**
铁	-0.348**	-0.332**	-0.509**	-0.191**	-0.106*	0.370**	-0.311**	0.133*	0.246**	0.470**	0.200**	0.071	-0.035	0.614**	0.616**	-0.086	0.702**	0.091	0.091
锰	-0.263**	0.1	-0.252**	0.233**	0.042	0.232**	0.243**	0.285**	0.179**	0.044	-0.019	0.510**	-0.018	0.128*	0.042	0.082	-0.019	0.180**	-0.019
硫	-0.039	0.428**	0.141**	0.038	0.579**	0.137**	-0.209**	0.148**	-0.022	0.230**	-0.111*	-0.224**	0.331**	-0.069	0.190**	0.337**	0.157**	0.132*	-0.075
硼	-0.386**	0.062	-0.307**	-0.098	0.337**	0.294**	-0.412**	0.210**	0.035	0.400**	0.092	0.001	0.424**	0.358**	0.583**	0.558**	0.464**	-0.04	0.075
钼	0.229**	-0.014	0.275**	-0.072	-0.076	-0.103	-0.344**	-0.227**	-0.211**	0.014	0.265**	-0.287**	0	-0.133*	0.181**	0.042	0.057	-0.286**	-0.039
全铝	-0.555**	-0.284**	-0.558**	-0.076	-0.122*	0.333**	-0.471**	-0.016	0.156**	0.183**	0.180**	0.216**	-0.019	0.395**	0.456**	-0.03	0.257**	0.024	0.146**
胡敏酸+富里酸总碳	0.122	0.101	0.062	-0.024	0.183	0.201	-0.114	0.157	0.078	0.204	0.193	-0.007	0.320**	0.118	0.266*	-0.162	0.231**	-0.083	0.078
胡敏酸碳	0.046	0.011	0.025	-0.036	0.055	0.085	-0.021	-0.021	0.126	0.227	0.116	0.004	0.15	0.128	0.197	-0.011	0.269**	0.023	0.023
富里酸碳	0.136	0.136	0.067	-0.004	0.216	0.215	-0.145	0.243*	0.005	0.099	0.178	-0.014	0.331**	0.06	0.214	-0.223	0.246**	-0.139	0.092
相关数	30	23	30	15	24	24	24	27	22	27	26	24	15	28	24	19	23	20	11
正相关	9	14	14	8	14	15	8	11	11	19	10	11	10	15	14	13	16	11	4
负相关	21	9	16	7	10	9	16	16	11	8	16	13	5	13	10	6	7	9	7

续表

指标	腐殖酸总量	游离腐植酸	电导率	容重	有机碳	粗灰分	硝态氮	铵态氮	总植物碱	钙（Ca）	镁（Mg）	铁（Fe）	锰（Mn）	硫（S）	硼（B）	钼（Mo）	全铝（Al）	胡敏酸与富里酸总碳	胡敏酸碳	富里酸碳
有机质	0.820**	0.793**	-0.024	-0.285**	1.000**	-0.892**	0.114	0.180*	0.038	0.099	-0.111*	-0.348**	-0.263**	-0.039	-0.386**	0.229**	-0.555**	0.122	0.046	0.136
总养分	0.043	0.127*	0.630**	-0.148**	0.151**	-0.176**	0.349**	0.429**	0.036	0.002	0.222**	-0.332**	0.1	0.428**	0.062	-0.014	-0.284**	0.101	0.011	0.136
全氮	0.560**	0.502**	0.277**	-0.271**	0.627**	-0.775**	0.457**	0.621**	0.172**	0.065	0.084	-0.509**	-0.252**	0.141**	-0.307**	0.275**	-0.558**	0.062	0.025	0.067
全磷	-0.064	0.097	0.067	-0.01	0.122*	0.033	-0.179**	0.172**	-0.199**	-0.069	0.003	-0.191**	0.233**	0.038	-0.098	-0.072	-0.076	-0.024	-0.036	-0.004
全钾	-0.122*	-0.124*	0.810**	-0.102	-0.168*	0.04	0.526**	0.228**	0.177**	0.042	0.312**	-0.106*	0.042	0.579**	0.337**	-0.076	-0.122*	0.183	0.055	0.216
水分	-0.298**	-0.205**	0.071	0.043	-0.295**	0.503**	-0.407**	-0.220**	-0.291**	-0.102	0.003	0.370**	0.232**	0.137**	0.294**	-0.103	0.333**	0.201	0.085	0.215
pH值	-0.036	-0.192**	-0.082	-0.322**	0.036	-0.218**	0.299**	-0.038	0.356**	0.368**	0.129*	-0.311**	-0.243**	-0.209**	-0.412**	0.344**	-0.471**	-0.114	-0.021	-0.145
种子发芽指数	-0.053	-0.156**	-0.269**	-0.125*	-0.135*	0.141*	-0.112	-0.432**	0.164**	0.266**	0.066	0.133*	0.285**	-0.148**	-0.210**	-0.227**	-0.016	0.157	-0.021	0.243*
机械杂质	-0.192**	-0.244**	0.005	0.155**	-0.355**	0.348**	-0.125*	-0.185**	-0.044	0.038	0.048	0.246**	0.179**	-0.022	0.035	-0.211**	0.156**	0.078	0.126	0.005
总砷	-0.141**	-0.149**	0.256**	0.022	-0.262**	0.252**	0.200**	0.025	-0.222**	-0.063	0.168**	0.470**	0.044	0.230**	0.400**	0.014	0.183**	0.204	0.227	0.099
总汞	-0.207**	-0.118*	-0.244**	0.043	-0.138**	0.193**	-0.201**	0.178**	-0.145*	-0.155*	-0.089	0.200**	-0.019	-0.111*	0.092	0.265**	0.180**	0.193	0.116	0.178
总铅	-0.155*	-0.095	-0.283**	0.093	-0.211**	0.382**	-0.320**	-0.338**	-0.229**	0.065	-0.199**	0.071	0.510**	-0.224**	0.001	-0.287**	0.216**	-0.007	0.004	-0.014
总镉	-0.162*	-0.163**	0.352**	-0.011	-0.158*	0.059	0.498**	0.217**	-0.057	-0.064	0.187**	-0.035	-0.018	0.331**	0.424**	0	-0.019	0.320**	0.15	0.331**
总铬	-0.293**	-0.251**	-0.203**	0.217**	-0.427**	0.511**	-0.259**	-0.229**	-0.362**	-0.083	0.066	0.614**	0.128*	-0.069	0.358**	-0.133*	0.395**	0.118	0.128	0.06
总铜	-0.270**	-0.272**	0.063	0.214**	-0.390**	0.417**	-0.098	-0.246**	-0.086	-0.148*	0.264**	0.616**	0.042	0.190**	0.583**	0.181**	0.456**	0.266*	0.197	0.214
总锌	-0.226**	-0.207**	0.379**	-0.024	-0.174*	0.071	0.560**	0.322**	-0.081	-0.115*	0.230**	-0.086	0.082	0.337**	0.558**	0.042	-0.03	-0.162	-0.011	-0.223
总镍	-0.134	-0.085	0.112*	0.223**	-0.288**	0.384**	-0.239**	-0.064	-0.302**	-0.09	0.196**	0.702**	-0.019	0.157**	0.464**	0.057	0.357**	0.331*	0.269*	0.246*
氯离子	-0.092	-0.193**	0.440**	0.087	-0.228**	0.174**	0.051	0.124*	0.280**	0.083	0.213**	0.091	0.180*	0.132*	-0.04	-0.286**	0.024	-0.083	0.023	-0.139
杂草种子活性	-0.088	-0.024	-0.123*	-0.048	-0.188**	0.212**	-0.068	-0.173**	-0.077	-0.012	-0.137*	0.091	-0.019	-0.075	0.075	-0.039	0.146**	0.078	0.023	0.092
腐殖酸总量	1	0.899**	0.028	-0.107*	0.820**	-0.775**	0.093	0.058	0.003	0.144*	-0.084	-0.148**	-0.264**	0.021	-0.327**	0.269**	-0.426**	0.290*	0.16	0.280*

续表

指标	腐植酸总量	游离腐植酸	电导率	容重	有机碳	粗灰分	硝态氮	铵态氮	总植物碱	钙（Ca）	镁（Mg）	铁（Fe）	锰（Mn）	硫（S）	硼（B）	钼（Mo）	全铝（Al）	胡敏酸与富里酸总碳	胡敏酸碳	富里酸碳
游离腐植酸	0.899**	1	-0.002	-0.026	0.793**	-0.678**	-0.025	0.129*	-0.153*	-0.024	-0.164**	-0.118*	-0.374**	-0.042	-0.265**	0.351**	-0.318**	0.307*	0.169	0.297*
电导率	0.028	-0.002	1	-0.207**	-0.024	-0.076	0.391**	0.372**	0.131*	0.085	0.275**	0.018	0.007	0.785**	0.280**	0.07	-0.164**	0.162	0.034	0.203
容重	-0.107	-0.026	-0.207**	1	-0.285**	0.405**	-0.308**	-0.094	-0.161*	-0.304**	-0.039	0.193**	-0.088	-0.252**	0.222**	-0.089	0.602**	-0.018	0.112	-0.121
有机碳	0.820**	0.793**	-0.024	-0.285**	1	-0.892**	0.114*	0.180**	0.038	0.099	-0.111*	-0.348**	-0.263**	-0.039	-0.386**	0.229**	-0.555**	0.122	0.046	0.136
粗灰分	-0.775**	-0.678**	-0.076	0.405**	-0.892**	1	-0.365**	-0.272**	-0.178**	-0.164**	-0.018	0.441**	0.294**	-0.024	0.392**	-0.227**	0.680**	-0.134	-0.04	-0.158
硝态氮	0.093	-0.025	0.391**	-0.308**	0.114*	-0.365**	1	0.230**	0.262**	0.190**	0.210**	-0.230**	-0.071	0.291**	0.152*	0.005	-0.344**	-0.107	-0.108	-0.061
铵态氮	0.058	0.129*	0.372**	-0.094	0.180**	-0.272**	0.230**	1	-0.077	-0.245**	0.044	-0.335**	-0.233**	0.167**	0.033	0.1	-0.110*	-0.17	-0.016	-0.23
总植物碱	0.003	-0.153*	0.131*	-0.161*	0.038	-0.178**	0.262**	-0.077	1	0.238**	0.200**	-0.172**	0.120*	0.026	-0.244**	-0.168**	-0.149**	-0.06	-0.059	-0.036
钙	0.144**	-0.024	0.085	-0.304**	0.099	-0.164**	0.190**	-0.245**	0.238**	1	0.237**	-0.114*	0.291**	0.212**	-0.263**	-0.121*	-0.332**	-0.052	-0.058	-0.026
镁	-0.084	-0.164**	0.275**	-0.039	-0.111*	-0.018	0.210**	0.044	0.200**	0.237**	1	0.074	-0.028	0.173**	0.167**	-0.103	-0.001	0.077	0.104	0.022
铁	-0.148*	-0.118*	0.018	0.193**	-0.348**	0.441**	-0.230**	-0.335**	-0.172**	-0.114*	0.074	1	-0.086	0.169**	0.485**	0.149**	0.429**	0.473**	0.336**	0.393**
锰	-0.264**	-0.374**	0.007	-0.088	-0.263**	0.294**	-0.071	-0.233**	0.120*	0.291**	-0.028	-0.086	1	0.054	-0.157*	-0.323**	-0.126*	-0.097	0.032	-0.166
硫	0.021	-0.042	0.785**	-0.252**	-0.039	-0.024	0.291**	0.167**	0.026	0.212**	0.173**	0.169**	0.054	1	0.409**	0.222**	-0.117	0.161	0.012	0.22
硼	-0.327**	-0.265**	0.280**	0.222**	-0.386**	0.392**	0.152*	0.033	-0.244**	-0.263**	0.167**	0.485**	-0.157*	0.409**	1	0.138*	0.436**	0.237	0.125	0.233
钼	0.269**	0.351**	0.07	-0.089	0.229**	-0.227**	0.005	0.1	-0.168**	-0.121*	-0.103	0.149**	-0.323**	0.222**	0.138*	1	-0.157*	0.307*	0.117	0.341**
全铝	-0.426**	-0.318**	-0.164**	0.602**	-0.555**	0.680**	-0.344**	-0.110*	-0.149**	-0.332**	-0.001	0.429**	-0.126*	-0.117	0.436**	-0.157*	1	0.052	0.092	-0.003
胡敏酸+富里酸总碳	0.290*	0.307*	0.162	-0.018	0.122	-0.134	-0.107	-0.17	-0.06	-0.052	0.077	0.473**	-0.097	0.161	0.237	0.307*	0.052	1	0.730**	0.813**
胡敏酸碳	0.16	0.169	0.034	0.112	0.046	-0.04	-0.108	-0.016	-0.059	-0.058	0.104	0.336**	0.032	0.012	0.125	0.117	0.092	0.730**	1	0.196
富里酸碳	0.280*	0.297*	0.203	-0.121	0.136	-0.158	-0.061	-0.23	-0.036	-0.026	0.022	0.393**	-0.166	0.22	0.233	0.341**	-0.003	0.813**	0.196	1
相关数	23	26	21	20	30	28	28	26	24	18	20	27	20	24	27	21	29			
正相关	6	7	14	8	9	16	16	13	10	8	15	14	11	18	17	10	13			
负相关	17	19	7	12	21	12	12	13	14	10	5	13	9	6	10	11	16			

4 烟用商品有机肥检测新技术方法

4.1 烟用商品有机肥容重快速检测方法

4.1.1 检测意义

容重是一项重要的物理参数,其大小与有机肥的质地、结构、紧实度、含水率等多项性质关联,是有机肥多种理化性状的综合反映。由于商品有机肥原料来源广泛,不同原料有机肥容重存在显著差异。当前,烟用商品有机肥主要采用重量计量的方式出售,少量不法企业为降低生产成本,刻意在有机肥生产过程中添加土壤、河道底泥、污泥、塘泥等高容重物质,不仅直接侵害消费者利益或国家、省级商品有机肥补贴政策,还可能使得有机肥中重金属、有机污染物超标,严重威胁耕地质量及烟叶质量安全。为此,建立有机肥质量评定的容重指标,可为有机肥料掺假鉴别、质量控制标准改进提供参考依据。

4.1.2 方法原理

本项快速检测方法参照 NY/T 2118—2012 蔬菜育苗基质,建立容重及容重差作为指标。此法可用来鉴别商品有机肥中是否违规添加较重杂质。

4.1.3 仪器和设备

干燥箱;粉碎机;电子天平,测定精度 0.01 g;200 mL 或 100 cm³ 标准环刀。直径 50 mm,长 300 mm 透明 PVC(上下两端盖管盖)。

4.1.4　分析步骤

4.1.4.1　容重测定

（1）将待测样品风干粉碎过 5 mm 筛后，在 105 ℃烘箱中烘干 4 h 以上至恒重，取出冷却后（约 15 min）马上进行测定。

（2）在精确度为 0.01 g 的天平上，称量带底环刀重量（W_0）后，将环刀置于水平桌面上，再将烘干样品在托盘中充分混匀，将样品从顶部倒入环刀中直至高于环刀 2.0 cm，且填满整个环刀，其间不要碰撞或者震动水平面，环刀切面平齐为止，将环刀外表用刷子清理干净，连同样品置于天平上称量记录重量（W_1）。

4.1.4.2　测定容重差值

将直径 50 mm，长 300 mm 透明 PVC 管下端盖上管盖，加入 500 g 过 5.0 mm 筛的烘干样品后盖上另一端盖子，手持 PVC 管在涡旋振荡器以中高速震动 5 min 后，置于搪瓷盘上倾斜 PVC 管打开底部盖子同时移动，倾倒在搪瓷盘上成一字长条，用卡片按上、中、下三层隔断分为 3 堆，测量容重。最终计算上、下两层容重差距。

4.1.5　结果计算

容重 γ 的单位是 g/cm³，计算公式为：

$$\gamma = (W_1 - W_0)/V$$

式中　W_0——环刀重量（g）；

　　　W_1——环刀和样品重量（g）；

　　　V——标准环刀体积（200 cm³）。

4.2　烟用商品有机肥中氮、磷的测定
——连续流动分析仪法

4.2.1　检测意义

目前，有机肥氮、磷检测方法主要有化学滴定法、比色法等，但这些方法的步

骤繁多，人力物力消耗大，检测周期长，废液产生多，实验操作过程中存在诸多影响因素导致检测的准确度和精密度偏低。采用连续流动分析仪测定，具有操作简便、快捷高效，适合大批量样品分析，试剂消耗少和废液产生量小，精度高，重现性好，速度快等优点。因此，该方法被广泛应用于农业、环保、医药、化工、食品等检测领域，但关于连续流动分析仪法测定烟用商品有机肥中氮、磷的研究较少。为此，研究流动分析仪法测定有机肥中氮、磷的技术标准，可为推动我国有机肥检测水平及质量健康发展提供技术支撑。

4.2.2 方法原理

有机肥中氮、磷多以有机结合态存在，样品经硫酸-双氧水高温消解，有机物被氧化分解，使样品中的有机氮转化为无机铵盐（NH_4-N），有机磷转化成正磷酸盐（PO_4-P），利用双通道的连续流动分析仪在线显色反应同时测定氮（NH_4-N）和磷（PO_4-P）的含量。

氮（NH_4-N）的测定：以硝普钠作为催化剂，消解液中无机铵盐与水杨酸钠及次氯酸钠反应生成蓝色复合物，在 660 nm 波长下用比色法测定。

磷（PO_4-P）的测定：以酒石酸锑钾作为催化剂，在含有 PO_4^{3-} 的酸性溶液中加入 $(NH_4)_2 MoO_4$ 试剂，生成黄色的磷钼酸，反应方程如下：

$$PO_4^{3-} + 12MoO_4^{2-} + 27H^+ \rightarrow H_2[P(Mo_2O_7)_6] + 10H_2O$$

再加入抗坏血酸，使磷钼酸中部分正六价钼被还原生成低价的蓝色磷钼蓝，在 880 nm 下测定它的吸光度，一定浓度范围内吸光度与浓度符合朗伯比尔定律。

4.2.3 仪器和设备

（1）样品研磨机。
（2）天平：精度百分之一，万分之一。
（3）消煮炉。
（4）连续流动分析仪。

4.2.4 试剂

所用水应达到 GB/T 6682 规定的二级水要求，所用试剂均为分析纯试剂。
（1）硫酸（H_2SO_4，ρ=1.84 g/mL）。
（2）过氧化氢（H_2O_2，w=30%）。
（3）缓冲溶液：称取 35.80 g $Na_2HPO_4 \cdot 12H_2O$、50.00 g 酒石酸钾钠完全溶于

600 mL 水后，再加 29.30 g NaOH，定容至 1 000 mL，加 2.00 mL Brij-35（22%，Bran+Luebbe No.T21-0110-06）混匀，4 ℃ 保存，稳定 2 周。

（4）水杨酸钠：将 4.00 g 水杨酸钠溶于 60 mL 蒸馏水中，加 0.10 g 硝普钠定容至 100 mL，避光 4 ℃ 保存，可稳定 2 周。

（5）次氯酸钠：取 4.00 mL 含有效氯含量不低于 10% 的次氯酸钠溶液定容至 100 mL，现配现用。

（6）酸盐：将 5.00 g 氯化钠溶于 600 mL 去离子水中，缓慢加入 12 mL 硫酸，混匀冷却后，再加 2.00 g 十二烷基磺酸钠（SDS，sigma），完全溶解后，定容至 1 000 mL，常温保存，稳定 2 周。

（7）SDS 酸：将 14.00 mL 浓硫酸小心加入 800 mL 水中，冷却至室温后，加 2.00 g SDS，完全溶解后，定容至 1 000 mL，常温保存，稳定 2 周。

（8）钼酸铵：溶解 0.62 g 钼酸铵至 70 mL 水中，加入 0.017 0 g 酒石酸锑钾，用水定容至 100 mL，该溶液在避光 4 ℃ 下保存，可稳定 2 个月。

（9）抗坏血酸：将 1.50 g 抗坏血酸溶于水，定容至 100 mL，避光保存，现配现用。

（10）吸样器冲洗液：将 50 mL 硫酸加入到 800 mL 水中，摇匀冷却，定容至 1 000 mL。

（11）氨（NH_4-N）标准储备液（1 000 mg/L）：购买国家有证氨氮标准溶液或称取 105 ℃ 烘干 2 h 的硫酸铵（优级纯）4.717 0 g 溶于水，并定容至 1 L，制备成含铵态氮的贮存溶液[ρ（NH_4-N）=1 000 mg/L]，在 4 ℃ 下可保存 6 个月。

（12）磷（PO_4-P）标准储备液（1 000 mg/L）：购买国家有证磷元素标准溶液或称取 105 ℃ 烘干 2 h 的磷酸二氢钾（优级纯）4.394 0 g 溶于水，加 5 mL 硫酸，并定容至 1 L，制备成含磷标准的贮存溶液[ρ（P）=1 000 mg/L]，在 4 ℃ 下可保存 6 个月。

（13）磷标准工作溶液[ρ（P）=100.00 mg/L]：取适量磷标准贮备液（以 P 计），用吸样器冲洗液逐级稀释 10 倍制备。该溶液在 4 ℃ 下，可贮存 1 个月。

4.2.5 干扰及消除

（1）消解液的酸度对测定产生干扰，标准曲线与样品酸度一致。

（2）合适的润滑剂对测定结果稳定性有影响，保证所配试剂在 24 小时内为澄清透亮溶液。

（3）水杨酸钠在酸性条件下会产生沉淀，反应开始泵入试剂前应检查使用过水杨酸钠的管道是否清洗干净。

4.2.6 样品使用与存放

样品于阴凉干燥处避光保存，保存室温应小于 26 ℃，湿度小于 60%。样品于

80 ℃ 烘 4 h 后测试，最小取样量 0.2 g。

4.2.7 分析步骤

4.2.7.1 试样消解

称取均匀有机肥干样 0.1 ~ 0.5 g（5 mm，精确到 0.000 1 g）于 50 mL 消化管内，加 5 ~ 10 滴水润湿。或称取新鲜试样 1 ~ 5 g（精确到 0.000 1 g）于 50 mL 消化管内。在消化管内加入 5 mL 硫酸，摇匀，加盖小漏斗，冷消化一晚，置于消煮炉上 300 ℃ 加热消煮，硫酸回流至瓶管 1/3 处，使固体物消失成为棕褐色溶液（无炭粒），取下消煮管冷却至室温，加入约 1 mL 过氧化氢，摇匀，先 110 ℃ 低温加热 5 min，再 370 ℃ 加热消煮 10 ~ 15 min，然后取下消煮管冷却，加入 10 滴过氧化氢，摇匀，110 ℃ 低温加热 5 min，再 370 ℃ 加热消煮 10 ~ 15 min；如此反复至溶液呈无色或清亮后，再 370 ℃ 继续消煮 20 ~ 30 min，以除尽多余的过氧化氢。消煮完毕，取下冷却后，用水将消化液全部转移到 100 mL 容量瓶中，定容摇匀，用滤纸过滤或放置澄清即得待测液，试液消解液含硫酸的体积分数约为 5%，做试剂空白试验。

4.2.7.2 仪器参考条件

参照连续流动分析仪（AA3 型，德国）使用说明，优化仪器操作条件，使待测指标响应增益值达到分析要求，编辑测定方法、选择合适测样速率和清洗比，即硬件："24" 透析器，37 ℃ 加热池；泵管：7+2 空气+1 进样器冲洗。测试范围，N：0 ~ 40 mg/L，P：0 ~ 4 mg/L；进样速率：50 样/h；清洗比：3 : 1。

4.2.7.3 标准系列制备

分别取铵态氮（NH_4-N）和磷（PO_4-P）标准储备液标液，按表 4-1 制备氮、磷元素混合标准系列，向配标液容量瓶中加 5 mL 浓硫酸，再用水定容。

表 4-1 铵态氮（NH_4-N）和磷（PO_4-P）标准液配制

指标	浓度/（mg/L）	系列	std1	std2	std3	std4	std5	std6	Std7
		体积/mL	100	100	100	100	100	100	100
NH_4-N	1 000	分取体积/mL	0	0.100 0	0.500 0	1.000	2.000	3.000	4.000
		定容浓度/（mg/L）	0	1.000	5.000	10.00	20.00	30.00	40.00
PO_4-P	100	分取体积/mL	0	0.100	0.500	1.000	2.000	3.000	4.000
		定容浓度/（mg/L）	0	0.100	0.500	1.000	2.000	3.000	4.000

4.2.7.4 标准曲线制作及试样溶液测定

取适量标准系列（见表 4-1），分别置于样品杯中，待基线稳定后依次测定标准溶液、空白溶液和试样溶液。由连续流动分析仪按程序依次从高浓度到低浓度取样测定，以测定相应指标信号增益值为纵坐标，对应的指标质量浓度为横坐标，仪器自动绘制标准曲线，并获得试样溶液浓度值。

4.2.8 结果计算

试样中待测指标的含量按式（4-1）计算：

$$X = \frac{(\rho - \rho_0) \times V \times f}{m} \times 10\,000 \qquad （4\text{-}1）$$

式中 X——试样中待测指标含量，克每百克（g/100 g）；

ρ——试样溶液中被测指标质量浓度，毫克每升（mg/L）；

ρ_0——试样空白溶液中被测指标质量浓度，毫克每升（mg/L）；

f——试样溶液稀释倍数；

m——试样称取质量，克（g）；

V——试样消化液定容体积，毫升（mL）；

10 000——常数，由单位毫克每千克（mg/kg）转换为克每百克（g/100 g）的转换系数。

计算结果保留 3 位有效数字。

4.3 烟用商品有机肥铵态氮、硝态氮的测定 —— 连续流动分析仪法

4.3.1 检测意义

目前，测定有机肥中铵态氮、硝态氮的方法有蒸馏滴定法、扩散法和比色法等，其中以蒸馏滴定法最为常用，此法虽属经典方法，但消耗人力、物力较多，测定时间长，且蒸馏废液中大量的高浓度碱处理不当易引起环境污染。采用连续流动分析

仪，可自动化检测，连续测试批量样品，分析速度快，节省人力、物力，准确度高，对环境污染小。目前，有关连续流动分析仪测定有机肥中铵态氮、硝态氮的研究鲜有报道。本研究的技术方法可为最大限度地发挥仪器功能，提高有机肥指标检测效率和准确度提供参考。

4.3.2 方法原理

采用 1 mol/L 氯化钾溶液浸提混合均匀的有机肥样品。在碱性环境下，1 mol/L 氯化钾浸提液在铜的催化作用下，被硫酸肼还原成亚硝酸盐，并与对氨基苯磺酰胺及 NEDD 反应生成粉红色化合物，在 550 nm 波长下检测。铵态氮与水杨酸钠和 DCI 反应生成蓝色化合物在 660 nm 波长下检测。

4.3.3 仪器和设备

（1）样品研磨机。
（2）天平：精度百分之一，万分之一。
（3）恒温振荡器。
（4）连续流动分析仪 AA3。
（5）250 mL 聚四氟乙烯瓶。

4.3.4 试剂

除非另有说明，所用水应达到 GB/T 6682 规定的二级水要求，所用试剂均为分析纯试剂。
（1）氯化钾。
（2）硫酸铜，$CuSO_4 \cdot 5H_2O$。
（3）硫酸联胺，$N_2H_4 \cdot H_2SO_4$。
（4）N-（1-萘基）乙二胺二盐酸，$C_{12}H_{14}N_2 \cdot 2HCl \cdot CH_3OH$。
（5）硝酸钾（基准物质）。
（6）磷酸，H_3PO_4。
（7）氢氧化钠，NaOH。
（8）磺胺，$C_6H_8N_2O_2S$。
（9）十水二磷酸钠（焦磷酸钠），$Na_4P_2O_7 \cdot 10H_2O$。
（10）硫酸锌，$ZnSO_4 \cdot 7H_2O$。
（11）Brij-35，30%溶液。

（12）硫酸铵，$(NH_4)_2SO_4 \cdot 5H_2O$。

（13）二氯异氰脲酸钠，$C_3Cl_2N_3NaO_3 \cdot 2H_2O$。

（14）硫酸肼，$N_2H_4 \cdot H_2SO_4$。

（15）硝普钠，$Na_2[Fe(CN)_5NO] \cdot 2H_2O$。

（16）水杨酸钠，$NaC_7H_5O_3$。

（17）柠檬酸钠，$C_6H_5Na_3O_7 \cdot 2H_2O$。

（18）1mol/L 的氯化钾溶液（Ⅰ、Ⅱ）：称取 74.55 g 氯化钾溶于水中，并用水定容至 1 L。

（19）硫酸铜储备液（Ⅰ）：称取硫酸铜 0.1 g 溶入约 60 mL 去离子水中，稀释并定容至 100 mL。

（20）硫酸锌储备液（Ⅰ）：将 1 g 硫酸锌溶入约 60 mL 去离子水中，稀释并定容至 100 mL。

（21）显色剂（Ⅰ）：将 2 g 磺胺溶入约 120 mL 去离子水中，加入 0.1 g N-1-萘基乙二胺二盐酸并混合均匀。加入 20 mL 磷酸，稀释至 200 mL，储存于棕色瓶中。

（22）稀释水和系统清洗液（Ⅰ、Ⅱ）：将 0.5 mL Brij-35 30%溶液加入 250 mL 去离子水中。

（23）进样器清洗液（Ⅰ、Ⅱ）：用没有活化剂的纯水。进样器清洗液必须和样品提取液一致。

（24）氢氧化钠溶液：将 8 g 氢氧化钠溶入约 120 mL 去离子水中，并加入 0.5 mL Brij-35（30%溶液）定容至 200 mL。

（25）磷酸溶液：小心地将 3 mL 磷酸加入约 400 mL 去离子水混合均匀，溶入 4 g 十水二磷酸钠并混合均匀，加入 1 mL Brij-35（30%溶液）定容至 1 000 mL。

（26）硫酸肼溶液：将 2.8 mL 硫酸铜储备液、2 mL 硫酸锌储备液和 1.2 g 硫酸肼加入约 120 mL 去离子水中，定容至 200 mL。

（27）硝酸盐标准储备液，1 000 mg/L（以 N 计）：将 7.218 g 硝酸钾溶入约 600 mL 去离子水，稀释至 1 000 mL。

（28）铵态氮标准储备液，1 000 mg/L（以 N 计）：将 4.717 g 硫酸铵溶入约 600 mL 去离子水，稀释至 1 000 mL。

（29）缓冲溶液：将 40 g 柠檬酸钠溶入约 600 mL 去离子水中，定容至 1 000 mL。再加入 1 mL Brij-35，30%溶液，并混合均匀。每周更换。

（30）水杨酸钠溶液：将 40 g 水杨酸钠溶入约 600 mL 去离子水中，加入 1 g 硝普钠，稀释至 1 000 mL 并混合均匀。每周更换。

（31）二氯异氰脲酸钠溶液：将 10 g 氢氧化钠和 1.5 g 二氯异氰脲酸钠溶入约 600 mL 去离子水中，定容至 500 mL。每周更换。

4.3.5 干扰及消除

（1）浸提液的酸度对测定产生干扰，标准曲线与样品酸度一致。

（2）合适的润滑剂对测定结果稳定性有影响，保证所配试剂在 24 小时内为澄清透亮溶液。

（3）水杨酸钠在酸性条件下会产生沉淀，反应开始泵入试剂前应检查使用过水杨酸钠的管道是否清洗干净。

（4）采用磷酸降低 pH 值，防止产生氢氧化钙和氢氧化镁。用锌抑制氧化物和铜的反应。以硝普钠作为催化剂，水杨酸钠可以和酚盐替换。MT7 透析器适用于高浓度范围，可以消除有色物质和悬浮颗粒干扰。

4.3.6 分析步骤

4.3.6.1 试样提取

称取新鲜试样 10 g（精确到 0.01 g）于 250 mL 聚四氟乙烯瓶内，加 50 mL 1 mol/L 氯化钾溶液。在（20±2）℃下振荡器上振荡（频率为 180 次/min）1 h。将 50 mL 浸提悬液过滤于玻璃锥形瓶中，测定硝态氮、铵态氮的浓度同时进行空白样测试。

注：上清液中的无机氮宜在浸提后的 1 d 内即测定，如果不能定成，有机肥浸提液保存在不高于 4 ℃ 的冰箱中，最多保存 1 周。

4.3.6.2 仪器参考条件

参照连续流动分析仪（AA3 型，德国）说明，优化仪器操作条件，编辑测定方法、选择合适测样速率、清洗比，使待测指标响应增益值达到分析要求，如：

硬件："24"透析器，37 ℃ 加热池；泵管：7+2 空气+1 进样器冲洗。范围：NH_4-N 0～4 mg/L，NO_3-N 0～4 mg/L；进样速率：50 样/h；清洗比：3：1。

4.3.6.3 标准系列制备

分别取铵态氮（NH_4-N）标准储备液和硝态氮（NO_3-N）标准储备液标液，制备铵态氮、硝态氮混合标准系列（见表 4-2），在标液配制容量瓶中加 1 mol/L 氯化钾溶液定容。

4.3.6.4 制作标准曲线及测定试样溶液

取适量标准系列，分别置于样品杯中，待基线稳定后依次测定标准溶液、空白溶液和试样溶液。采用连续流动分析仪按程序依次从高浓度到低浓度取样测定，以测定相应指标信号增益值为纵坐标，对应的指标质量浓度为横坐标，仪器自动绘制标准曲线，并获得试样溶液浓度值。

表 4-2　铵态氮（NH_4-N）和硝态氮（NO_3-N）标准液配制

指标	浓度/ （mg/L）	系列	std1	std2	std3	std4	std5	std6	Std7
		体积/mL	100	100	100	100	100	100	100
NH_4-N	100	分取体积/mL	0	0.100 0	0.500 0	1.000	2.000	3.000	4.000
		定容浓度/（mg/L）	0	0.100	0.500	1.000	2.000	3.000	4.000
NO_3-N	100	分取体积/mL	0	0.100	0.500	1.000	2.000	3.000	4.000
		定容浓度/（mg/L）	0	0.100	0.500	1.000	2.000	3.000	4.000

4.3.7　结果计算

试样中待测指标的含量按式（4-2）计算：

$$X = \frac{C \times V \times D}{m(1-w) \times 10^3} \times 1\,000 \tag{4-2}$$

式中　X——试样中待测指标含量，毫克每千克（mg/kg）；

　　　C——试样溶液中被测指标质量浓度，毫克每升（mg/L）；

　　　V——试样溶液总体积，毫升（mL）；

　　　D——试样溶液稀释倍数；

　　　m——试样的质量，克（g）；

　　　w——试样的水分含量，百分比（%）；

计算结果保留 3 位有效数字。

4.4　烟用商品有机肥钾的测定
——连续流动分析仪法

4.4.1　检测意义

目前，测定有机肥中钾的方法有火焰光度法、微波消解-电感耦合等离子体质谱法，两种方法虽属经典方法，但消耗人力、物力较多，测定时间长。研究采用连续流动分析仪，自动、批量、快速检测有机肥，降低人力、物力，提高检测效率、准确度和精密度，可为检测有机肥提效降本、科学制定质量标准提供参考。

4.4.2 方法原理

有机肥料试样经硫酸和过氧化氢消煮，稀释后用连续流动分析仪测定。在一定浓度范围内，溶液中钾浓度与发射强度呈正比例关系。

4.4.3 仪器和设备

（1）样品研磨机。
（2）天平：精度百分之一，万分之一。
（3）消煮炉。
（4）连续流动分析仪（410 型火焰光度计）。

4.4.4 试剂

所用水应达到 GB/T 6682 规定的二级水要求，所用试剂为分析纯试剂。
（1）硫酸（H_2SO_4，ρ=1.84 g/mL）。
（2）过氧化氢（H_2O_2，w=30%）。
（3）钾标准工作溶液（以 K_2O 计）（2 g/L）：准确称取 1.582 9 g（精确至 0.000 1 g）经 105 ℃ 烘干 2 h 的氯化钾（KCl）于 50 mL 烧杯中，用水溶解，转入 1 000 mL 容量瓶中，用水定容至刻度，混匀。该溶液在 4 ℃ 下可贮存 1 个月。

4.4.5 干扰及消除

（1）消解液的酸度对测定产生干扰，标准曲线与样品酸度一致。
（2）润滑剂对测定结果稳定性有影响，保证所配试剂在 24 h 内为澄清透亮溶液。

4.4.6 分析步骤

4.4.6.1 试样消解

称取均匀有机肥的干样 0.1～0.5 g（精确到 0.000 1 g）于 50 mL 消化管内，加

5～10 滴水润湿。或称取新鲜试样 1～5 g（精确到 0.000 1 g）于 50 mL 消化管内。在消化管内加入 5 mL 硫酸，摇匀，加盖小漏斗，冷消化一晚，置于消煮炉上，300 ℃ 加热消煮，硫酸回流至瓶管 1/3 处，使固体物消失成为棕褐色溶液（无炭粒），取下消煮管冷却至室温，加入约 1 mL 过氧化氢，摇匀，先 110 ℃ 低温加热 5 min，再 370 ℃ 加热消煮 10～15 min，然后取下消煮管冷却，加入过氧化氢 10 滴，摇匀，110 ℃ 低温加热 5 min，再 370 ℃ 加热消煮 10～15 min；如此反复至溶液呈无色或清亮后，再在 370 ℃ 继续消煮 20～30 min，以除尽多余的过氧化氢。消煮完毕，取下冷却，用水将消化液全部转移到 100 mL 容量瓶中，定容摇匀，用滤纸过滤或放置澄清即得待测液，试液消解液含硫酸的体积分数约为 5%。同时做试剂空白试验。

4.4.6.2 仪器参考条件

连续流动分析仪（AA3 型，德国）按仪器使用说明，优化仪器操作条件，使待测指标的响应增益值达到分析要求，编辑测定方法、选择合适的测样速率、清洗比。测试范围，K：0～50 mg/L；进样速率：50 样/h；清洗比：3∶1。钾含量测定管路如图 4-1 所示。

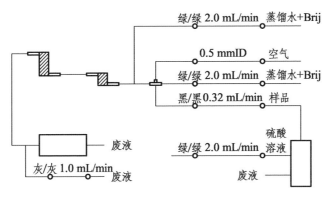

图 4-1 钾测定管路图

4.4.6.3 标准系列制备

分别取钾（KCl）标准储备液，按照表 4-3 制备钾元素混合标准系列，往配标液容量瓶中加 5 mL 浓硫酸，再用水定容。

4.4.6.4 标准曲线制作及试样溶液测定

取适量标准系列，分别置于样品杯中，待基线稳定后依次测定标准溶液、空白溶液和试样溶液。由连续流动分析仪按程序依次从高浓度到低浓度取样测定，以测定相应指标信号增益值为纵坐标，对应的指标质量浓度为横坐标，仪器自动绘制标准曲线，并获得试样溶液浓度值。

表 4-3　K 标准液配制

指标	浓度 /（g/L）	系列	std1	std2	std3	std4	std5	std6	Std7
		体积/mL	100	100	100	100	100	100	100
K	2	分取体积/mL	0	2.00	4.00	6.00	8.00	10.00	20.00
		定容浓度/（mg/L）	0	40.00	80.00	120.00	160.00	200.00	400.00

4.4.7　分析结果表述

试样中待测指标的含量按式（4-3）计算：

$$K_2O(\%) = \frac{C \times V \times D \times 1.20 \times 10^6}{m(1-w)} \tag{4-3}$$

式中　$K_2O(\%)$——有机肥中的钾含量，百分比（%）；

　　　　C——试样溶液中的 K_2O 浓度，毫克每升（mg/L）；

　　　　V——试样溶液总体积，毫升（mL）；

　　　　D——分取倍数；

　　　　m——试样的质量，克（g）；

　　　　w——试样的水分含量，百分比（%）；

　　　　1.20——将钾（K）换算成氧化钾 K_2O 的因数；

　　　　10^{-4}——将 μg/g 换算为质量分数的因数。

计算结果表示到小数点后两位，并取两次平行测定的算术平均值作为测定结果。

4.5　烟用商品有机肥中氯离子含量的测定
——连续流动分析仪法

4.5.1　检测意义

肥料中氯离子含量测定标准有《复混肥料》（GB/T 15063—2020）、《有机无机复混肥料》（GB/T 18877—2020），其经典的检测方法有佛尔哈德法、自动电位滴定法。

前者在测定样品溶液颜色较深的时候终点判断比较难，而后者测定的环节少，时间短，检测效率明显高于前者。相比这两种经典方法，采用连续流动分析仪更加方便、快捷、准确，研究利用连续流动分析仪测定有机肥氯离子含量的技术方法，可为提高有机肥氯离子含量检测稳定性，科学制定控制标准提供依据。

4.5.2　原理

用水萃取有机肥中的氯离子，氯与硫氰酸反应，放出硫氰酸根进而与三价铁反应形成络合物，反应产物在 480 nm 比色测定。

4.5.3　仪器与设备

（1）AA3 连续流动分析仪（德国 SEAL 公司）。
（2）METLER AE200 分析天平（感量：0.000 1 g）。
（3）HY-1 大容量振荡摇器。

4.5.4　试剂

（1）氯化钠（优级纯）。
（2）Brij35 溶液（聚乙氧基月桂醚）。
（3）硫氰酸汞（AR）。
（4）硫酸镁、硝酸、甲醇（AR）。
（5）氯化钠标准溶液：称取氯化钠（优级纯）0.165 g 溶于水中定容 1 L，浓度为 100 mg/L。购买市售有证标准物质/有证标准样品。
（6）硝酸溶液：将 16 mL 硝酸加入约 500 mL 蒸馏水中，转移至 1 000 mL 容量瓶中用蒸馏水定容至刻度，并加入 1 mL Brij-35 溶液充分混合。
（7）硫氰酸汞储备液：将 4.17 g 硫氰酸汞溶于约 400 mL 甲醇中，转移至 1 000 mL 容量瓶中用甲醇定容至刻度。硝酸铁储备液，将 202 g 硝酸铁溶于约 600 mL 蒸馏水中，加入 31.5 mL 浓硝酸混合均匀，转移至 1 000 mL 容量瓶中用蒸馏水定容。若溶液有色需重配。
（8）显色剂：移取硫氰酸汞储备液 60 mL 置于 500 mL 容量瓶中，再加入硝酸铁储备液 60 mL，用蒸馏水定容。保质期一周。
（9）硫酸镁溶液：称取硫酸镁 1 g，溶于水定容至 1 000 mL。

4.5.5　分析操作步骤

准确称取均匀有机肥干样 0.5～2.5 g（精确到 0.01 g）于 150 mL 三角瓶中，加硫酸镁溶液 50 mL，摇匀，盖上塞子，在振荡器上振荡萃取 10 min，用定性滤纸过滤，收集后续滤液作分析之用。测量：用连续流动仪上机运行工作标准液和待测样品溶液。如样品溶液浓度超出工作标准液的浓度范围，则应稀释。氯离子含量测定管路如图 4-2 所示。

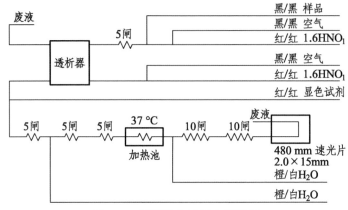

图 4-2　氯离子含量测定管路图

4.5.6　结果计算

有机肥中氯含量的计算公式如式（4-4）所示。

$$\mathrm{Cl^-(mg/kg)} = \frac{C \times V \times D}{m(1-w) \times 10^3} \times 1\,000 \tag{4-4}$$

式中　C——样品溶液中氯离子的仪器测定值（mg/L）；

　　　V——萃取液体积（mL）；

　　　D——分取倍数；

　　　m——称取风干试样质量（g）；

　　　w——试样的水分含量（%）。

4.6　烟用商品有机肥中同源性烟草原料的特异性分子鉴定

4.6.1　检测意义

云南有机肥资源丰富，部分烟区有施用有机肥的传统，对提高植烟土壤肥力、减少化肥用量、生态恢复，以及提高烟叶产量和产值，改善烟叶外观品质和香气含量等发挥较好的作用。烟株废弃物（病叶、脚叶、芽枝、顶花、烟杆、烟梗等）富含蛋白质、糖、酚类等 1 000 多种物质，是生产有机肥较好的原料。但是，此类废弃物易携带黑胫病、根腐病、花叶病、线虫病等土传病害和叶传病害等病原体，施入土壤中会造成烟草病害加重，减产或增加烟草品质稳定性的潜在风险。另外，由丁部分烟叶氯离子含量较高，施用后导致土壤氯离子积累，超出烟叶生产氯离子适宜范围，烟叶品质显著下降。因此，全面控制这类物质在烟用商品有机肥中的使用迫在眉睫。

传统鉴定有机肥中是否含有烟草原料，主要是通过化学检验尼古丁来判断。然而，尼古丁并不是烟草所特有的，在许多非烟草植物（茄科植物）中有尼古丁成分。因此，基于烟碱化学检验方法对有机肥中烟草原料的鉴别，存在较高的误判风险。随着基因组测序技术和生物信息学的发展，以及大量植物（茄科）基因组数据库的公布，为利用特定分子标记鉴定同源原料（烟草原料）奠定坚实的理论和技术基础。为此，开发一种能够快速简便地鉴别烟用有机肥同源原料的方法，以提高烟用有机肥鉴定的科学性、准确性和权威性，降低购买风险，提高烟用有机肥质量监管的技术水平。

4.6.2　原理

利用特定分子标记 Ntsp027 和 Ntsp151，对烟草有机肥的基因组 DNA 进行 PCR 扩增，检测 PCR 扩增产物是否存在特定的核苷酸序列，准确判断烟草有机肥中是否存在同源原料。

4.6.3　仪器设备与试剂

4.6.3.1　仪器设备

PCR 扩增仪（控温精度 ±0.4 ℃）、电泳仪（50～600 V，10～400 mA）、低温高速离心机（4 ℃，16 000 rpm/min）、垂直电泳槽（试样格厚 1.0 mm）、分析天平（感量 0.000 1 g）、磁力搅拌器（转速 0～2 000 r/min）、紫外可见光分光光度计（190～1 100 nm）、微量移液器（0.5～10 μL、10～100 μL、100～1 000 μL）及配套的枪头、恒温水浴锅（精度 ±0.1 ℃）、冰箱（-80 ℃，-20 ℃，4 ℃）、高压灭菌器（121 ℃，0.15 MPa）、pH 计（精度 ±0.02 pH）、超纯水仪（电阻率 18.2 MΩ·cm）、水平摇床（转速 30～250 rpm）。

4.6.3.2　试剂

1. 贮备液

贮备液按表 4-4、表 4-5 配制。

表 4-4　三羟基甲基氨基甲烷-盐酸贮备液（Tris-HCl 贮备液，1.0 mol/L）

成分	用量	备注
三羟基甲基氨基甲烷-盐酸贮备液	121.1 g	
灭菌双蒸水（ddH_2O）	800 mL	
37%浓盐酸（HCL）	42 mL	用约 42 mL 浓盐酸调节 pH 至 8.0
最终体积	1 000 mL	用 ddH_2O 定容至 1 000 mL。灭菌室温保存

表 4-5　乙二胺四乙酸贮备液（EDTA 贮备液，0.5 mol/L）

成分	用量	备注
乙二胺四乙酸二钠（$Na_2EDTA\text{-}2H_2O$）	186.1 g	
灭菌双蒸水（ddH_2O）	700 mL	
10 mol/L 氢氧化钠（NaOH）	50 mL	用约 50 mL 氢氧化钠调节 pH 至 8.0
最终体积	1 000 mL	用 ddH_2O 定容至 1 000 mL。灭菌室温保存

2. DNA 提取试剂

DNA 提取试剂按表 4-6 ~ 表 4-8 配制。

表 4-6　两倍十六烷基三甲基溴化铵缓冲液（2×CTAB 贮备液）

成分	用量	备注
1.0 mol/L Tris-HCl（pH 8.0）	100 mL	
0.5 mol/L EDTA（pH 8.0）	40 mL	
氯化钠（NaCl）	81.82 g	加入 600 mL ddH_2O 加热溶解
十六烷基三甲基溴化铵（CTAB）	20 g	
聚乙烯吡咯烷酮（PVP）	2 g	
灭菌双蒸水（ddH_2O）		用 ddH_2O 定容至 1 000 mL。2×CTAB 贮备液，pH 8.0
最终体积	1 000 mL	灭菌后，室温保存

表 4-7　三氯甲烷：异戊醇混合液（24：1）

成分	用量	备注
三氯甲烷（chloroform）	96 mL	
异戊醇（lsoamylol）	4 mL	
最终体积	100 mL	临时配置

表 4-8　三羟甲基氨基甲烷-乙二胺四乙酸缓冲液（1×TE 贮备液）

成分	用量	备注
1.0 mol/L Tris-HCl（pH 8.0）	10 mL	
0.5 mol/L EDTA（pII 8.0）	2 mL	
灭菌双蒸水（ddH₂O）	988 mL	用 ddH₂O 定容至 1 000 mL。1×TE 贮备液，pH 8.0
最终体积	1 000 mL	灭菌后，4 ℃ 冰箱保存

3. 非变性聚丙烯酰胺凝胶电泳试剂

试剂按表 4-9～表 4-14 配制。

表 4-9　8.0% 变性聚丙烯酰胺贮备液

成分	用量	备注
丙烯酰胺（acrylamide）	290 g	用 500 mL ddH₂O 加热溶解
甲叉双丙烯酰胺（bisacrylamide）	10 g	用 150 mL ddH₂O 溶解
灭菌双蒸水（ddH₂O）		用 ddH₂O 定容至 1 000 mL
最终体积	1 000 mL	于棕色瓶室温保存

表 4-10　10% 过硫酸铵贮备液

成分	用量	备注
过硫酸铵（ammonium persulfate）	10 g	
灭菌双蒸水（ddH₂O）	100 mL	
最终体积	100 mL	临时配置，4 ℃ 冰箱保存

表 4-11　8.0% 非变性聚丙烯酰胺贮备液

成分	用量	备注
8.0% 变性聚丙烯酰胺贮备液	25 mL	
四甲基乙二胺（TEMED）	0.025 mL	
10% 过硫酸铵（ammonium persulfate）	0.25 mL	
5×TBE（pH 8.0）	15 mL	
灭菌双蒸水（ddH₂O）		用 ddH₂O 定容至 75 mL
最终体积	75 mL	临时配置

表 4-12　上样缓冲液

成分	用量	备注
聚蔗糖（polysucrose）	40 g	
溴酚蓝（bromophenol blue）	0.15 g	
二甲苯青（xylene cyanol FF）	0.15 g	
0.5 mol/L EDTA（pH 8.0）	3 mL	
灭菌双蒸水（ddH₂O）		用 ddH₂O 定容至 100 mL
最终体积	100 mL	4 ℃ 冰箱保存

表 4-13　三羟甲基氨基甲烷-硼酸-乙二胺四乙酸缓冲液（5×TBE 贮备液）

成分	用量	备注
Tris 碱（tris base）	54 g	
硼酸（boric acid）	27.5 g	
0.5 mol/L EDTA（pH 8.0）	20 mL	
灭菌双蒸水（ddH₂O）		用 ddH₂O 定容至 1 000 mL，pH 8.0
最终体积	1 000 mL	灭菌后，室温保存

表 4-14　2%琼脂（100 mL）

成分	用量	备注
琼脂粉（agar powder）	2 g	用 80 mL ddH₂O 加热溶解
灭菌双蒸水（ddH₂O）		用 ddH₂O 定容至 100 mL
最终体积	100 mL	

4. 银染试剂

银染试剂按表 4-15～表 4-17 配制。

表 4-15　固定液

成分	用量	备注
无水乙醇（ethanol absolute）	50 mL	
10%冰乙酸（glacial acetic acid）	25 mL	
灭菌双蒸水（ddH₂O）	425 mL	
最终体积	500 mL	临时配置

表 4-16 硝酸银染色液

成分	用量	备注
硝酸银（AgNO₃）	1 g	
灭菌双蒸水（ddH₂O）	500 mL	
最终体积	500 mL	临时配置，于棕色瓶室温保存

表 4-17 显色液

成分	用量	备注
氢氧化钠（NaOH）	7.5 g	用 300 mL ddH₂O 溶解
甲醛（formaldehyde）	5 mL	
灭菌双蒸水（ddH₂O）		用 ddH₂O 定容至 500 mL
最终体积	500 mL	临时配置

4.6.4 操作步骤

4.6.4.1 样品制备

按 NY/T 525—2021 的方法采集及制备有机肥。

4.6.4.2 基因组 DNA 提取

按 GB/T 24310—2009 第 8 章要求，采用 CTAB 法提取基因组 DNA。DNA 纯度和浓度符合 GB/T 24310—2009 第 8.3 条规定。

4.6.4.3 PCR 扩增

1. 基因组 DNA 准备

根据提取的 DNA 纯度和浓度，取部分基因组 DNA 用 1×TE 缓冲液稀释至 50 ng/μL，于 4 ℃ 冰箱中保存备用。

2. 特异性 DNA 分子标记

特异性 DNA 分子标记为 Ntsp027 和 Ntsp151（见表 4-18）。将合成的引物用 1×TE 缓冲液配置成 100 μmol/μL，置于 -20 ℃ 冰箱保存备用。使用时取部分保存液，用 1×TE 缓冲液配置成 10 μmol/μL 使用液，保存液放回 -20 ℃ 冰箱保存。

表 4-18　特异性 DNA 分子标记

引物名称	引物序列（5′→3′）	退火温度/°C	预期产物/bp	标记位点/基因
Ntsp027	F：GTTGTTCGCTTCCCTGATGT R：AACCAAAGCAAGCGAAATGT	60	303	arginine decarboxylase mRNA，complete cds
Ntsp151	F：ATTTGGCTTTGGCTATGGAA R：CGGAGACAAGAGACCCAAGT	60	300	Nicotiana tabacum ERF189 mRNA for ethylene response factor 189

3. PCR 反应体系及反应程序

PCR 反应体系及程序见表 4-19、表 4-20。

表 4-19　PCR 反应体系

成分	用量/μL
灭菌双蒸水（ddH$_2$O）	16.1
PCR 缓冲液（10 mM Tris-Cl，pH 8.4，50 mM KCl，1.5 mM MgCl$_2$）	2.5
dNTPs Mix（2.5 mmol/L each）	2.0
正向引物（10 mmol/L）	1.0
反向引物（10 mmol/L）	1.0
Taq DNA 聚合酶（2.5 U/μL）	0.4
DNA 模板（50 ng/μL）	2.0
总体积	25.0 μL

表 4-20　PCR 反应程序

反应程序	时间	备注
95 ℃ 预变性	5 min	
95 ℃ 变性	30 s	
60 ℃ 退火	30 s	
72 ℃ 延伸	30 s	
循环次数	30 次	变性→退火→延伸反应循环次数
72 ℃ 延伸	5 min	
4 ℃ 终止反应		

4.6.4.4　PCR 产物非变性聚丙烯酰胺凝胶电泳

1. 凝胶板装配

将玻璃板清洗干净，自然晾干与胶框组装好。用 2%琼脂封住长玻璃板下口，待琼脂完全凝固后，将凝胶板小心装入垂直电泳槽两侧，拧紧电泳槽上的固定阀。

2. 凝胶制备

取 8%非变性聚丙烯酰胺凝胶贮备液 75 mL，摇匀后沿玻璃板边缘轻缓地将凝胶贮备液注入玻璃板缝隙中，及时清除气泡，将梳子插入适当位置，将电泳槽水平放置，室温下放置 30 min 以上，以便凝胶完全凝固。

3. 电泳样品准备

取 PCR 产物 10 μL，加入 2 μL 上样缓冲液，混匀后放于 4 ℃ 冰箱备用，剩余 PCR 产物放于-20 ℃ 冰箱中保存。

4. 电泳

待凝胶完全凝固后，向电泳槽中加入足量的 0.5 × TBE 缓冲液，接通电源（400 V，300 mA）电泳 30 min。

4.6.4.5　银染

1. 固定

从电泳槽中取出凝胶板，轻轻取下胶框，小心分离玻璃板，将凝胶取出放入装有适量固定液的塑料方盒中，在水平摇床上轻摇动 10～20 min，至胶板上示踪染料的色带退去为止。

2. 染色

倒掉固定液，用 ddH$_2$O 冲洗凝胶 2～3 次，每次 2 min，取出胶板，滤去水分，将胶板转入硝酸银染色液中染色 30 min。

3. 显色

染色结束后，将染色液倒入回收瓶中，倒入 ddH$_2$O 迅速漂洗 2～3 次，每次 5～6 s，倒入显色液，水平摇床轻摇至凝胶上条带清晰为止，倒掉显色液，倒入 ddH$_2$O 漂洗 2 次，每次 5 min，可观察结果。

4.6.5　结果判定

观察样品染色条带，若样品在 DNA 分子标记 Ntsp027 或 Ntsp151 的 PCR 扩增产物出现唯一 303 bp 或 300 bp 特异性条带，则样品含烟草原料；反之，无条带出现，则样品为非烟材料。

4.7　烟用商品有机肥中有机碳含量的测定 —— 总有机碳分析仪法

4.7.1　检测意义

有机碳含量是反映商品有机肥属性的重要指标，更适合作判定有机肥档次、价格的依据。从有机碳营养的新视角来分析，准确测定有机肥中有机碳含量对植物营养理论研究和新肥的开发具有重要意义。总有机碳分析仪法具有流程简单、重现性好、灵敏度高、稳定可靠、测定过程一般不消耗化学药品、基本上不产生二次污染、氧化完全等优点，研究其测定有机肥中有机碳含量的技术方法，可为提高有机肥碳检测效率、有机碳肥料研制提供科学依据。

4.7.2　原理

有机肥样品经酸处理去除无机碳，通过总有机碳分析仪的 TOC-Solid 模式绘制TOC 标准曲线，测定有机肥料总有机碳含量。

4.7.3　仪器与设备

（1）总有机碳分析仪（muli N/C 3100，德国 JENA 公司）。
（2）METLER AE200 分析天平（感量：0.000 1 g）。
（3）烘箱。

4.7.4　试剂

（1）碳酸钙（分析纯）。

（2）浓盐酸（分析纯）。

（3）葡萄糖（纯度≥98%）。

（4）10%盐酸溶液。

4.7.5　总有机碳仪工作条件

载气为超纯氧气，压力 0.3 MPa，温度 1 100 ℃。

4.7.6　标准曲线绘制

分别称取碳酸钙 0.1 g、0.2 g、0.3 g、0.4 g 于样品舟中，待仪器准备就绪后，依次将相应的样品舟推入燃烧炉进行测定。

4.7.7　测定样品

准确称取均匀过 0.25 mm 孔径筛风干有机肥试样 0.05 ~ 0.50 g（精确到 0.000 1 g）放入样品舟中，加入 3 ~ 5 滴浓度为 10% 的盐酸，将样品放入烘箱（105 ℃ ~ 110 ℃）2 h 后取出，放入干燥器中冷却。将总有机碳分析仪的温度设置为 1 100 ℃，待恒温稳定后进入测定界面检测样品，记录测定结果。

4.7.8　结果计算与表示

有机肥总碳含量按式（4-5）计算，以干基计：

$$X = \frac{C \times 10}{1-f} \tag{4-5}$$

式中　X——试样总碳的质量分数，克每千克（g/kg）；

　　　C——仪器测得碳的质量分数，克每千克（g/kg）；

　　　f——试样水分含量，百分率（%）。

测定结果保留 3 位有效数字。

5 烟用商品有机肥质量监控及管理

5.1 烟用商品有机肥料抽样技术规范

5.1.1 标准制定背景

烟用商品有机肥因其制作有机原料的种类繁多、理化特性复杂，易引起原料腐熟和无害化处理技术，以及产品品质的不稳定，当品质差的有机肥被使用后，其对环境、人类、动物、土壤及烟草制品健康产生威胁。当前，全检有其应用范围的局限性，抽样检验更具有优势，其是加强烟用商品有机肥料监督管理，提高肥料产品质量，切实保障烟草生产及烟叶制品质量安全的重要手段，其可贯穿有机肥生产、销售流通及监督环节，具有较强的技术要求，包括抽样单元、抽样基数（样本数）、抽样方法、样品清洁，以及样品必须能够代表总体物料的特性，采样技术完全、方便、成本低。一个好的抽样方案可以确保利用较少的样本量判定产品批是否符合使用方期望，且检验的样品能准确评价和判断总体物料质量。《烟用商品有机肥料抽样技术规范》规定了抽样准备、技术要求和方法、现场核查及抽查、抽样和样品的运输与交接的操作规范等，其目的在于获得可靠的样品及检验结果，为有机肥生产者改进产品质量、内部质量控制提供依据，以及为使用者和管理者对生产和销售的可能危及农产品质量安全的有机肥料产品进行抽样、检验提供规范。

5.1.2 标准主要内容

5.1.2.1 范围

本文件规定了烟用商品有机肥料抽样过程涉及的定义和术语、抽样准备、要求和方法、抽样和样品的运输与交接。

本文件适用于销售烟用商品有机肥料产品质量的监督抽查和有机肥产品验收检验的抽样。

5.1.2.2　规范性引用文件

本文件对下列文件的应用是必不可少的。注日期的引用文件，仅该日期对应的版本适用于本文件。凡是不注日期的引用文件，其最新版本（包括所有的修改单）适用于本文件。

《固体化工产品采样通则》（GB/T 6679—2003）

《出口有机肥、骨粒（粉）检验规程》（SN/T 1049—2002）

《有机肥料》（NY/T 525—2021）

《复合微生物肥料》（NY/T 798—2015）

《肥料质量监督抽查　抽样规范》（NY/T 4198—2022）

5.1.2.3　术语和定义

下列术语和定义适用于本文件。

1. 烟用商品有机肥料（commercial organic fertilizer of tobacco）

烟用商品有机肥料指主要来源于植物或动物，经过发酵腐熟的含碳有机物料，其功能是改善土壤肥力、提供烤烟营养、提高烟叶品质。

2. 鲜样（fresh sample）

鲜样指现场采集的有机肥料样品。

3. 批和批量（bulk）

以一次交货的同标记、同种类、同规格、同质量、品质均匀的产品为一批。构成一批有机肥的数量为批量。

4. 抽样（sampling）

抽样前应对照报验单、合同等单证，核实品名、批号、标记、数量、堆存地点等项无误后，检验包装，确认符合要求，再进行抽样。

5. 总体（population）

总体指一次抽样中被抽查肥料产品的全体。

6. 抽样单元（sampling unit）

抽样单元指将总体进行划分后的每一部分。

7. 样本（sample）

样本指按一定程序从总体或抽样单元中抽取的一个或多个肥料产品。

8. 样品（specimen）

样品指从样本中采集、缩分的用于检验检测的肥料产品。

9. 抽样基数（sanpling unit）

抽样基数指肥料样本总体的质量。

10. 随机抽样（random sampling）

随机抽样指从总体中抽取 n 个抽样单元构成样本，使 n 个抽样单元每个可能组合都有一个特定被抽到概率的抽样。

11. 抽样量（sanpling numbers）

抽样量指从总体或抽样单元中抽取的肥料产品数量。

5.1.2.4 基本要求

1. 代表性

从烟用商品有机肥料总体中抽取具有代表性的样品，这是对有机肥取样和样品制备的基本要求。

2. 全面性

取样点尽量分布均匀，取样时应有足够的取样点数，每点（或每个样品）有足够的取样量，以保证测定或存样的需要。

3. 无污染性

当对烟用商品有机肥料取样时，取样过程及样品袋、取样工具等应避免污染。

5.1.2.5 抽样准备

1. 抽样单位

抽样单位指各级农业农村行政主管部门、烟草系统内设监督部门或受委托的机构。

2. 抽样人员

抽样人员指各级农业农村行政主管部门、烟草系统内设监督部门或受委托的机构有抽样资质的人员。

3. 抽样文件或书面材料

抽样人员指农业农村行政主管部门、烟草系统内设监督部门印发的监督抽查文件等书面材料。

4. 抽样工具

1）采样器

采样器指单管金属扦样器（沟槽长度大于包装长度的 1/2，沟槽宽度不小于 1.5 cm）、取样铲、分样器或分样板。

2）样品容器

样品容器指塑料袋或玻璃材质广口瓶（清洁、无污染、不渗漏、可密封、方便携带运输）。

3）其他工具

其他工具包括签字笔、样品封条、胶水（带）、印泥、剪刀、样品勺、音视频记录设备等。

5.1.2.6　抽样

1. 基本要求

（1）抽样应在抽查规定范围内客观、公正开展。

（2）对被抽查单位严格保密，不应提前告知被抽查单位。

（3）随机确定抽样人员，每次抽样不少于 2 人。

（4）抽样人员应当核实被抽查单位的营业执照，产品登记等信息。抽样过程应有被抽查单位代表全程参与。

（5）被抽查产品应为生产企业自检合格或以任何方式标明合格，且在质量保证期内的产品。

2. 抽样告知

抽样人员应主动向被抽查单位出示抽样文书及相关证件，告知任务来源、抽查依据、抽样范围、抽样方法等相关内容。

3. 现场核查

（1）抽样人员应核查有机肥料的合格证明、标签标识和产品标准要求，保存标签，记录标识。

（2）在生产企业抽样时，应核查并记录其生产、销售台账和质量检验信息。在市场或交货地点抽样时，应核查并记录被抽查产品的进、出货台账信息。

4. 现场抽样

1）袋装产品取样

（1）基数和数量。

按批检验，以 2 d 或 4 d 的产量为一批，最大批量为 500 t。按 500 t 商品有机肥确定一个抽检样本，袋装产品每个送检样应取最小样袋数（见表 5-1）。

表 5-1　有机肥料产品最小采样袋数要求　　　　　　　单位：袋

总袋数	最小采样袋数	总袋数	最小采样袋数
1～10	全部袋数	182～216	18
11～49	11	217～254	19
50～64	12	255～296	20
65～81	13	297～343	21
82～101	14	344～394	22
102～125	15	395～450	23
126～151	16	451～512	24
152～181	17		

（2）倒包检查及取样。

从堆垛各部位随机抽取（1）规定应抽样袋数的 10%，全部倒包检查袋内不同部位有机肥的外观有无生虫、霉变或结块、臭味，并检查袋内和袋间品质是否均匀，确认情况正常后，再用取样铲随机取出样品。每批倒包不得少于 10 袋，全批数量少于 10 袋的全部倒包抽样。

（3）扦样器取样。

从按（1）计算得的抽样袋数中减去倒包检查的袋数，以所余袋数为对象，用扦样器从堆垛的上、中、下各层抽取样品，方法为：将扦样器槽口朝下，从袋角处沿斜对角方向插入袋内，转动使槽口向上，抽出后先检视扦样器内样品情况，然后倒入盛样容器内，如此取足应取袋数。

2）散装产品取样

（1）仓库取样。

仓库取样小于 2.5 t 取 7 点，大于 80 t 取 40 点。2.5～80 t 的按公式 $n=(20N)/2$，四舍五入确定取样点数（n 为取样点数，N 为每批肥料吨数）。取样点必须距离地面 15 cm 以上，距离表层 10 cm 以下，每点取样量大于 0.1 kg。

（2）生产过程取样。

生产过程取样按生产批号或生产班次取样。根据物料流动速度，每隔一定时间或一定数量，采用取样器取所需样品，每点取样量大于 0.1 kg。

3）样品缩分

按袋装产品取样和散装产品取样扦取的全部原始样品，用分样器或四分法（见图 5-1）将样品缩分至约 2 000 g，分装进 3 个干净塑料袋中，每份样品不少于 600 g（第 1 份测水分和种子发芽指数；第 2 份测定产品成分；第 3 份留存作异议复检备用样品），密封并贴上标签。

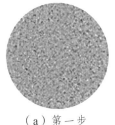  

（a）第一步　　　　　　　（b）第二步　　　　　　　（c）第三步

图 5-1　四分法操作步骤

4）样品密封及标签

将样品密封并贴样品标签，注明生产企业名称、产品名称、产品主要技术指标、产品批号、生产日期、抽样编号、数量、保存周期、抽样地点、采样日期、采样人。在样品最外层包装上粘贴封条，注明抽样编号、抽样人员（签字）、抽样单位（盖章）、被抽样单位代表（签字或单位公章）、抽样日期。

5. 抽样记录

（1）抽样人员应现场填写抽样单，包括抽样编号、任务来源、被抽样单位信息（单位名称、生产地址、通信地址、法人、联系人及方式）、被抽查产品信息（有机肥料、主要技术指标、产品状态、生产日期/批号、包装规格、执行标准、登记证号）、样品抽取和封装信息（抽样基数、样品数量、抽样地点、抽样日期）、抽样单确认（抽样内容经受检单位或抽样单位、被抽样单位代表确认无误后，分别在抽样单上签字、盖章）。

（2）留存抽样过程影像资料，其至少包括：被抽样单位外观；抽样人员与产品堆放现场，以及抽样过程；被抽样单位的营业执照和肥料登记证等证照；有机肥产品包装袋正反面，必要时包括侧面；产品合格证（含生产日期/批号）；抽样人员及被抽样单位代表取样及粘贴封条完成情况；贴封条前后样品照片。样品加贴封条前，对产品外观进行拍照，样品加贴封条后，再对检验样品和备用样品分别进行拍照，拍取的照片应能够反映出样品加贴封条完好的全貌。照片由抽样人员传送至检验机构，检验机构出具检验报告时应将样品照片[样品签名部位、产品外观、产品铭牌/商标（如有时）、产品合格证及加贴封条的样品等]纳入报告中。

5.1.2.7　样品运输及交换

1. 样品运输

抽取的样品按运输条件包装好，运输时严防雨淋、日晒、受潮。装卸时轻搬轻放，严禁掷抛。

2. 样品交接

抽样人员应及时办理样品交接手续。

5.1.2.8　保存

1. 保存容器及标签

一般样品用磨口塞的广口瓶保存半年至一年，可加蜡封。样品瓶上标签须注明生产企业、产品名称、产品批号、样品编号、样品粒度、取样日期、样品类型、取样人姓名、保存周期等。

2. 鲜样

鲜样密封于 0～4 ℃ 冰箱保存，保存期一般不超过 15 d，用于水分、粪大肠菌群和蛔虫卵死亡率测定。

3. 成分样

成分样密封于阴凉通风处保存。

4. 存查样

存查样与鲜样相同条件保存，可适当延长保存期至 30 d。存查样品必须设专人负责保管，分类编号、批次清楚，放置在干燥的专用保管室或样品室。

5.1.3　标准实施意义

《烟用商品有机肥料抽样技术规范》的实施解决了烟用商品有机肥料抽样过程中

实际需要解决的抽样方法、抽样量、样品采集与缩分、样品分装和密封等问题，将有效提高企业生产有机肥料的质量，以及农业行政主管部门监督抽查、抽样环节的规范化水平，对净化有机肥料市场、维护合法厂家与消费者权益，保障重要农产品有效、安全供给发挥重要作用。

5.2　烟用商品有机肥产品标准

5.2.1　标准制定背景

商品有机肥是保证土壤健康肥沃和永续耕作、有机绿色食品生产的基础物质。但针对烟草而言，套用现行《有机肥料》（NY/T 525—2021）标准的技术指标仍然存在局限性。如现行标准中缺乏容重、电导率、腐殖酸等指标，以及铜（Cu）、锌（Zn）、镍（Ni）、土霉素、四环素、金霉素、强力霉素等限量指标；另外按烟草作物要求，氯离子限量指标偏高；再者标准中有机质含量≥30%，其并不能准确反映有机肥质量，而有机质中腐殖质所占比重、有机碳含量更适合作判定有机肥性价比、档次和价格的核心依据；种子发芽指数（GI）≥70%，在实践中以煤粉冒充的有机肥的GI最高。为切实解决现行标准的局限性，需要制定《烟用商品有机肥产品标准》，为有效提高烟用商品有机肥中有机碳占比，控制烟用商品有机肥污染原料的非预期使用，导致有机肥料中有害物质进入土壤和食物链，造成土壤环境质量、土壤健康及烟草食品污染的潜在安全风险，确保有机物料肥料化高效利用及烟叶高质量生产。

5.2.2　标准主要内容

5.2.2.1　范围

本文件规定了烟用商品有机肥料的术语和定义、要求、检验规则、异议处理、包装、标识、运输和储存。

本文件适用于以有机废弃物为原料，经发酵腐熟制成的烟用商品化有机肥料。

5.2.2.2　规范性引用文件

本文件对下列文件的引用是必不可少的。注日期的引用文件，仅该日期对应的版本适用于本文件。凡是不注日期的引用文件，其最新版本（包括所有的修改单）适用于本文件。

《数值修约规则与极限数值的表示和判定》（GB/T 8170—2008）

《测量方法与结果的准确度（正确度与精密度）第 1 部分：总则与定义》（GB/T 6379.1—2004）

《测量方法与结果的准确度（正确度与精密度）第 2 部分：确定标准测量方法重复性与再现性的基本方法》（GB/T 6379.2—2004）

《分析实验室用水规格和试验方法》（GB/T 6682—2008）

《有机肥料中土霉素、四环素、金霉素与强力霉素的含量测定高效液相色谱法》（GB/T 32951—2016）

《复混肥料中游离水含量的测定 真空烘箱法》（GB/T 8576—2010）

《复混肥料中氯离子含量的测定》（GB/T 15063—2020）

《肥料中总镍、总钴、总硒、总钒、总锑、总铊含量的测定 电感耦合等离子体发射光谱法》（GB/T 39356—2020）

《沉积岩中总有机碳测定》（GB/T 19145—2022）

《肥料中有毒有害物质的限量要求》（GB/T 38400—2019）

《肥料标识 内容和要求》（GB/T 18382—2021）

《包装标识（养分含量、含氯标识、其他、名称中的禁用语）》（GB/T 18877—2020）

《饲料用菜籽粕》（GB/T 23736—2009）

《土壤环境质量 农用地土壤污染风险管控标准（试行）》（GB/T 15618—2018）

《农用微生物菌剂》（GB 20287—2006）

《肥料 硝态氮、铵态氮、酰胺态氮含量的测定》（NY/T 1116—2014）

《有机肥料铜、锌、铁、锰的测定》（NY/T 305.1—305.4—1995）

《有机肥料中砷、镉、铬、铅、汞、铜、锰、镍、锌、锶、钴的测定 微波消解-电感耦合等离子体质谱法》（NY/T 3161—2017）

《有机肥料》（NY/T 525—2021）

《生物有机肥》（NY 884—2021）

《肥料合理使用准则 有机肥料》（NY/T 1868—2021）

《烟草漂浮育苗基质》（YC/T 310—2009）

《出口有机肥、骨粒（粉）检验规程》（SN/T 1049—2002）

《化肥产品化学分析常用标准滴定溶液、标准溶液、试剂溶液和指示剂》（HG/T 2843—1997）

《油茶饼粕有机肥》（LY/T 2115—2013）

《烟用有机肥标准体系》（DB53/T 605—2014）

现行有效的企业标准、团体标准、地方标准及产品明示质量要求

5.2.2.3　术语和定义

下列术语和定义适用于本文件。

1　烟用有机肥料（commercial organic fertilizer of tobacco）

烟用有机肥料指主要来源于植物或动物，经过发酵腐熟的含碳有机物料，其功能是改善土壤肥力、提供烤烟营养、提高烟叶品质。

2. 实验室样品（lab sample）

实验室样品指送往实验室供检测制备的样品。

3. 腐熟度（maturity）

腐熟度即腐熟程度，指堆肥中有机物经过矿化、腐殖化过程后达到稳定程度。

4. 外观（appearance）

外观指本批有机肥的色泽和洁净程度。

5.2.2.4　质量

1. 原料

烟用商品有机肥生产原料遵循"安全、卫生、稳定、有效、经济"的基本原则，分为"适用类原料、禁用类原料、评估类原料"，如表 5-2 所示。其中，优先选用适用类。对于评估类应提供如生产工艺措施说明（有机浸提剂、化学萃取剂、化学添加剂的种类和含量）及认证、原料无害化处理和上述要求评估指标的检测报告。禁用类包括生活垃圾、植物源性中药渣造、纸厂废弃物、市政污泥，茄科、葫芦科作物残体，含病原物或污染物超标和外来入侵物种有机物料。

2. 产品

以近年对烟用商品有机肥肥料质量抽检、实验室间比对结果，作为制订本"标准"的主要依据及参考文件，结合烤烟生长特性，当前全省土壤现状、施肥技术、烟叶安全标准、烟叶质量、生态环境与经济效益等要求，修订烟用商品有机肥质量控制项目及标准限值。

1）品质指标

烟用商品有机肥料的技术指标及检测方法应符合表 5-3 的要求。

表5-2 烟用商品有机肥料生产原料要求

类别	名称	分级情况	安全性评价指标
种植业废弃物	作物秸秆类：谷、麦及薯类、麦类（大麦、小麦和青稞）、豆类（大豆、蚕豆、豌豆等）、经济作物、油料作物、园艺作物、杂草类（茄科类除外）等	适用类	蔬菜、花卉评价农药残留
	林草废弃物：果树枝条（桑树、桃树、梨树、果树等）、林地杂草等	适用类	农药残留
养殖业废弃物	粪类：鸡粪尿、羊粪尿、猪粪尿、牛粪尿、人粪尿等	评估类	重金属含量、盐分、抗生素、病原菌（蛔虫卵、粪大肠菌）、氯
	动物加工废弃物：骨粉、皮毛等废料	适用类	化学萃取品种和含量等
	厩肥	适用类	重金属含量、盐分、抗生素、病原菌（蛔虫卵、粪大肠菌）、氯
	鱼杂类、鱼类	评估类	盐分、重金属含量等
加工废弃物	食品及饮料加工废弃物：稻壳、酱油糟、蔗渣、果渣、酒糟、食用菌渣、沼渣	评估类	盐分、重金属、病原菌、氯
	油料作物加工废弃物：菜籽油/油籽/茶籽/花生橡胶籽/桐油子等	评估类	盐分、重金属、病原菌、氯
	烟末烟梗	禁用类	盐分、病原菌、抗生素、农药残留
	植物源性中药渣	禁用类	重金属、氯、所用有机浸提剂含量等
	造纸厂废弃物	禁用类	重金属、氯、所用有机浸提剂含量等
天然原料	草炭、泥炭	适用类	重金属含量等
	污泥（城市污水沉淀的污泥和工业废水沉淀的污泥）	禁用类	按NY/T 525—2021执行
	褐煤、煤炭、柴煤	评估类	重金属含量
生活类	城乡垃圾（分选和无害化处理）	禁用类	重金属含量
	厨余废弃物（经分类和陈化）	评估类	盐分、油脂、蛋白质代谢产物（胺类）、黄曲霉素、种子发芽指数等
动物分解类	蚯蚓粪	评估类	重金属含量

表 5-3　烟用商品有机肥品质指标要求及检测方法

项目	指标	检测方法
肥料包装	氮磷钾总养分、有机质含量、生产厂家、地址、电话	按 GB 18382—2021 规定执行
外观	松散，均匀，深褐色或深灰色，弹性中等，粉状或颗粒状，无恶臭或淤泥味，微酸或蛋白菌臭味为优质有机肥	目视、鼻嗅测定，按 NY/T 525—2021 的规定执行
水分（鲜样）的质量分数/%	≤30	按 GB/T 8576—2010 的规定执行
容重/（g/cm³）	≤0.8	修订
电导率/（mS/cm）	≤9（修订）	烟草漂浮育苗基质（YC/T 310—2009 中附录 B）
酸碱度（pH）	6.0～7.5（修订）	按照 NY/T 525—2021 附录 E 的规定执行
总养分（N+P$_2$O$_5$+K$_2$O）的质量分数（以烘干基计）/%	≥4.0	按照 NY/T 525—2021 附录 D 的规定执行
全氮/%	≤2.5	按照 NY/T 525—2021 附录 D 的规定执行
有机质的质量分数（以烘干基计）/%	≥30	按照 NY/T 525—2021 附录 C 的规定执行
碳氮比	15～20	按 GB/T 19145—2022 测定执行
总腐植酸质量分数/%	≥15	按 HG/T 3276—2019 规定执行
游离腐植酸质量分数/%	≥3.0	按 GB/T 11957—2001 的规定执行
种子发芽指数（GI）/%	≥70	按照 NY/T 525—2021 附录 F 的规定执行
机械杂质的质量分数/%	≤0.5	按照 NY/T 525—2021 附录 G 的规定执行。快速诊断：①水溶，即拿一个容器倒入一定量清水，肥放入，观察有机肥是否溶解。10分钟之内溶解变成糊状，说明是有机肥。若不溶解或溶解比较慢，杂质多则为质量不达标产品。②手捻法。取少许有机肥样，用拇指和食指捻压。若络手严重，说明含有沙粒或其他杂质

2）限量指标

烟用商品有机肥料质量安全性限量指标应符合表 5-4 的要求。

表 5-4　烟用商品有机肥质量安全性指标限值

项目		指标	检测方法
重金属	总汞（Hg）/（mg/kg）	≤ 2	按照 NY/T 1978—2022 规定执行，以烘干基计算
	总镉（Cd）/（mg/kg）	≤ 3	按照 NY/T 1978—2022 规定执行，以烘干基计算
	总砷（As）/（mg/kg）	≤ 15	按照 NY/T 1978—2022 规定执行，以烘干基计算
	总铬（Cr）/（mg/kg）	≤ 150	按照 NY/T 1978—2022 规定执行，以烘干基计算
	总铅（Pb）/（mg/kg）	≤ 50	按照 NY/T 1978—2022 规定执行，以烘干基计算
	总铜（Cu）/（mg/kg）	≤100	按 NY/T 305.1-305.4—1995 规定执行，以烘干基计算
	总锌（Zn）/（mg/kg）	≤300	按 NY/T 305.1-305.4—1995 规定执行，以烘干基计算
	总镍（Ni）/（mg/kg）	≤400	按照 GB/T 39356—2020 的规定执行
病原体	类大肠菌群数/（个/g）	≤ 100	按照 GB/T 19524.1—2004 的规定执行
	蛔虫卵死亡率/%	≤ 95	按照 GB/T 19524.2—2004 的规定执行
	有机肥料腐熟剂	—	符合 GB/T 20287—2006 农用微生物菌剂的规定
抗生素	土霉素/（mg/kg）	≤0.75	按照 GB/T 32951—2016 的规定执行
	四环素/（mg/kg）	≤0.75	按照 GB/T 32951—2016 的规定执行
	金霉素/（mg/kg）	≤1.00	按照 GB/T 32951—2016 的规定执行
	强力霉素/（mg/kg）	≤0.75	按照 GB/T 32951—2016 的规定执行
氯离子的质量分数/%		≤1.6	按 GB/T 15063—2020 附录 B 的规定执行

5.2.2.5　检验规则

1. 检验流程及要求

按烟用商品有机肥质量控制标准，选择具有检测资质的检测机构进行检测、质量判定。抽取的样品全部采用盲样进行编号，防止抽检信息泄露，保证数据的公平公正。实验室检验人员在检验前需要进行人员比对试验，对出现不合格的数据进行平行样测定保证数据的准确性。实验室收到样品后，应对照报验单审核送验样品及所附记录，确认无误后，按检验流程分取试样，检验各项目。

2. 检验结果的数据处理

检验结果有效数值按各指标标准检测方法（表 5-3、表 5-4）规定进行。检验结果有效数字后的数值，按 GB/T 8170—2008 进行修约。

3. 检验结果判定原则

（1）经检验，检验项目全部合格，判定为被抽查产品合格。

（2）当所检项目任一项或一项以上不符合执行标准要求时，可用供需双方留存样进行重新检验，重新检验结果中即使有一项不符合执行标准要求，即判定该批产品不合格。并在"备注"栏中说明，该批产品"××项目"不符合本标准或规定。

（3）检测报告应当客观公正，检测数据应真实可靠，禁止出具假检测报告。

4. 检验资料存档

检测机构应归档委托检测协议、留存样、送检单、实物照片、样品流转、实验室检测原始记录、检测报告等资料，并至少留存 3 年。

5.2.2.6　复检异议的处理

对判定不合格产品进行复检时，按以下方式进行：

（1）核查有合格项目相关证据，能够以记录（纸质记录或电子记录或影像记录）或与不合格项目相关联的其他质量数据等检验证据证明。

（2）需要复检的，处理企业异议的市场监督部门或指定检验机构应当按原抽样方案，对与本抽检样品相同的留存样品或抽取的备用样品组织复检，并出具检验报告。复检结论为最终结论。复检机构与初检机构不得为同一机构，复检不得采用快速检测方法。

5.2.2.7　包装、标识、运输和储存

（1）烟用商品有机肥料应用覆膜编织袋包装。每袋净含量 40 kg，可由供需双方协商，按合同规定执行。

（2）烟用商品有机肥料包装袋上应注明产品通用名称、商标、包装规格、净含量、主要原料名称（质量分数≥5%，以鲜基计）、有机质含量、总养分含量及单一养分含量、企业名称、生产地址、联系方式、批号或生产日期、肥料登记证、执行标准号、标注二维码。其余按照 GB/T 18382—2021 规定执行。

（3）标注氯离子的质量分数的标明值。

（4）杂草种子活性的标明值：应注明产品中杂草种子活性的标明值。

（5）产品不得含有国家明令禁止的添加物或添加成分。

（6）烟用商品有机肥应储存在阴凉、通风干燥处，运输中应防潮、防晒、防破裂。

5.2.2.8　样品留存与保管

（1）检验完毕，取 500～1 000 g 平均样品装入样品袋密封后作存查样品。外贴

或悬挂标签，注明样品名称、规格、报验号、数量、抽样人员及抽样日期等。也可保管抽样时取的第 3 份留存样。

（2）保存期：存查样品保留 6 个月。

（3）保管要求：存查样品必须设专人负责保管，分类编号、批次清楚，放置在干燥的专用保管室或样品室。

5.2.2.9　检验有效期

检验有效期为 6 个月。

5.2.3　标准实施意义

《烟用商品有机肥产品标准》主要考虑生态环境（绿色生态及人类健康）与经济利益的平衡。该标准的实施有助于建立对有机肥肥料中安全性指标含量的控制，对保护土壤健康环境、保障国家粮食安全起到保驾护航作用；同时，进一步推动有机肥料标准更科学、更先进，提高有机肥料产品质量，促进农产品及烟草制品产量和品质上档次、提质增效；也有利于农业农村行政主管部门对有机肥生产、销售流通环节的监督管理，切实维护消费者权益。

5.3　烟用商品有机肥料监控导则

5.3.1　标准制定背景

烟用商品有机肥种类繁多，成分复杂，其含有重金属、抗生素、激素与内分泌干扰物、病原生物、抗性菌等污染物及抗性基因的扩散，对有机肥质量指标、限值不加以严格管理，可能会出现劣质有机肥流入农业生产，其对土壤环境、健康烟草食品安全带来诸多负面影响，并威胁农业可持续发展。因此，如何科学监控烟用商品有机肥质量对消费者和管理者而言至关重要。为有效监控烟用商品有机肥在烟草生产中流通及应用，制定烟用商品有机肥料监控导则。

5.3.2　标准主要内容

5.3.2.1　范围

本文件适用于云南省烤烟生产、销售及烟用商品有机肥料监管。

5.3.2.2　规范性引用文件

本文件对下列文件的引用是必不可少的。注日期的引用文件，仅该日期对应的版本适用于本文件。凡是不注日期的引用文件，其最新版本（包括所有的修改单）适用于本文件。

《肥料标识　内容和要求》（GB/T 18382—2021）

《有机肥料》（NY/T 525—2021）

《生物有机肥》（NY 884—2021）

《肥料合理使用准则　有机肥料》（NY/T 1868—2021）

《烟用有机肥标准体系》（DB53/T 605—2014）

现行有效的企业标准、团体标准、地方标准及产品明示质量要求

5.3.2.3　术语和定义

下列术语和定义适用于本文件。

1. 烟用商品有机肥料（commercial organic fertilizer of tobacco）

烟用商品有机肥料是指主要来源于植物或动物，经过发酵腐熟的含碳有机物料，其功能是改善土壤肥力、提供烤烟营养、提高烟叶品质。

2. 生物学试验评价（evaluation of biological experiment）

生物学试验评价是指以不用有机肥为对照，用烟用商品有机肥为处理，长期定位比较二者间耕地质量变化，以及在烤烟生长过程中或收获期，比较二者烟叶产量、品质指标间的差异。

3. 施用有机肥风险监测（risk monitoring of organic fertilizer application）

监测有机肥施用对土壤生态系统的稳定性和安全性造成的潜在风险。

5.3.2.4　工作程序

烟用商品有机肥质量监控及管理程序框图如图 5-2 所示。

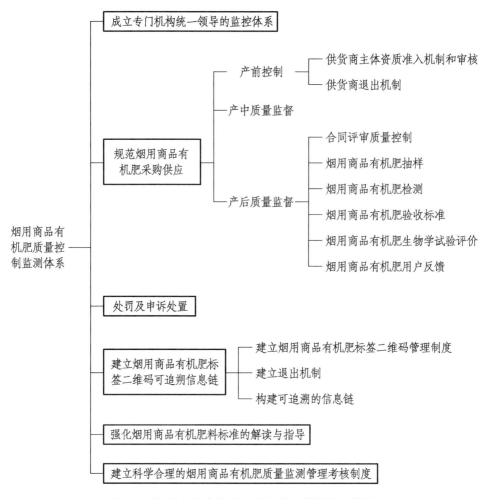

图 5-2　烟用商品有机肥质量监控及管理程序框图

1. 烟用商品有机肥监控领导小组

成立云南省烟草专卖局（公司）及州（市）级公司联合成立工作领导小组，负责烟用商品有机肥推广施用工作的组织领导、政策研究，下设办公室负责具体指导和监督管理，推进落实工作。

2. 供应商选择

1）市场准入要求

烟用商品有机肥合格供应商或生产企业供应商评估和遴选条件，按表 5-5 规定要求执行。

表 5-5　烟用商品有机肥合格供应商选择要求

序号	项目	要求
1	供应商资质	（1）独立法人单位。（2）经营资格、经营范围、生产许可证、产品标识标注、肥料登记证
2	企业或法人诚信度	（1）近三年未被列入失信被执行人名单[在"信用中国"网站（www.creditchina.gov.cn）查询、打印"信用报告"]。（2）供应企业或其法定代表人未被正式列入烟草行业行贿行为供应商名单。（3）有机肥生产经营者依照法律、法规和有机肥质量安全标准从事生产经营活动，诚信自律，接受社会监督，承担社会责任
3	技术保障	实地考察供应商，内容包括：（1）生产技术：产能、设备、场地、原料及生产工艺说明（含相关设备、技术资料、产品研发及自检能力）、环境和卫生、检验实验室和有机肥质量可追溯系统是否建立（二维码质量追溯体系）等。（2）对使用评估类原料生产的有机肥应提交其原料安全性评价报告、承诺和佐证材料（处理和生产工艺说明、检测报告）。（3）肥料生产企业质量承诺或按本项目制定的烟用商品有机肥质量判定，包含生产企业出产前对每批生产有机肥的质检报告，其是否建立完善的原材料购进台账、生产日志、产品随机检测等信息
4	产品应用效果评价	（1）有机肥料产品田间试验报告和田间示范应用情况（应用证明、试验过程中的照片及相关土壤、烟叶质量检测报告）。（2）历年烟农应用情况反馈。每年选择用户反映较好或信用等级较高的企业供货。（3）国家、省市县农业农村行政主管部门各年质量抽查公布结果，以及是否属群众投诉举报、新闻媒体曝光的产品或企业
5	产品信用评级	行业协会、各级市场监督管理局等公布的产品信用评级
6	分类选择	各州市烟草公司可因地制宜地选择不同性质和效应的有机肥，并分类管理

2）退出要求

对因产品质量问题影响烟株正常生长或烟叶品质下降，或质量抽检中出现一项以上指标不符烟用商品有机肥质量标准的供应商，取消其两年内参与投标（或进价）资格。相关企业须在全省进行不少于 3 个点的田间试验和不低于 100 亩的生产应用，经验证其产品质量达到要求后才能重新取得相应资格。

3）招投标文件规范化

针对当前招标投标市场存在的招标人主体责任落实不到位，规避招标、虚假招标、围标串标、有关部门及领导干部插手干预等违法行为仍然易发高发等突出问题，应促进招投标文件规范化，严肃评标纪律、提高评标质量、强化评标专家动态管理或异地专家评标避免"小圈子"。

4）产中质量监督

针对选中的有机肥生产企业，动态审查上述产前控制模式中的相关信息，并进行生产沟通及对各批次产品生产进行抽检、巡检、年检（按累计数量 100 t）等阶段性工作有机结合，使烟用商品有机肥质量监督工作向纵深发展。

3. 采购监督

1）合同评审质量控制

合同评审必须在合同签订前进行，由各州市烟草公司组织。合同评审记录应妥善保存，保存期限为合同执行完毕后 2 年。

2）烟用商品有机肥抽检

选择具有有机肥检测资质的检测机构进行检测。以烟用商品有机肥质量控制标准（见表 5-3、表 5-4）为依据进行抽检，按烟用商品有机肥抽样规范进行。

5.3.2.5 采购验收

1. 核实供应商市场准入相关信息

按表 5-5 规定的要求，核实烟用商品有机肥合格供应商相关信息。

2. 查验产品包装、识别

按表 5-6 的项目，查验产品包装、识别与仓储、产品形态与项目制定标准的符合度。

表 5-6　烟用商品有机肥包装、标识核查表

类别	项目	要求
产品包装	包装物	有机肥成品用覆膜编织袋或塑编袋衬内膜包装，包装应符合《固体化学肥料包装》（GB/T 8569—2009）的要求
产品标识	商品名称	有机肥料
	商标	—
	有机质含量	≥30%
	总养分含量	$N+P_2O_5+K_2O \geqslant 4\%$
	氯离子含量	≤1.6%
	净含量	每袋净含量（50±0.5）kg、（40±0.5）kg，可由供需双方协商确定
	执行标准	—
	登记证号	—
	企业名称	—
	地址	—
	检验合格证	在包装内或封口处附产品检验合格证，内容包括产品名称、有机质含量、总养分含量、氯离子含量、净含量、标准号、登记证号、企业名称、地址及批号、生产日期等

3. 查验采购的有机肥数量

查验所采购的有机肥品名、数量是否与采购合同、生产厂家发货单相符。

4. 查验检测报告

查验烟用商品有机肥检测委托协议、检验项日是否全部合格，检测数据是否真实可靠，检测报告是否属国家资质认证单位提供。必要时，可抽查送检单位的留存样及送检单、实物照片、样品流转及实验室检验记录等。

5. 验收报告

烟用商品有机肥验收必须形成记录，参与验收人员应在验收记录上签字，必要时可以对有机肥采购验收结果公告，以便溯源和追究质量责任。验收报告应包括：合同编号、合同名称、合同主体（采购人、供应商信息）、合同主要信息（服务内容、服务要求、服务期限和服务地点）、验收日期、验收组成员（应当邀请服务对象参与）、验收意见和其他补充事宜。

6. 资料归档

建立上述验收资料档案。

5.3.2.6　监督检查

1. 资料监督检查

查阅招标文件、采购合同、购销台账、检测委托协议、检测报告、验收记录和物资发放记录等档案资料。

2. 烟用商品有机肥生物学试验评价

1）烤烟出苗试验
以不用有机肥为对照，用有机肥为处理，比较二者间出苗率等指标的差异。
2）烤烟盆栽试验
以不用有机肥为对照，用有机肥为处理，在烤烟生长过程中或收获期，比较二者产量、品质指标间的差异。
3）烟用商品有机肥大田应用效果评价
围绕烟用商品有机肥施用效率、效益及风险，在云南省核心烟区建立典型性、代表性生态及烤烟种植制度不同的集中化、规范化、长期性烟用商品有机肥使用的有效性、安全性风险（重金属、抗生素及磺胺类药物等）定位监测点，由烟草、官方评审、登记部门认可的第三方社会服务机构与监测点当地环境监督管理部门合作，对不同品牌、厂家的烟用商品有机肥进行统一、连续、规范的使用过程跟踪监测与评价。由第三方社会服务机构定期向评审、登记部门、生产企业及使用单位提交监测结果与评价报告、产品优化意见。

3. 烟用商品有机肥社会监控

每年收集用户对烟用商品有机肥质量评价的反馈意见，作为有机肥质量衡量的标准之一，每年在烟草公司网站公布不同供应商产品质量信息。

4. 供货商退出的考核、处罚机制

与相关部门联合，对生产、经营不合格烟用商品有机肥的企业，除按国家对有机肥相关法规处罚外，可按供销合同约定条款进行处罚、要求赔偿（购肥价款、有关费用和可得利益损失），保障购买者利益。同时，取消供货企业 5 年内向烟草企业供应烟用商品有机肥资格。

5. 烟用商品有机肥售后投诉、申诉及处置

委托农业司法鉴定机构，联合建立和规范烟用商品有机肥投诉受理、肥害鉴定、损失评估、纠纷调解等处置程序。

5.3.2.7　烟用商品有机肥料备案制度及可追溯关键点信息链探索

1. 建立烟用商品有机肥标签二维码管理制度

强化建立有机肥标签二维码追溯制度，统一二维码管理规则：
（1）有机肥标签二维码码制采用 QR 码或 DM 码。
（2）二维码内容由追溯网址、单元识别代码等组成。通过扫描二维码可识别有机肥名称、登记证持有人名称等信息。
（3）标签二维码应具有唯一性，一个标签二维码对应唯一一个销售包装单位。

2. 建立退出机制

经证实对人、畜、烟草或环境有害或销售假、劣烟用商品有机肥料产品的行为，烟草主管部门公告退出相关备案产品，停止采购，可视情况召回已销售产品，取消对应备案号，今后不得供应烟草。

3. 探索可追溯的关键点信息链

探索烟用商品有机肥企业负责落实追溯要求，可自行建立或者委托其他机构建立有机肥产品追溯系统，制作、标注和管理有机肥标签二维码，确保通过追溯网址

可查询关键点信息。例如，生产档案（生产记录、产品原料及采购来源）、加工工艺、各批次自检及第三方检测或政府抽检结论、销售渠道及生产应用情况。

4. 强化烟用商品有机肥料标准的解读与指导

烟用商品有机肥料标准作为有机肥及烟叶安全管理的主要技术依据，有着相当高的技术含量，加强宣传和培训，让更多的人理解标准、使用标准及修订标准，尤其提高检测、质控、采样和采购环节使用标准的正确率，减少、避免标准使用不符合工作发生。

5. 建立科学合理的烟用商品有机肥质量监测管理及考核制度

为保障烟用商品有机肥质量全面监测控制、管理的规范实施，建立省、市、县三级质量控制、监督和管理人员考核制度，确保监控过程和措施落到实处。

5.3.3 标准实施意义

《烟用商品有机肥料监控导则》的实施，填补了烟用商品有机肥料监控体系编写方面的标准空白，为用新质生产力引领有机农业新型投入品安全监管和服务企业发展，更加精准监测有机肥安全风险、排查安全隐患，科学客观评估有机肥安全总体状况，打击市场流通有机肥料产品中带有夸大、欺骗性标识的乱象，维护正常市场秩序、合法厂家与消费者权益，促进云南有机肥料行业健康、快速发展奠定了基础。

下篇

云南烟用特色商品
有机肥开发与应用技术

6 主要原料的烟用有机肥发酵工艺参数研究

 ## 6.1 菜籽油枯烟用商品有机肥发酵工艺参数研究

6.1.1 研究背景

饼粕不仅含多种矿物质营养，还含有包括粗蛋白、粗脂肪、有机酸、多种氨基酸、小分子肽等有机营养物质（徐宏志，2019）。其中，菜籽饼总氮、磷、钾含量分别为 2%～7%、1%～2%、1%～2.1%，粗蛋白平均含量在 39.13%～45%，粗脂肪平均含量在 1%～4.57%，经发酵后氨基酸含量大多超过 1.5%，其中含量最高的亮氨酸达到 2.84%（余小芬等，2020）；豆粕总 N、P、K 含量分别约为 7.76%、1.58%、1.45%，粗蛋白含量在 43%左右，粗脂肪含量在 0.61%～2.63%，经发酵后大多数氨基酸含量在 1%以上（武雪萍等，2017）；芝麻饼总 N、P、K 含量约为 5.71%、2.62%、1.43%，粗蛋白平均含量为 40%～46%，粗脂肪含量为 3.4%～10.3%，还含有多种氨基酸（王长生等，2015）。菜籽饼、豆粕和芝麻饼中不仅含有丰富的"三要素"养分，且粗蛋白、粗脂肪含量很高，其降解产物中的氨基酸、小分子肽类化合物和有机酸类化合物，对改善烟叶的品质具有特殊的作用（赵兵等，2020）。

饼肥是优质的有机肥和土壤改良剂。如果将未腐熟完全的饼肥直接施用，有可能产生烧根、烂种等问题，影响烤烟的生长发育。因此，各种饼粕都必须经过科学地发酵后施用，才能充分发挥其肥效。影响饼肥腐熟的主要因素有温度、水分含量、pH、C/N 比及通气状况等。

（1）温度：一般认为，堆肥的适宜温度与发酵微生物的类型有关，高温型微生物对有机物的降解效率高于中温型微生物，高温型微生物较为理想的温度为 50 ℃～65 ℃，过低的堆温将大大延长堆肥腐熟的时间，而过高的堆温（>70 ℃）则会对堆肥微生物产生有害影响。

（2）水分含量：水分主要起溶解有机物、参与微生物的新陈代谢、调节堆体通气和堆体温度的作用，直接影响堆肥的发酵速度。有研究表明，提高堆肥的含水量可减少 NH_3 挥发，含水量为 60%的堆体，NH_3 的挥发量明显高于含水量为 70%的堆体，堆肥合适的水分含量为 50%~60%（翁润等，2017）。

（3）pH 值：最合适微生物生长的 pH 值为 6~8，pH 值过高或过低均会影响微生物的活动，从而影响堆肥的发酵。有研究表明，堆肥初期，堆体的 pH 值降低，低 pH 会严重抑制堆肥反应的进行，因此在堆肥的初期需要对堆体的 pH 进行调节。pH 值过高会影响微生物的活性，还会使堆制过程中产生的氨（NH_3）的挥发加强（陈雪娇等，2018）。

（4）C/N 比：堆肥起始的 C/N 以 25~30 为佳，有利于微生物的正常生长繁殖和有机物的快速降解。当有机物质 C/N 在 10 左右时，有机物被微生物迅速分解，而 C/N 大于 80 时，堆肥则难于腐熟。C/N 比是堆肥腐熟的指标之一，C/N 比降到 20 以下是堆肥发酵成熟的标志（谷思玉等，2015）。

（5）通气状况：氧气是好氧微生物对有机物质进行快速降解的重要条件之一。堆体中的氧含量保持在 5%~15%比较适宜，过小的通气不利于堆肥温度的升高，而过大的通气量则有可能使堆肥的热量散失，影响堆肥的无害化程度（Yang et al.，2015）。

饼肥腐熟过程是物质组分转化和含量变化的过程，饼粕中所含油脂、蛋白质、氨基酸、有机酸及其他营养成分的含量与比例会随着腐熟过程的进行而变化。通过微生物发酵可以把蛋白质水解为氨基酸、多肽及氨等小分子物质（Kiers et al.，2018）。豆粕发酵后大分子蛋白能降解为<20 kDa 的小分子肽，堆肥腐熟后，堆肥中全氮含量有上升趋势，铵态氮先迅速升高，随后大幅度下降，而硝态氮则持续升高（Hong et al.，2015）。有研究发现，豆粕发酵前后，各种物质的含量变化明显，发酵后粗蛋白、粗脂肪、氨基酸和磷含量比发酵前分别提高 13.48%、18.18%、11.49%、55.56%，赖氨酸、蛋氨酸含量分别提高 7.91%、20.34%（徐智等，2019）。发酵后油饼中不饱和脂肪酸的含量明显高于饱和脂肪酸，氨基酸含量以谷氨酸最高，豆饼和花生饼发酵后氨基酸含量大于芝麻饼和菜籽饼（武雪萍等，2017）。饼肥在发酵腐熟过程中产生的生物活性小分子物质，有利于作物生长发育（谢春琼等，2018）。本试验通过分析菜籽油枯片枯和粉枯发酵养分变化，为更好地利用和开发菜籽粕有机肥提供相关参考。

6.1.2 材料与方法

6.1.2.1 试验材料

试验材料选自经过浸出法（乙醇等化学物质提取）提油后的片状和粉状菜籽油枯。其中片状油枯为榨油后的原状，粉枯为将片状油枯粉碎成粒径 0.1~0.3 cm。

6.1.2.2 试验设计

试验于 2020 年 8 ~ 10 月在云南省农业科学院试验场进行。设置了 3 个处理，即处理 T1：整个发酵试验过程不翻堆；T2：每次翻堆时间间隔为 6 d；T3：每次翻堆时间间隔为 10 d。试验采用发酵堆肥桶进行（见图 6-1），每处理 16 桶。发酵物料配比为每个发酵桶中加入 5 kg 油枯、4.5 kg 水和 0.5 kg HM 生物菌剂，物料含水量为 50% ~ 60%，每桶混合物料约 10 kg，发酵时间 55 d。

图 6-1　发酵堆肥桶

6.1.2.3 测定项目及方法

1. 堆肥外观及温度

在堆制过程中，目视堆肥色泽、状态，鼻嗅无恶臭。采用温湿度自动记录仪（L95-8型）测定堆温变化情况，每隔 1 h 记录一次数据。

2. 油枯 NO_3^--N 和 NH_4^+-N 含量

在油枯发酵结束后取样，按 NY/T 1116—2014 标准测 NO_3^--N 和 NH_4^+-N 含量。

3. 油枯磷、钾含量

在油枯发酵结束后取样，参照《有机肥料》（NY/T 525—2021）方法测定磷、钾含量。

4. pH 值及重金属含量

发酵结束后取样，按《有机肥料》（NY/T 525—2021）的方法测定 pH 值及砷、铅、铬、汞、镉含量。

6.1.3　结果与分析

6.1.3.1　发酵过程中油枯物料的外观变化

试验结果表明，将水、油枯和生物菌剂 3 种材料混合时，堆休呈褐色有浓重的油枯味，堆肥发酵一周后，所有处理都产生了刺鼻的氨味，由于真菌的生长，堆体表面还有白色或灰白色的菌丝生长，堆体温度开始明显升高。处理 T2、T3 再第二次翻堆时，堆体气味相对于第一次翻堆减小，颜色变深。发酵 20 d 后，粉状片枯的颜色加深较为明显，为黑褐色，所有处理表面生长的菌丝均减少，大多呈灰白色，堆体表面结构逐渐疏松。发酵 30 d 后，粉枯颜色变深，气味加重，堆体黏稠度增大且有一部分凝结为团粒；片枯颜色变化小，堆体表面生长菌丝比粉枯多，堆体结构较疏松（见图 6-2）。发酵结束，油枯颜色变深，无臭味（见图 6-3）。

图 6-2　发酵 30 d 油枯有机肥物料的颜色

图 6-3　油枯发酵成品物料的颜色

6.1.3.2   油枯发酵过程中温度变化

物料发酵温度是衡量与评价物料腐熟质量和腐熟程度的指标之一，能影响微生物活动能力，也能反映有机物料转化进程。由图 6-4 可知，不同处理油枯发酵温度变化趋势一致，均经历了升温、高温、降温和稳定 4 个阶段。两种状态的油枯发酵时，总趋势为处理 T1、T2、T3 的物料温度均在第 4 d 升温至 30 °C 以上，然后在第 15 d 升温至 50 °C 以上，3 个处理进入高温期时间早晚差异较小；处理 T1 因不翻堆其在高温分解持续时间较长，约 12 d，且最高温超过 70 °C，而 T2、T3 翻堆时间不同，高温（50 °C～60 °C）分解持续时间分别为 11 d、8 d，随后逐步下降，而后物料堆温接近环境温度，趋于稳定，说明堆肥已腐熟。综合而言，粉状油枯较片状油枯堆体温度上升快，每次翻堆时间间隔 6 d，更能控制和稳定堆温。

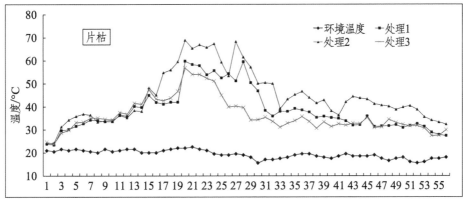

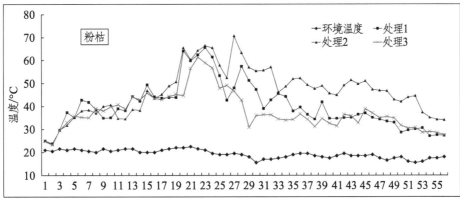

图 6-4   不同处理对油枯发酵过程中温度变化的影响

6.1.3.3   油枯中硝态氮及铵态氮含量变化

硝态氮（NO_3^--N）含量的增加，铵态氮（NH_4^+-N）含量的减少可作为堆肥稳定，判断堆肥腐熟的标准。从表 6-1 可以看出，所有处理油枯发酵后 NO_3^--N 含量较原料显著升高，发酵结束后，各处理油枯硝态氮含量高低依次为：T2（粉）＞T2（片）＞T3（粉）＞T3（片）＞T1（粉）＞T1（片）。表明粉状油枯在发酵中更利于堆体中生化反应，翻堆有助于微生物的生长活动从而加快有效氮的分解，且间隔6 d翻堆一次比间隔10 d翻堆一次，更能促进硝化细菌的繁殖。这是因为温度可影响NO_3^--N含量，在堆肥阶段高温环境会抑制硝化细菌的生长活动，故在堆体发酵的20～30 d高温阶段间增长缓慢，待堆体降温后，硝化细菌又快速繁殖，因而NO_3^--N含量快速增加。从铵态氮含量变化看，发酵结束后，各处理油枯铵态氮含量高低依次为：T2（粉）＞T3（粉）＞T1（粉）＞T2（片）＞T1（片）＞T3（片）。根据翁洵等研究，堆肥达到腐熟的标志是铵态氮的含量应在400 mg/kg以下。在本试验中，堆肥后期各处理NH_4^+-N含量均在400 mg/kg以下。

表6-1　不同处理方式下发酵前后硝态氮及铵态氮含量的变化

| 处理 | 片枯 | | | | 粉枯 | | | |
| | 发酵前 | | 发酵后（55 d） | | 发酵前 | | 发酵后（55 d） | |
	NO_3-N /（mg/kg）	NH_4^+-N /（mg/kg）	NO_3-N /（mg/kg）	NH_4^+-N /（mg/kg）	NO_3-N /（mg/kg）	NH_4^+-N /（mg/kg）	NO_3-N /（mg/kg）	NH_4^+-N /（mg/kg）
T1	803.45a	21.98a	1 041.38b	133.75b	952.97a	30.73a	1 184.72c	178.05c
T2	821.51a	23.51a	1 227.64a	159.15a	938.25a	32.96a	1 329.47a	313.28a
T3	816.87a	22.97a	1 085.59b	132.77b	944.38a	33.24a	1 255.61b	236.97b

注：同列数据后小写字母表示差异达$P＜0.05$显著水平，下表同。

6.1.3.4　油枯中磷、钾含量的变化

由表6-2可知，两种油枯发酵后（55 d）磷、钾含量都显著升高。在相同发酵条件下，粉枯发酵后的油枯养分含量明显高于片枯。从翻堆时间看，处理T2的油枯磷、钾含量显著高于处理T3及T1。综合分析表明，油枯发酵最佳条件为以粉枯为材料，6 d翻堆一次。

表6-2　不同处理方式下发酵前后磷、钾含量的变化

| 处理 | 片枯 | | | | 粉枯 | | | |
| | 发酵前 | | 发酵后（55 d） | | 发酵前 | | 发酵后（55 d） | |
	磷（P_2O_5）/%	钾（K_2O）/%	磷（P_2O_5）/%	钾（K_2O）/%	磷（P_2O_5）/%	钾（K_2O）/%	磷（P_2O_5）/%	钾（K_2O）/%
T1	2.06a	1.76a	2.19b	2.21c	2.28a	1.88a	3.08c	2.81c
T2	2.07a	1.81a	2.87a	2.68a	2.35a	1.99a	3.58a	3.32a
T3	2.06a	1.78a	2.71a	2.45b	2.28a	1.95a	3.39b	3.15b

6.1.3.5 发酵成品油枯中 pH 值及重金属含量

由表 6-3 可知，发酵油枯 pH 值较低，所有处理重金属含量均符合 NY/T 525—2021 的安全性要求。

表 6-3 菜籽油枯发酵成品 pH 及重金属含量

类别	处理	pH 值	铅（Pb）/（mg/kg）	铬（Cr）/（mg/kg）	镉（Cd）/（mg/kg）	砷（As）/（mg/kg）	汞（Hg）/（mg/kg）
片枯	T1	5.49a	4.38a	5.75a	0.55a	1.90a	0.03a
	T2	5.61a	5.21a	9.95a	0.56a	3.13a	0.05a
	T3	5.50a	5.83a	6.35a	0.78a	1.72a	0.16a
粉枯	T1	5.42a	5.42a	8.94a	0.53a	3.27a	0.07a
	T2	5.67a	5.00a	10.96a	0.58a	2.99a	0.03a
	T3	5.58a	4.79a	5.77a	0.55a	2.05a	0.03a

6.1.4 讨论

在本研究中，不翻堆（T1）、6 d 翻堆（T2）、10 d 翻堆（T3）处理油枯发酵温度变化趋势一致，均经历了升温、高温、降温和稳定 4 个阶段，但不同颗粒形态的油枯 4 个阶段持续时间、温度峰值各异，进而导致其发酵中油枯游离水分、NO_3^--N、NH_4^+-N、磷和钾含量变化也不同。粉状油枯在发酵过程中温度变化较片状油枯快，尽管发酵终止时，粉状油枯有机肥磷和钾含量高于片状油枯，但其水分、NH_4^+-N 挥发损失率则高于片状油枯，经济效益降低。同时，翻堆能提高发酵油枯有机肥理化特性质量，但也增加有机肥的养分损失，呈现粉状油枯损失大于片枯，说明油枯发酵应采取勤翻堆控制发酵温度，缩短发酵时间以降低养分损失率。从定向发酵角度看，今后应加强油枯厌氧发酵及发酵微生物群落研究。综合而言，本研究存在一定局限性，试验可能在其他区域或气候带温度环境、选择的发酵微生物重复时结果会有差异。

6.1.5 结论

综上所述，菜籽油枯烟用商品有机肥发酵工艺为：选择粉状，且重金属含量符合 NY/T 525—2021 安全要求的菜籽油枯进行堆肥。堆肥物料初始水分控制在 50%~60%，采用 HM 生物菌剂发酵 50 d，每次翻堆间隔 6 d。在此发酵条件下堆肥腐熟程度好，氮、磷、钾养分高。

6.2　以玉米芯为主要原料的烟用有机肥发酵工艺参数研究

6.2.1　研究背景

据估算，全球每年产生约 2 000 亿吨秸秆，仅我国每年产生秸秆量近 9 亿吨，产生畜禽粪污达 38 亿吨（石惠娴等，2023），但这些废弃物综合利用率依然较低，不仅造成资源浪费，而且会导致严重环境污染。因此，针对不同种类农业废弃物的物理、化学特性和区域废弃物资源特点，提高区域农业废弃物及联合资源化梯次循环利用，对减少碳排放、助力碳中和，促进农业绿色产业化发展具有重要意义。

云南是全国乃至全球少有的低纬高原玉米种植区，是我国四大优势玉米产区之一。常年种植面积约 20 万公顷（含复种），其中甜玉米约 14 万公顷、糯玉米 6 万公顷。2022 年，云南省鲜食玉米单季规模达 8.2 万公顷，产量 153.76 万吨。在玉米种植加工过程中，会产生大量玉米芯等副产物，其约占玉米产量的 1/3，数量极其可观，但目前玉米芯少量被作燃料焚烧或研磨后饲喂家畜，大多被随处丢弃，造成资源浪费，破坏生态环境可持续发展（郭皓升，2020），探索开发高值化玉米芯利用技术已成为重点研究方向。玉米芯含粗蛋白 2.4%、粗脂肪 0.36%、粗纤维 35.4%、中性纤维 79.13%、酸性洗涤纤维 42.5%、酸性洗涤木质素 5.8%、钙 0.12%、磷 0.04%，其中纤维素、半纤维素、木质素含量最丰富。目前玉米芯应用集中在制备吸附剂（赵鑫明，2023），生产糠醛、木糖醇、乙醇、膳食纤维，加工饲料及食用菌种植（王红彦等，2016），但关于其肥料化利用还需要进一步提高预处理效率和发酵生产效率，以提高出产率。为此，本研究以废弃玉米芯为原料，研究其发酵工艺，为提高其高值化利用、增加农民收入提供科学依据。

6.2.2　材料与方法

6.2.2.1　试验材料

粉碎干玉米芯（粒径 2 ~ 3 cm，水分 17.72%、pH 6.83、有机质 74.64%、总碳 75.80%、全氮 0.95%、全磷 0.27%、全钾 1.28%、C/N=40）、鲜牛粪（水分 61%、pH 7.82、有机质 66.17%、总碳 32.48%、全氮 1.76%、全磷 1.82%、全钾 2.27%、C/N=21.6）。

6.2.2.2　试验设计

试验处理设置：处理 A1，玉米芯、鲜牛粪的质量比=1∶1；处理 A2，玉米芯、鲜牛粪的质量比=7∶3。其中 A1 物料水分 51%，总碳 47.92%，总氮 0.89%，碳氮比 53.84，不调整碳氮比，添加复合发酵剂 200 g/t。A2 物料水分 48.1%，总碳 67.2%，总氮 0.84%，碳氮比 80，选择添加尿素 4 kg/t（尿素用 60 kg 清水溶解稀释后喷洒于物料中），调整物料碳氮比至 25，混合复合发酵剂 200 g/t。

6.2.2.3　堆肥发酵

将玉米芯与鲜牛粪按处理设置的比例混拌分别堆成底部 2.5 m、顶部 1.5 m、高 1.2 m 梯形发酵堆，并添加菌种。堆芯温度达 60 ℃ 时翻堆第 1 次降温。随发酵进程推进，每当温度接近 60 ℃ 时翻堆，每间隔 6 d 翻堆 1 次，堆捂时间 35 d，堆芯温度降至 35 ℃ 以下且稳定时，停止翻堆，发酵结束。

6.2.2.4　测定项目及方法

1. 堆体温度及水分

采用自动温湿度记录仪测定堆制过程中的堆体温度和湿度，每台记录仪有 4 个探头，使用时将其中 2 个探头插入堆肥正中间 1/3、2/3 处，另外 2 个探头插入上方、下方距边缘 20 cm 处。翻堆时，保持探头位置始终不变。每次翻堆时，用铝盒称取新鲜样品在 105 ℃ 下烘干至恒重，测定物料含水率。

2. pH 值、大肠杆菌及种子发芽率指数

每次翻堆时，取样按《有机肥料》（NY/T 525—2021）的方法，测定 pH 值、大肠杆菌及种子发芽率指数。

3. 发酵成品有机肥养分及基本特性测定

按 NY/T 525—2021 标准，测定有机肥有机质、全氮、全磷、全钾、砷、铅、铬、汞、镉、氯离子含量；铜、锌、镍含量按标准 NY/T 305.1-305.4—1995 测定。

6.2.3　结果与分析

6.2.3.1　堆肥过程中温度、含水率的变化

由图 6-5（a）可知，不同处理堆肥温度均经历升温、高温、降温和稳定阶段。

其中处理 A1 的物料温度在第 4 d 迅速上升至 45 ℃ 以上，进入堆肥高温阶段，在间隔 6 d 翻堆 1 次的条件下，A1 处理高温阶段维持的温度更高。在第 25 d 后，温度逐渐下降，进入低温腐熟阶段，第 35 d 达到环境温度，而后趋于稳定，说明堆肥已腐熟。处理 A2 在第 6 d 升温至 45 ℃ 以上，其进入高温阶段时间较 A1 偏晚，在第 25 d 堆温仍高于 A1，第 31 d 温度明显下降，A2 处理呈现堆体降温阶段较 A1 推迟 4~6 d。

堆肥过程中含水率的变化如图 6-5（b）所示。堆肥开始时，处理 A1、A2 的初始含水率在 60% 左右。发酵过程中，在发酵 5 d 后水分降低最明显，随水分蒸发适当补水，两个处理堆体的含水率呈平稳下降趋势。堆肥结束时，A1、A2 含水率降幅分别为 41.22%、37.48%，处理 A1 含水量低于处理 A2。综合而言，处理 A1 更有利于堆体温度上升，缩短腐熟时间。

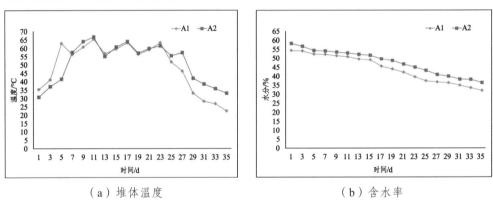

（a）堆体温度   （b）含水率

图 6-5　堆肥过程中不同处理堆体温度和含水率的变化

6.2.3.2　堆肥过程中 pH 值的变化

堆肥过程中不同处理 pH 值变化如图 6-6 所示。由图可知，处理 A1、A2 的 pH 值变化趋势基本相近，呈现 pH 值随发酵进程推进逐步下降的趋势，A1、A2 堆肥结束 pH 值分别为 8.3、8.5。

6.2.3.3　堆肥过程中大肠杆菌菌落数变化

堆肥过程中不同处理大肠杆菌菌落数变化如图 6-7 所示。由图 6-7 可知，堆肥过程中处理 A1、A2 的物料大肠杆菌菌落数变化趋势相近，呈现随发酵进程推进大肠杆菌菌落数迅速下降。在第 18 d，A1、A2 大肠杆菌数分别降至 18 CFU/g、32 CFU/g，堆肥结束（第 36 d）最低，A1、A2 的大肠杆菌数分别为 2 CFU/g、13 CFU/g，表明按 A1 配制的堆肥腐熟效果优于 A2。

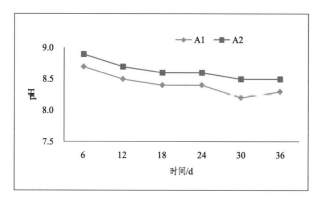

图 6-6 堆肥过程中不同处理 pH 值变化

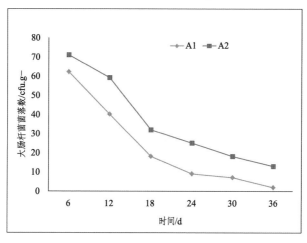

图 6-7 堆肥过程中不同处理大肠杆菌菌落数变化

6.2.3.4 堆肥过程中种子发芽率指数变化

堆肥过程中不同处理发芽率指数变化如图 6-8 所示。由图 6-8 可知，处理 A1、A2 的种子发芽率指数（GI 值）随堆肥进程推进逐渐升高。在第 18 d，A1、A2 的 GI 值超过 50%，在第 24 d 后，GI 值上升速度逐渐变缓。堆肥结束时，处理 A1、A2 的 GI 值分别为 95.23%、89.76%，均已达到完全腐熟标准。

6.2.3.5 不同处理对发酵成品有机肥理化特性的影响

由表 6-4 可知，处理 A1 成品有机肥养分含量优于 A2，其中 A1 的全氮、全钾、腐殖酸总量、有机碳含量较 A2 分别提高 62.61%、31.10%、34.32%、8.34%。由此推测处理 A1 堆体的结构更为合理，较有利于微生物硝化固氮。从表 6-5 可以看出，处理 A1、A2 有机肥安全性指标符合 NY/T 525—2021 要求。

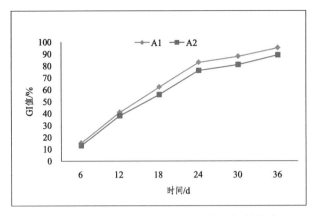

图 6-8　堆肥过程中不同处理发芽率指数变化

6.2.4　讨论

温度和含水率是判断堆肥是否腐熟的重要指标之一（王芬，2022）。本研究中，A1（玉米芯与鲜牛粪质量比为 1∶1）的堆肥前期升温速度快，高温（>50 ℃）持续时间较 A2（玉米芯与鲜牛粪质量比为 7∶3）的处理长，A1 腐熟更快。其主要原因是 A1 孔隙度较 A2 大，在同等初始 C/N 下，氧气含量充足，微生物活动活跃，发酵速率更快。在堆肥过程中，微生物活动产生热量导致水分蒸发，通过适当补水至 50%~55%，保证微生物生长繁殖活动所需氧气、水分。肥料中全氮磷钾含量是衡量堆肥肥力的重要指标。本研究中处理 A1 的氮磷钾养分优于 A2，推测一方面是 A1 堆体结构更好，C/N 比适宜，微生物活动强烈；另一方面是"浓缩效应"，即堆体含水率、体积等减小，有机质、有机酸及蛋白质逐步分解（曹秀芹等，2022）。本研究中处理 A1 成品堆肥的重金属、氯离子、病原菌等安全指标低于 A2，进一步表明 A1 腐熟更为充分，但由于该有机肥属碱性肥料，可优先推荐应用于酸性或中性植烟土壤。

6.2.5　结论

以玉米芯为主要原料的烟用有机肥发酵最佳工艺参数为：按玉米芯与鲜牛粪质量比 1∶1 配制堆肥，堆肥初始水分控制在 55%~60%，发酵 36 d，每间隔 6 d 翻堆 1 次。此工艺腐熟效率高，可获得更高的有机肥总养分含量，腐熟更加完全充分，其重金属、氯离子、病原菌等安全指标含量更符合 NY/T 525—2021 腐熟标准，较适合于烟草生产实际。

表 6-4　不同处理发酵成品养分指标含量

处理	有机质/%	全氮（N）/%	全磷（P_2O_5）/%	全钾（K_2O）/%	总养分（N+P_2O_5+K_2O）/%	氯离子（Cl^-）/%	腐植酸总量/%	游离腐植酸/%	电导率/（mS/cm）	有机碳/%	硝态氮/（mg/kg）	铵态氮/（mg/kg）
A1	47.51	1.87	1.19	3.92	6.89	0.53	26.38	11.02	6.0	31.16	2 478.2	21.0
A2	45.08	1.15	1.16	2.99	5.29	0.21	19.64	12.21	3.9	28.76	2 437.5	25.4

注：以干基计。

表 6-5　不同处理发酵成品安全性指标含量

处理	总砷（As）/（$mg \cdot kg^{-1}$）	总汞（Hg）/（mg/kg）	总铅（Pb）/（mg/kg）	总镉（Cd）/（mg/kg）	总铬（Cr）/（mg/kg）	总铜（Cu）/（mg/kg）	总锌（Zn）/（mg/kg）	总镍（Ni）/（mg/kg）
A1	5.82	0.31	8.5	1.4	17.7	16.1	64.6	19.6
A2	7.35	0.24	10.6	1.7	21.5	18.6	75.1	21.1

6.3 以澳洲坚果壳为主要原料的烟用有机肥发酵工艺参数研究

6.3.1 研究背景

据国际坚果与干果理事会（INC）报道，2023 年世界澳洲坚果种植面积约 40.51 万公顷，其中云南省种植面积 22.0 万公顷，种植区域以临沧、德宏、西双版纳、保山、普洱为主，目前云南省已成为世界上种植面积最大的地区（耿建建等，2021），可以预见，云南澳洲坚果加工副产物数量巨大，当前仅有极少量作饲料，绝大部分被丢弃，探索其合理开发和综合利用对促进坚果产业可持续发展意义重大。澳洲坚果壳是坚果深加工后的副产物，含有络合态色素、烯烃、酸类、醛类、内酯类、酮类、酚类等化合物，其中纤维素及酸不溶木质素含量分别为 34.65%、39.75%（贺熙勇等，2022）。目前，澳洲坚果壳高值化利用途径主要是菌类的培养基、制备活性炭、生物质炭、农药、植物的土壤肥料、重金属及染料的吸附剂、提取总黄酮、露酒及制作生物复合材料等（任二芳等，2020）。澳洲坚果壳 pH 值 6.59，全氮 1.2%、全磷 0.12%、全钾 0.36%、总碳 82.6%、游离氨基酸 0.78%，碳氮比为 15～20，其作为肥料加以利用是一种废弃资源再利用的有效手段。有研究表明，坚果壳多酚能够抑制土壤中脲酶活性，缓冲土壤酸化，可提高氨基态氮使用率与土壤中微生物含量（张明等，2017）。澳洲坚果青皮发酵肥可提高茶园土壤 pH，以及茶叶的芽密度、百芽重、鲜茶叶产量及茶多酚、咖啡碱、氨基酸、儿茶素和水浸出物含量（尚怀国等，2021）。随着中国乃至全球坚果消费增加，每年产生大量坚果壳，对其回收开发利用，变废为宝，形成工厂化生产，提高利用效率及经济效益，降低环境污染具有巨大的发展潜力与良好的发展前景。本研究以废弃的澳洲坚果壳为原料，研究其在自然环境发酵过程中相关评判腐熟度指标变化，以此确定最优发酵条件，为科学利用和开发果壳有机肥提供技术支撑。

6.3.2 材料与方法

6.3.2.1 试验材料

新鲜粉碎澳洲坚果壳（粒径 1～3 cm，水分 45.7%、pH 7.21、有机质 74.62%、总碳 94.56%、全氮 1.33%、全磷 0.26%、全钾 3.10%、C/N=68）、鲜牛粪（水分 60%、pH 8.04、有机质 65.11%、全氮 1.99%、全磷 1.88%、全钾 2.45%、C/N=25.1）。

6.3.2.2　试验设计

试验处理设置：处理 A1，澳洲坚果壳、鲜牛粪的质量比=1∶1；处理 A2，澳洲坚果壳、鲜牛粪的质量比=7∶3。其中 A1 堆物物料水分 55%，总碳 44.95%，总氮 0.75%，碳氮比 60，无需调整碳氮比，添加复合发酵剂 200 g/t。A2 堆物物料水分 51%，总碳 60%，总氮 0.93%，碳氮比 64.5，选择添加尿素 3.6 kg/t（尿素用 50～60 kg 清水稀释溶解后，喷洒到物料中），将物料碳氮比调整至 25，另加复合发酵剂 200 g/t。

6.3.2.3　堆肥发酵

接种后分别堆成底部 2.5 m、顶部 1.5 m、高 1.2 m 的梯形发酵堆堆捂，每隔 3 d 翻堆 1 次，使堆芯温度控制在 60 ℃～65 ℃，翻堆在 1～3 h 内完成，堆捂时间 21 d。继续第 2 阶段发酵，堆垛高 2～3 m，发酵 15 d 结束。

6.3.2.4　测定项目及方法

1. 堆肥温度和水分变化

每天早 8:00，晚 18:00，将堆体分成 3 段（条堆头尾及中间位置），用水银温度计测定，取其平均值作堆体实际温度。用铝盒称取新鲜样品，在 105 ℃ 下烘干至恒重，测定堆肥水分。

2. 堆肥理化指标变化

每次翻堆时，取样按《有机肥料》（NY/T 525—2021）的方法，测定堆肥的 pH 值、大肠杆菌、种子发芽率指数、有机质、全氮、全磷、全钾、砷、铅、铬、汞、镉、氯离子含量。按 NY/T 305.1-305.4—1995 标准测定堆肥铜、锌、镍含量。

6.3.3　结果与分析

6.3.3.1　堆肥过程中堆体温度、含水率的变化

由图 6-9（a）可知，堆肥过程中，堆体温度呈先上升后下降再趋于平稳的变化趋势，这与好氧堆肥变化规律相吻合。其中，处理 A1 堆体温度在第 6 d 上升至 50 ℃ 以上，在每隔 3 d 翻堆 1 次的措施下，A1 处理维持高温阶段 29 d。在堆捂第 30 d 后，

堆体温度逐渐下降进入低温腐熟阶段，第 34 d 后趋于稳定，达到环境温度，符合腐熟要求。处理 A2 在第 7 d 升温至 52.8 ℃，在第 25 d 堆温开始高于 A1，第 34 d 开始进入低温阶段，随后堆温相对稳定，但 A2 堆温仍高于 A1 处理 3 ℃ ~ 5 ℃，处理 A2 的堆肥腐熟时间较 A1 慢 2 ~ 3 d。

由图 6-9（b）可知，处理 A1、A2 的初始含水率在 50% 左右，堆肥过程中含水率逐渐降低。发酵前 20 d，A1、A2 处理堆体含水率呈平稳下降趋势，第 20 d 后呈现快速下降趋势。堆肥结束时，A1、A2 堆体含水率降幅分别为 38.73%、36.54%，处理 A1 含水量明显低于处理 A2。由此可见，处理 A1 腐熟条件更优，腐熟更快。

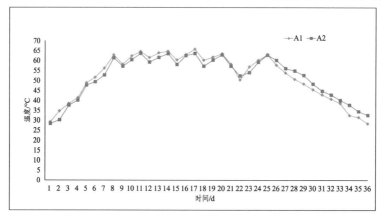

（a）堆体温度

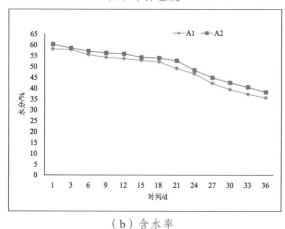

（b）含水率

图 6-9 堆肥过程中不同处理堆体温度和含水率的变化

6.3.3.2 堆肥过程中大肠杆菌菌落数变化

堆肥过程中不同处理大肠杆菌菌落数变化如图 6-10 所示。由图可知，堆肥过程中处理 A1、A2 堆肥的大肠杆菌菌落数均随发酵进程推进而迅速下降。处理 A1 在堆掘第 15 d，堆肥大肠杆菌数降至 50% 以下，处理 A2 则较 A1 迟缓 2 d。堆肥结束后，A1、A2 堆肥的大肠杆菌数分别为 1 CFU/g、2 CFU/g，表明两个处理的堆肥均达到完全腐熟标准。

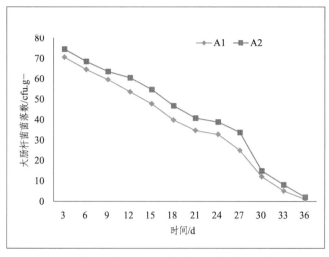

图 6-10 堆肥过程中不同处理大肠杆菌菌落数变化

6.3.3.3 堆肥过程中不同种子发芽率指数变化

堆肥过程中不同处理种子发芽率指数变化如图 6-11 所示。由图可知，处理 A1、A2 堆肥的种子发芽率指数（GI 值）随堆肥进程逐渐升高。处理 A1 的 GI 值在第 9 d 超过 50%，处理 A2 的 GI 值在第 12 d 达 54%，在堆肥堆掘第 18 d 后，处理 A1、A2 的 GI 值上升幅度逐渐减小。堆肥结束时，处理 A1、A2 的 GI 值分别为 97.12%、90.34%，均达到完全腐熟标准。

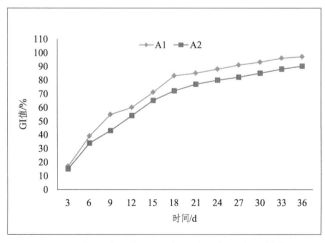

图 6-11 堆肥过程中不同处理种子发芽率指数变化

6.3.3.4　不同处理成品堆肥理化特性

由表 6-6 可知，发酵结束，处理 A1 成品堆肥养分含量优于 A2 处理，其中处理 A1 的全氮、全磷、全钾、总养分、腐殖酸总量、有机碳、硝态氮含量较 A2 分别提高 41.67%、7.41%、2.44%、12.87%、8.98%、4.21% 和 27.80%。从表 6-7 可以看出，处理 A1、A2 堆肥的安全性指标均符合 NY/T 525—2021 要求。

6.3.4　讨论

本研究中，处理 A1（澳洲坚果壳与鲜牛粪质量比为 1∶1）的堆肥前期堆温升高快，堆体温度在第 6 d 上升至 50 ℃ 以上，通过间隔 3 d 翻堆 1 次，使其堆温维持在 55 ℃ ~ 65 ℃，持续高温阶段 20 d，然后堆温逐渐下降。处理 A2（澳洲坚果壳与鲜牛粪质量比为 7∶3）的升温慢，其堆肥出现高温峰值和低温下降拐点均晚于 A1。一方面，A1 堆肥孔隙度较 A2 大，堆制过程中氧气含量充足，微生物活跃。另一方面，A1 处理发酵初始 C/N 比低，C/N 接近 25∶1，其更适合堆肥过程中微生物生长繁殖（李雪菲等，2022）。本研究中，堆捂结束后，处理 A1 堆肥的全氮、全磷、全钾、总养分、腐殖酸总量、有机碳、硝态氮含量均较 A2 显著提高，且 A1 堆肥的大肠杆菌数降低较 A2 快，A1 的 GI 值达 50% 的时间比 A2 处理早。其可能原因在于 A1 堆体结构好，C/N 比适宜，微生物活动强烈；同时由于堆制结束后，存在堆体"浓缩效应"，即堆肥含水率、体积变小，堆肥初始有机物料的有机质、蛋白质等被微生物分解较 A2 充分所致（蔡娟等，2018）。本研究中处理 A1、A2 成品堆肥的重金属、氯离子、病原菌等安全指标均符合 NY/T 525—2021 腐熟标准要求。

6.3.5　结论

以澳洲坚果壳为主要原料的烟用有机肥发酵最佳工艺为：堆体物料澳洲坚果壳与鲜牛粪按质量比 1∶1 配制，堆肥初始水分控制在 55% ~ 60%，发酵 36 d，每次翻堆间隔 3 d，每次翻堆在 1 ~ 3 h 内完成，此工艺腐熟效率高，腐熟充分，所得成品有机肥养分含量能尽可能保留，用于烟草种植较为安全。

表 6-6　不同处理发酵成品理化指标含量

处理	pH	有机质 /%	全氮 (N) /%	全磷 (P₂O₅) /%	全钾 (K₂O) /%	总养分 (N+P₂O₅+K₂O) /%	氯离子 (Cl⁻) /%	腐殖酸 总量 /%	电导率 /(mS·cm⁻¹)	有机碳 /%	硝态氮 /(mg·kg⁻¹)	铵态氮 /(mg·kg⁻¹)
A1	7.8	50.8	2.04	0.58	3.78	6.40	0.17	17.34	4.86	17.08	1 449.4	96.1
A2	8.1	55.1	1.44	0.54	3.69	5.67	0.23	15.91	5.16	16.39	1 113.1	106.8

注：以干基计。

表 6-7　不同处理发酵成品重金属含量

处理	总砷 (As) / (mg/kg)	总汞 (Hg) / (mg/kg)	总铅 (Pb) / (mg/kg)	总镉 (Cd) / (mg/kg)	总铬 (Cr) / (mg/kg)	总铜 (Cu) / (mg/kg)	总锌 (Zn) / (mg/kg)	总镍 (Ni) / (mg/kg)
A1	5.94	0.08	25.4	1.7	30.8	15.7	107.8	25.0
A2	7.71	0.11	24.0	1.8	31.0	17.2	98.0	23.9

7 新型烟用商品有机肥料研制与应用

 ## 7.1 烟用有机无机复混肥研制及其应用

7.1.1 研究背景

云南油枯（饼肥）资源丰富，一些烟区也有施用油枯的传统，油枯对增加烟叶产量、改善烟叶外观质量和提高香气含量发挥着很好的作用（杨红武等，2010）。化肥减施是实现我国农业绿色发展的重要举措，其中有机肥替代化肥的措施是第一选择。近年来，云南部分烟区开始尝试推行利用油枯替代部分化肥以实现烟草减肥、增产、提质和增效。菜籽油枯富含氮、磷、钾及多种中微量元素和小分子有机营养物质，具有改良土壤、调节烟株养分吸收、生长发育及烟叶产质量和烟叶总挥发性香气物质的作用（武雪萍等，2007），但也存在其在土壤中氮素释放速率与烤烟需肥不一致，易出现前期"供氮不足"，后期"供氮过多"，利用率低等问题（刘青丽等，2010）。相反，按烤烟需肥特点，研制成油枯有机无机复混肥可促进土壤微生物活性及氮素转化（李亮等，2019），改善土壤 C/N 比、脲酶活性及微生物群落结构，促进烟株早生快发及烤烟根系碳积累，提高烤烟养分吸收利用率及烟叶品质（季璇等，2019）。有研究表明菜籽饼肥氮替代 30%化肥氮或菜籽饼与复合肥按 25%∶75%配施对改土促烟效果最好（梁洪涛等，2015），但油枯占比超过 40%时则会降低烟叶品质（刘宇，2008）。

虽然已有关于菜籽油枯有机无机复混肥对土壤肥力，以及烤烟发育、产量、品质和肥料利用率的研究，但菜籽油枯应用效果与烟区气候、土壤特征和烤烟品种等相关。云南省油菜种植面积 30 万 hm^2，年产菜籽油枯约 36 万 t。本研究用云南菜籽油枯研发制成高端烟草专用菜籽油枯型有机无机复混肥，选择曲靖烟区典型的植烟土壤类型，开展大田试验，探讨该肥料对烤烟生长、产质量和养分利用效率的影响，以期为云南菜籽油枯资源高效利用及提升烟叶品质提供理论支撑。

7.1.2　材料与方法

7.1.2.1　试验地概况

试验于 2020 年分别在麒麟越州马坊、沾益大坡及罗平罗雄的中高肥力地块上进行。各试验点烤烟移栽前耕层土壤（0～20 cm）理化性质见表 7-1。

表 7-1　各试验点土壤理化性质

地点	土壤类型	前作	海拔/m	pH	有机质/（g/kg）	水解性氮/（mg/kg）	速效磷/（mg/kg）	速效钾/（mg/kg）
麒麟越州马坊	红壤	大麦	1 849	6.41	35.17	113.42	37.56	239.51
沾益大坡	红壤	冬闲	2 060	6.27	31.25	105.56	30.74	256.43
罗平罗雄	黄壤	油菜	1 417	6.89	40.54	124.27	41.26	318.02

7.1.2.2　试验材料

供试烤烟品种：云烟 87。供试肥料：2 种自主研发的菜籽油枯有机无机复混肥：① OR40，油枯 400 g/kg，$N:P_2O_5:K_2O=12\%:5\%:17\%$，有机质 758.1 g/kg。② OR30，油枯 300 g/kg，$N:P_2O_5:K_2O=15\%:5\%:18\%$，有机质 722.9 g/kg。烟草专用复合肥：$N:P_2O_5:K_2O=15\%:8\%:25\%$；硝酸钾（N 13.5%，$K_2O$ 46.5%），过磷酸钙（P_2O_5 16%），硫酸钾（K_2O 50%）。

7.1.2.3　试验设计

设置 7 个处理（见表 7-2）。试验采用随机区组设计，每个处理设 3 次重复，每个小区面积 60 m²，采用漂浮育苗膜下小苗移栽。麒麟和沾益点于 2020 年 4 月 24 日移栽，罗平点 5 月 8 日移栽，株行距 0.6 m × 1.2 m，每个小区栽烟 80 株，麒麟和沾益点烤烟全生育期覆膜，罗平点烟株团棵期揭膜。肥料施用方式上，除 T4、T5 和 T6 处理的硝酸钾在烤烟移栽后长出第 8 片新叶时兑水一次追施外（施用 150 kg/hm² 硝酸钾），其余肥料和其他处理的全部肥料均为移栽时采用根区施肥（中层环施）一次性基施，其他管理措施按当地优质烤烟规范化生产进行。

表 7-2　试验各处理设置

处理	肥料及处理	肥料总纯用量/（kg/hm²）					
		N①	P₂O₅①	K₂O①	N②	P₂O₅②	K₂O②
T1	化肥（烟农常规施肥）（仅用烟草专用复合肥）	98	52	162	65	34	108

处理	肥料及处理	肥料总纯用量/（kg/hm²）					
		N①	P₂O₅①	K₂O①	N②	P₂O₅②	K₂O②
T2	油枯有机无机复混肥（OR40）	98	41	138	65	27	91
T3	油枯有机无机复混肥（OR30）	98	33	117	65	21	77
T4	化肥（烟草专用复合肥）+磷钾肥（过磷酸钙、硫酸钾和硝酸钾）	98	196	294	65	130	195
T5	油枯有机无机复混肥（OR40）+磷钾肥（过磷酸钙、硫酸钾和硝酸钾）	98	196	294	65	130	195
T6	油枯有机无机复混肥（OR30）+磷钾肥（过磷酸钙、硫酸钾和硝酸钾）	98	196	294	65	130	195
T7	不施任何肥料	0	0	0	0	0	0

注：T1、T2、T3施氮量相同，不施其他任何肥料。T4、T5、T6氮相同（氮肥来自复合肥或有机无机复混肥），用过磷酸钙、硫酸钾和硝酸钾补足磷和钾，N：P₂O₅：K₂O=1：2：3。①为麒麟和沾益点。②为罗平点。

7.1.2.4 测定项目与方法

1. 烟株农艺性状测定

于移栽后 50 d（团棵期）和成熟采烤前，各小区选择健康有代表性烟株 8 株，按标准 YC/T 142—2010 测定烟株株高、茎围、有效叶片数、叶片长和宽，并计算叶面积和叶面积系数。

2. 烤烟经济性状

烟叶开始成熟时，按小区单独挂牌采收和烘烤，烤后烟叶按照 GB 2635—92 分级，统计等级比例、产量，按曲靖市 2020 年烟叶收购单价，计算产值。产值为亩（合 667 m²）产值与 C1F（中橘一）单价的比值，级指按均价/C1F 单价×100 计算。

3. 烟叶化学成分及可用性指数计算

以小区为单位，选取有代表性的 C3F（中橘三）等级烟叶样品测定化学成分。采用连续流动分析仪（AA3 型，德国）测定总糖和还原糖（YC/T 159—2002）、总氮（YC/T 161—2002）、烟碱（YC/T 468—2013）、钾（YC/T 217—2007）和水溶性氯含量（YC/T 162—2011）。参考邓小华等人的（2017）方法计算化学成分可用性指数（Chemical Components Usability Index，CCUI），用以评价各处理的化学成分协调性。

4. 烤烟根系指标及全氮、全磷和全钾测定

成熟期，按小区选取 6 株烤烟固定，分 3 次采收叶片，分别对应上、中、下部叶。最后 1 次采叶连同茎、根采集，取样后用清水将烟株冲洗干净，其中对根系称取鲜重后，按《烟草农艺性状调查方法》（YC/T 142—2010），用排水法测定烟株根部体积。随后各器官分开在 105 ℃ 杀青 30 min，80 ℃ 下烘干分别测定干物质量，粉碎后混合均匀，制成分析样品，按 NY/T 2017—2011 标准，采用 $H_2SO_4-H_2O_2$ 消煮，用全自动定氮仪（K9840 型，中国）测定全氮，分光光度法测定全磷，火焰光度法测定全钾。测定氮、磷、钾含量，参照薛如君等人的（2019）方法计算肥料利用率。公式如下：

$$肥料表观利用率=\frac{施肥区烤烟养分吸收量-空白区烤烟养分吸收量}{肥料施用量}\times100\%$$

$$肥料生理利用率=\frac{施肥区烟叶产量-空白区烟叶产量}{施肥区烟株吸收养分量-空白区烟株吸收养分量}\times100\%$$

7.1.2.5 数据处理

采用 Microsoft Excel 2010 和 SPSS 19.0 软件进行统计分析，差异显著性检验采用最小显著差异（LSD）方法。

7.1.3 结果与分析

7.1.3.1 施油枯有机无机复混肥对烤烟农艺性状的影响

由表 7-3 可知，3 个生态点均反映不施肥处理及两类复合肥单施（T1、T2、T3）烟株长势偏弱。麒麟点，在烤烟移栽后 50 d，烟株的株高、茎围、叶片数在 6 个施肥水平间差异不显著，而补施磷、钾肥的处理 T4、T5、T6 的叶面积及叶面积系数则显著高于单施两类复合肥（T1、T2、T3）。烤烟采烤前，补施磷、钾肥的处理 T4、T5、T6 的株高、茎围、叶片数、叶面积及叶面积系数均显著高于单施两类复合肥（T1、T2、T3），而处理 T5、T6 与 T4 在 5 个烟株农艺性状上差异均不显著，处理 T5、T6 烟叶落黄较 T4 早，说明施用油枯有机无机复混肥能保证烟株正常生长，适当补追肥料或提高其用量，避免烟株早衰减产。沾益大坡点，烟株的株高、茎围、叶片数在不同施肥处理间差异不显著，处理 T4~T6 的叶面积显著高于 T1~T3，T2~T6 叶面积系数在各处理间差异不显著，但均显著高于 T1 和不施肥处理。烤烟采烤前，补施磷、钾肥的处理 T4、T5、T6 的株高、茎围、叶片数、叶面积及叶面积系数均显著高于单施两类复合肥（T1、T2、T3），而处理 T5、T6 与 T4 在 5 个烟株农艺性状上差异均

不显著。从烟叶色泽和烟株长相看，处理 T6 较好。罗雄点，处理 T1、T4、T5、T6 烟株的株高显著高于 T2、T3 和不施肥，T1～T6 处理的茎围、叶片数在各处理间差异不显著，但都显著高于不施肥；处理 T4、T5、T6 的叶面积及叶面积系数均显著高于处理 T1、T2、T3 和不施肥。综上所述，在施用两类复合肥（烟草专用复合肥和油枯有机无机复混肥）的基础上，补施磷、钾更能促进烟株生长，即在烤烟移栽 50 d 均表现烟株叶片数、叶面积均显著提高。在施纯氮、磷、钾相同量的条件下，与施烟草专用复合肥相比，油枯有机无机复混肥烟株长势稍弱。烤烟采烤前，补施磷、钾肥的处理 T4、T5、T6 的株高、茎围、叶片数、叶面积及叶面积系数均显著高于单施两类复合肥（T1、T2、T3），而处理 T5、T6 与 T4 在 5 个烟株农艺性状上差异均不显著（见表 7-4）。从烟叶色泽和烟株长相看，T4 较好，T5、T6 烟叶落黄早。

表 7-3　不同油枯有机无机复混肥处理对烟株农艺性状的影响（移栽 50 d）

地点	处理	株高/cm	茎围/cm	叶片数	叶面积/cm^2	叶面积系数
麒麟越州马坊	T1	29.4a	7.5a	10.8a	598.96b	1.01b
	T2	28.5a	7.1a	10.1a	514.61b	0.95b
	T3	32.3a	8.6a	9.6a	523.43b	0.92b
	T4	30.8a	8.2a	9.2a	657.81a	1.29a
	T5	30.1a	7.9a	11.1a	649.25a	1.14a
	T6	35.7a	8.8a	10.9a	628.86a	1.21a
	T7	26.3b	6.5b	8.8b	389.19b	0.72b
沾益大坡	T1	28.9a	6.2a	11.9a	443.56b	1.32a
	T2	29.3a	7.1a	11.3a	416.87b	1.27a
	T3	30.5a	6.5a	11.1a	438.42b	1.34a
	T4	34.1a	7.9a	12.5a	497.74a	1.49a
	T5	32.7a	7.3a	11.4a	481.16a	1.41a
	T6	28.5a	7.1a	11.7a	504.68a	1.58a
	T7	24.8b	6.2a	9.9b	372.55c	0.81b
罗平罗雄	T1	29.2a	7.1a	9.4a	483.47b	1.32b
	T2	28.3b	6.8a	9.7a	459.39b	1.18b
	T3	27.4b	7.2a	10.3a	478.68b	1.19b
	T4	30.5a	7.5a	11.1a	517.57a	1.52a
	T5	34.6a	8.2a	10.7a	508.82a	1.45a
	T6	32.7a	7.9a	10.6a	499.58a	1.31a
	T7	26.3b	6.5b	9.2b	378.57c	0.92c

表 7-4　不同油枯有机无机复混肥处理对烟株农艺性状的影响（采烤前）

地点	处理	株高/cm	茎围/cm	叶片数	叶面积/cm²	叶面积系数
麒麟越州马坊	T1	97.4b	10.6b	18.2a	919.51b	2.55a
	T2	102.0b	10.9b	19.1a	880.03b	2.44b
	T3	104.5b	10.4b	17.9a	900.32b	2.50b
	T4	110.9a	11.9a	18.4a	926.49a	2.57a
	T5	106.4a	11.2a	19.8a	963.35a	2.67a
	T6	105.6a	11.1a	19.3a	1 051.46a	2.92a
	T7	54.9c	8.6c	11.7b	571.64c	1.59c
沾益大坡	T1	99.4b	11.2a	15.9b	828.13b	1.91b
	T2	102.3b	10.7b	15.1b	795.19b	1.85b
	T3	97.5b	10.4b	14.8b	808.28b	1.87b
	T4	104.1a	11.9a	17.2a	876.33a	2.02a
	T5	108.3a	11.2a	17.4a	869.43a	1.95a
	T6	121.4a	11.5a	18.5a	918.86a	2.09a
	T7	61.7c	8.4c	12.1c	484.84c	0.94c
罗平罗雄	T1	107.9b	11.4b	19.1b	863.85b	2.88b
	T2	110.8b	11.2b	17.4b	909.42b	3.03b
	T3	112.4b	11.9b	18.9b	852.78b	2.84b
	T4	115.7a	12.6a	21.7a	1 072.26a	3.67a
	T5	124.2a	12.5a	20.6a	1 045.97a	3.25a
	T6	119.6a	12.0a	21.3a	1 016.98a	3.16a
	T7	70.4c	9.1c	13.6c	613.00c	1.81c

7.1.3.2　施油枯有机无机复混肥对烤烟经济性状的影响

由表 7-5 可知，不施肥处理（T7）烟叶产量、产值最低，在施 3 种肥料的基础上补施磷、钾肥处理的烟叶各项经济指标优于单一施用 3 类肥料。从烟叶等级结构看，在不补施磷钾肥（T1、T2、T3）的条件下，即 3 种肥料品种比较，3 个试验点均呈现两种油枯有机无机复混肥较烟草专用复合肥上等烟比例略有增加，增幅 1.5% ~ 2.3%，中等烟比例变化不明显。在补施磷钾肥（T4、T5、T6）的条件下，越州点，T5、T6 较 CK（T4）上等烟比例、产量和产值分别显著提高 1.9% ~ 3.1%、2.48% ~ 7.23%、8.24% ~ 15.32%；大坡点，T5、T6 较 CK（T4）上等烟比例、产量和产值分别显著提高 1.7%~2.9%、7.79%~9.22%、8.72%~15.58%；罗雄点，T5、T6 较 CK（T4）上等烟比例、产量和产值分别显著提高 2.3%~2.8%、2.22%~5.19%、3.89%~10.54%。产指的变化规律与产值相似。上述结果表明，研制的 2 个配方均可用于烤烟生产，其烟叶产量、产值及外观品质（见表 7-6）均高于施烟草专用复合肥，在烤烟生产中，3 种肥料都应注意补充磷、钾肥。从大田烟株长势看，施油枯有机无机复混肥处理的烟株早生快发明显，后期易脱肥，应在烤烟团棵期及时追施氮肥，避免烟株早衰。

表 7-5　不同油枯有机无机复混肥处理对烤烟经济性状的影响

试验点	处理	上等烟比例/%	中等烟比例/%	产量/（kg/hm²）	产值/（元/hm²）	产指	级指
麒麟越州马坊	T1	53.2d	38.2a	2 000d	46 451d	77.42d	58.08a
	T2	55.7c	37.8a	2 286b	47 139c	78.56c	51.55c
	T3	56.1c	36.7a	2 181c	48 351b	80.59b	55.42b
	T4	62.8b	31.9b	2 343b	51 535b	85.89b	54.99b
	T5	64.7a	33.7b	2 402a	55 779a	92.96a	58.07a
	T6	65.9a	27.1c	2 513a	59 427a	99.05a	59.13a
	T7	22.9e	23.2d	1 059e	27 314e	45.52e	64.48a
沾益大坡	T1	56.7c	36.8a	2 406b	46 477f	77.46f	48.29e
	T2	52.5d	38.2a	2 478b	49 825e	83.04e	50.27d
	T3	57.4c	37.7a	2 285c	54 718d	91.20d	59.88b
	T4	60.6b	31.9b	2 619b	63 797c	106.33c	60.90b
	T5	62.3a	33.7b	2 823a	69 366b	115.61b	61.43b
	T6	63.5a	30.1b	2 861a	73 736a	122.89a	64.44a
	T7	27.8e	24.4c	1 343d	30 934g	51.56g	57.61c
罗平罗雄	T1	50.2c	34.3a	2 399b	53 157d	88.60d	55.41e
	T2	52.3c	35.9a	2 282b	55 192d	91.99d	60.48d
	T3	53.9c	36.5a	2 456b	53 067d	88.45d	54.03e
	T4	61.9b	28.6c	2 573b	68 054c	113.42c	66.14c
	T5	64.2a	26.2d	2 630a	70 703b	117.84b	67.22b
	T6	64.7a	30.7c	2 706a	75 229a	125.38a	69.50a
	T7	20.8d	25.9e	1 362c	33 573e	55.95e	61.62d

表 7-6 不同油枯有机无机复混肥处理对烤烟外观品质的影响

试验点	处理	成熟度	颜色	身份	结构	油分	色度
麒麟越州马坊	T1	成熟	桔黄	中等	稍密	少	浅
	T2	成熟	深桔黄	薄	疏松	少	中
	T3	成熟	深桔黄	薄	疏松	少	中
	T4	成熟	浅桔黄	稍薄	尚疏松	稍有	中
	T5	成熟	桔黄	稍厚	紧密	多	强
	T6	成熟	桔黄	稍厚	紧密	多	强
	T7	假熟	浅桔黄	薄	疏松	少	淡
沾益大坡	T1	成熟	桔黄	中等	稍密	少	浅
	T2	成熟	深桔黄	薄	疏松	少	浅
	T3	成熟	深桔黄	薄	疏松	少	浅
	T4	成熟	浅桔黄	稍薄	尚疏松	稍有	中
	T5	成熟	桔黄	稍厚	紧密	多	强
	T6	成熟	桔黄	稍厚	紧密	多	强
	T7	假熟	浅桔黄	薄	疏松	少	淡
罗平罗雄	T1	成熟	桔黄	中等	稍密	少	弱
	T2	成熟	深桔黄	薄	疏松	少	弱
	T3	成熟	深桔黄	薄	疏松	少	弱
	T4	成熟	浅桔黄	稍薄	尚疏松	稍有	中
	T5	成熟	桔黄	稍厚	紧密	多	强
	T6	成熟	桔黄	稍厚	紧密	多	强
	T7	假熟	浅桔黄	薄	疏松	少	淡

7.1.3.3 油枯有机无机复混肥对烟叶主要化学成分的影响

由表 7-7 可知，施油枯有机无机复混肥对烟叶化学成分的影响因生态而异。从烟叶总糖和还原糖含量看，在麒麟越州，T1、T2、T3、T4、T6 的烟叶总糖和还原糖无明显差异；在沾益大坡，烟叶 T5、T6 间总糖、还原糖含量无显著差异；在罗平罗雄，不同处理间烟叶总糖和还原糖含量变化无明显规律。从 3 种肥料处理的烟叶总氮和烟碱含量看，施油枯有机无机复混肥处理的烟叶总氮和烟碱含量高于复合肥。在越州、大坡点，补施磷钾的处理 T4、T5、T6 间烟叶总氮和烟碱差异不明显；罗平点则 T5、T6 烟叶总氮和烟碱含量显著低于 T4。施油枯有机无机复混肥处理烟叶钾含量显著升高,烟叶水溶性氯在各处理间无显著差异,3个试验点总趋势相似。CCUI值以 T6 最高,其次是 T5,说明在施油枯有机无机复混肥的基础上,补施磷钾,能显著改善烟叶化学成分协调性。

表 7-7 施用油枯有机无机复混肥下的中部烟叶主要化学成分

地点	处理	总糖/%	还原糖/%	总氮/%	烟碱/%	氧化钾/%	水溶性氯/%	CCUI
麒麟越州	T1	26.03b	16.35b	1.79b	2.09b	2.03c	0.14a	45.26f
	T2	28.20b	17.29b	2.21a	2.78a	2.66b	0.21a	63.61e
	T3	26.17b	17.14b	2.23a	2.67a	2.67b	0.18a	71.38d
	T4	26.54b	17.31b	2.45a	2.72a	2.91a	0.19a	73.55c
	T5	23.88c	16.47b	2.46a	2.56a	3.24a	0.18a	74.79b
	T6	27.37b	18.50b	2.37a	2.44a	3.07a	0.17a	79.46a
	T7	38.75a	20.46a	1.54b	1.43b	1.30d	0.12a	33.19g
沾益大坡	T1	35.78c	22.29c	1.64c	1.62c	1.85c	0.12a	40.18f
	T2	33.63d	21.25d	1.94a	2.08a	2.71a	0.11a	64.37e
	T3	39.13b	23.45b	1.89b	1.82b	2.82a	0.13a	70.63d
	T4	36.51c	20.54d	2.08a	2.14a	2.57b	0.13a	75.51c
	T5	34.32d	21.68d	2.01a	1.99a	2.65a	0.12a	78.46b
	T6	33.56d	19.43d	2.07a	2.17a	2.68a	0.14a	82.25a
	T7	45.91a	25.92a	1.40c	1.03d	1.19c	0.08a	37.25g
罗平罗雄	T1	32.79b	21.08c	1.58c	2.42b	2.04c	0.35a	50.81f
	T2	31.25c	26.12a	1.97a	2.87a	2.73a	0.52a	61.25e
	T3	29.74c	22.90c	1.74b	2.71a	2.41b	0.47a	64.37d
	T4	33.79a	27.72a	1.67b	2.89a	2.34b	0.41a	70.81c
	T5	30.93c	24.24b	1.80a	2.46b	2.39b	0.46a	75.49b
	T6	23.86d	26.35a	1.62b	2.62b	2.99a	0.58a	80.52a
	T7	32.80b	21.09c	1.19d	1.43c	1.74c	0.26a	38.14g

7.1.3.4 油枯有机无机复混肥对烤烟根系指标及肥料利用率的影响

由表 7-8 可知,就烟株根际指标而言,不施肥处理(T7)的根鲜物质量、根干物质量和根体积最低,在施 3 种肥料的基础上增加磷、钾肥可显著提高根际指标,

促进根系发育。在不补充磷钾的条件下，麒麟越州点，油枯有机无机复混肥 OR40
（T2）、OR30（T3）的根干重分别较复合肥处理（T1）显著增加 3.03%、17.63%；沾
益大坡点则分别增加 3.03%、3.02%；罗平罗雄点分别增加 17.4%、18.5%。在补充磷
钾的条件下，麒麟越州点，油枯有机无机复混肥 OR40（T5）、OR30（T6）的根干重
分别较复合肥处埋（T4）显著增加 3.3%、25.58%；沾益大坡点则分别增加 4.15%、
26.14%；罗平罗雄点分别增加 5.29%、27.56%。在大田调查根系形态时发现，施油
枯有机无机复混肥的一级侧根数较施复合肥显著增加。

表 7-8　施用油枯有机无机复混肥下的烤烟根系指标及肥料利用率

地点	处理	根系指标			表观利用率/%			生理利用率/%		
		根鲜物质量/（g/株）	根干物质量/（g/株）	根体积/（cm^3/株）	N	P$_2$O$_5$	K$_2$O	N	P$_2$O$_5$	K$_2$O
越州	T1	179.84c	57.81c	197.49f	26.11d	3.91c	25.56c	24.38c	3.02c	26.52c
	T2	189.05c	59.56c	206.51e	26.35d	4.12c	28.74b	26.11c	3.15c	24.38d
	T3	220.48b	68.00b	240.66d	30.41c	5.08b	29.94b	27.33c	3.63b	28.38c
	T4	228.73b	70.52b	257.73c	33.24b	5.63b	33.26b	29.43b	4.01a	31.98b
	T5	236.29b	72.85a	278.78b	36.11a	6.51b	35.15a	33.23a	4.16a	34.62a
	T6	292.65a	88.56a	309.92a	37.26a	6.09a	34.12a	31.57a	4.35a	32.5b
	T7	118.10d	37.78e	135.46g	17.34e	2.91d	15.99d	15.91d	1.92d	16.94e
大坡	T1	197.92f	63.69c	217.26f	28.82d	4.63d	31.71c	26.92f	3.42c	29.27c
	T2	208.06e	65.62c	227.34e	29.09d	4.42d	28.22d	28.82e	3.57b	26.92d
	T3	242.63d	74.90b	264.83d	33.55c	5.69c	33.03c	30.16d	4.09b	31.32c
	T4	251.70c	77.67b	283.60c	36.66b	6.26b	36.69b	32.47c	4.51a	35.28b
	T5	260.02b	80.24b	306.76a	39.82a	7.26a	38.77a	34.83a	4.89a	35.85b
	T6	322.02a	97.52a	341.01a	41.09a	6.81a	37.63a	36.65a	4.68a	38.18a
	T7	130.01g	41.66d	149.11g	19.17e	3.29e	17.69e	17.6g	2.21d	18.73e
罗雄	T1	216.78e	69.73e	238.91e	27.49e	4.42c	30.25c	25.67e	3.24b	27.92d
	T2	227.88d	71.84d	248.05e	27.74e	4.18c	26.91d	27.49d	3.38b	25.67e
	T3	265.75c	82.01c	290.07d	32.23d	5.43b	31.51c	28.77d	3.88b	29.87c
	T4	275.69b	85.05b	310.63c	34.97c	5.95b	34.99b	30.97b	4.28a	33.65b
	T5	284.80b	87.85b	336.00b	37.99b	6.46a	36.98a	33.22a	4.64a	34.24b
	T6	352.71a	106.78a	373.52a	39.19a	6.91a	35.93a	34.96a	4.44a	36.42a
	T7	142.38f	45.59f	163.30f	18.28f	3.12d	16.86e	16.78f	2.09c	17.86f

就氮、磷和钾素利用而言，麒麟越州点，T2、T3 的氮素表观利用率和氮素生理利用率分别较 T1（CK）显著提高 0.92%～16.47% 和 7.09%～12.1%；T5、T6 的氮素表观利用率和氮素生理利用率分别较 T4（CK）显著提高 8.63%～12.09% 和 7.27%～12.91%；T2、T3 的磷素表观利用率和磷素生理利用率分别较 T1（CK）提高 5.37%～29.92% 和 4.30%～20.2%；T5、T6 的磷素表观利用率和磷素生理利用率较 T4（CK）分别提高 8.75%～16.25% 和 3.74%～8.48%；T2、T3 的钾素表观利用率和钾素生理利用率分别较 T1（CK）提高 12.44%～17.14% 和 7.01%～8.78%；T5、T6 的钾素表观利用率和钾素生理利用率分别较 T4(CK)显著提高 2.58%～5.68% 和 1.63%～8.26%。

沾益大坡点，T2、T3 的氮素表观利用率和氮素生理利用率分别较 T1（CK）显著提高 0.93%～17.41% 和 8.02%～11.9%；T5、T6 的氮素表观利用率和氮素生理利用率分别较 T4（CK）显著提高 8.03%～13.29% 和 8.16%～13.19%；T2、T3 的磷素表观利用率和磷素生理利用率分别较 T1（CK）提高 6.58%～24.16% 和 4.39%～21.6%；T5、T6 的磷素表观利用率和磷素生理利用率分别较 T4（CK）提高 9.54%～17.12% 和 4.25%～7.85%；T2、T3 的钾素表观利用率和钾素生理利用率分别较 T1（CK）提高 11.29%～16.12% 和 8.12%～9.35%；T5、T6 的钾素表观利用率和钾素生理利用率分别较 T4（CK）显著提高 2.93%～6.54% 和 1.76%～9.21%。

罗平罗雄点，T2、T3 的氮素表观利用率和氮素生理利用率分别较 T1（CK）显著提高 1.03%～16.24% 和 7.19%～12.8%；T5、T6 的氮素表观利用率和氮素生理利用率分别较 T4（CK）显著提高 8.49%～15.45% 和 9.42%～14.13%；T2、T3 的磷素表观利用率和磷素生理利用率分别较 T1（CK）提高 2.57%～21.18% 和 3.46%～19.5%；T5、T6 的磷素表观利用率和磷素生理利用率分别较 T4（CK）提高 7.45%～15.11% 和 3.77%～6.43%；T2、T3 的钾素表观利用率和钾素生理利用率分别较 T1（CK）提高 9.02%～13.45% 和 8.01%～8.26%；T5、T6 的钾素表观利用率和钾素生理利用率分别较 T4（CK）显著提高 2.41%～5.36% 和 1.52%～9.07%。

上述结果表明，与烟草专用复合肥相比，施油枯有机无机复混肥，且适当补充磷、钾，能促进烟株根系发育，显著提高烤烟肥料利用率。

7.1.4 讨论

7.1.4.1 有机无机复混肥对烟叶产质量的影响

有研究表明，添加油枯比例低于 30%，烟叶产量、产值随油枯用量增加均呈上升趋势，烟叶化学成分更协调（梁洪涛等，2015）。本研究表明，与化肥相比，单施油枯有机无机复混肥（OR30 和 OR40）或补充磷、钾肥处理的烟叶产量和产值均有所升高，说明添加油枯 300 ~ 400 g/kg 仍可保证烤烟整个生育期的养分供应。在单施复合肥和油枯有机无机复混肥（OR30 和 OR40）的基础上，补充磷钾肥处理更能显著提高烟叶产量和产值（表 7-5）。综合而言，添加菜籽油枯 300 g/kg 更有利于提高烟叶产量、产值，这与已有的研究结果一致（刘宇，2008）；饼肥用量太大将导致速效养分不足，不能及时满足烤烟生长前期对养分的需求（任小利等，2012）。本研究发现，与 T1 相比，处理 T4、T5 和 T6 提高中部总氮、烟碱和钾含量，从而改善烟叶化学成分的协调性，这可能是菜籽油枯促进了烤烟根系酶活性、土壤有机营养转化、碳氮代谢及烟叶各物质转化（李亮等，2019），土壤养分释放速率与烤烟养分吸收规律较一致（杨旭等，2021），从而提升烟叶品质。其中，烟叶钾含量显著升高可能与施复混肥有效减缓钾素释放有关（余垚颖等，2016）。

7.1.4.2　菜籽油枯有机无机复混肥对烤烟肥料利用率的影响

油枯有机无机复混肥所含氮素在土壤中水平方向上扩散迁移速度较复合肥氮素慢，养分释放较适合烤烟生长所需，可促进烤烟根部对氮素的吸收，从而提高氮素利用率（佘文凯等，2019）。本研究中，与单施化肥相比，处理 T4、T5 和 T6 的氮磷钾表观利用率及生理利用率均显著提升（表 7-8），表明烟株对氮、磷、钾的利用能力提高。一方面可能是发酵油枯富含小分子有机营养物质，施入后有利于根际土壤微生物菌群繁殖，从而促进土壤对肥料的吸附、氮转化作用，改善土壤性质及微生态（张慧等，2019）；同时有机无机复混肥中大量元素和有机质保证了烟株体内养分平衡（何萍等，2012），其中有机物料促进了土壤氮、磷有效性，降低氮、钾离子淋溶（朱英华等，2019）。另一方面，发酵油枯富含的有机营养物质促进了烟株一级和二级侧根的发育，提高根系生物量与根系分泌物，其中根数量、体积及干物质量显著提高（高家合等，2009），改善土壤脲酶和蔗糖酶活性，微生物生物量碳显著增加（李艳平等，2016），而且发酵菜籽油枯对根际固氮菌和磷、钾细菌具有选择富集作用，从而增强烟株根系活力和吸收能力（陈尧等，2012），对提高钾、磷肥利用率起到一定的辅助作用（陈尧等，2012）。本研究结果也显示，在施有机无机复混肥的基础上，配施磷钾更能提高氮磷钾利用率。这可能是因为配施用后改善了烟株体内养分平衡，进而促进烟株对氮、磷、钾养分的吸收。

7.1.5　结论

施用菜籽油枯有机无机复混肥可促进烤烟地上部和根部生长发育，提高烟叶产量和产值，改善烟叶化学成分协调性，显著提高氮磷钾素表观利用率和氮磷钾素生理利用率。在相同肥料用量和施肥方式下，添加菜籽油枯30%（300 g/kg）的有机无机复混肥，且补充磷钾的综合效果较好，适宜在云南烟区推广应用，是实现油枯资源合理利用、化肥减施及烤烟提质、增效的良好施肥模式。同时在烤烟生产中，与施烟草专用复合肥相比，施油枯有机无机复混肥的烟株早生快发明显，后期易脱肥，应在烤烟团棵期及时追施硝酸钾，避免烟株后期营养不良或早衰减产。

7.2 防治烤烟根结线虫高活性生物基质药肥研制及应用

7.2.1 研究背景

烟草根结线虫病（Root-knot Nematode）是由植物根结线虫（*Meloidogyne* spp.）引起的一种严重危害烟叶产量及品质的重要病害之一。近年来，随着烟叶种植布局及种植制度调整的影响，烟草根结线虫病在全国各烟区呈逐年蔓延加重趋势，发生严重时烟叶产量损失达 30%~50%，其中云南省烟区发病面积超过 2.6 万 hm^2（崔江宽等，2021）。由于根结线虫会造成烟株根部机械损伤，故根结线虫病发生会加重烟草青枯病菌（*Ralstonia solanacearurm*）、黑胫病菌（*Phytophthora parasitica* var. *Nicotianae*）和根黑腐病菌（*Thielaviopsis basicola*）等土传病害的发生，给烟叶产质量带来巨大挑战。目前，防治烟草根结线虫以化学防治为主导，存在较大的环境污染风险，亟待探索一些环境友好型、抗线虫的生防资源来替代。

近年来，根结线虫的生物防治受到诸多学者的关注，国内外已报道应用的有苦参碱、印楝素、藜芦碱、氟吡菌酰胺、克线磷、噻唑膦、氟烯线砜、杀灭威等植物源农药，以及厚垣轮枝菌、芽孢杆菌、淡紫拟青霉、嗜硫小红卵菌 HNI-1、线虫净、阿维菌素等微生物农药（闫芳芳等，2022）。药肥指以肥料为载体进行农药与肥料混配的产品，混配时以肥为主，药为辅，其特点在于兼具肥料与农药的双重特性，既能有效控制病虫害发生，又能为作物补充营养元素和促进作物健康茁壮生长，两者协同增效。多项研究证实，土壤有机碳、氮是全球碳、氮储量的重要组成部分（黄梅等，2023），全球约有 1 500 Gt 碳、95 Gt 氮储存于土壤中，是反映全球生物化学系统、土壤-植物系统、碳平衡、气候变化、土壤质量和健康、农作物产量及品质的基础元素或指标（罗先真等，2023）。烤烟对碳素的获取主要靠吸收空气中 CO_2，但仅为其需求量的 1/5，远未能满足其需求而成为碳短板。因此，利用云南丰富的种养废弃物及天然原料，将其开发成高活性生物有机质药肥，既可为废弃物资源化利用提供一种可行、可持续、环保及经济的处理方式，又可为降低烟区环境风险，提高耕地生产力和烟叶产能、质量提供新策略。

7.2.2　材料与方法

7.2.2.1　试验地基本概况

2023 年在寻甸七星（103°25′E，25°56′N，海拔 1 819.4 m）进行试验。烤烟大田期 4 ~ 9 月平均降雨量为 921.7 mm，年平均气温为 16.7 °C。试验地土壤类型为红壤，土壤质地黏土，前茬苦荞。烤烟移栽前耕层（0 ~ 20 cm）土壤基础养分情况为：pH 6.41，有机质 34.92 g/kg，全氮 1.73 g/kg，水解性氮 105.47 mg/kg，有效磷 34.19 mg/kg，速效钾 304.28 mg/kg，水溶性氯（Cl^-）11.36 mg/kg，根结线虫数量 23.8 条/（100 g 土）。

7.2.2.2　试验材料

烤烟品种为云烟 87。肥料：烟草专用复合肥（N：P_2O_5：K_2O=12%：10%：24%）、硝酸钾（含 N 13.5%，K_2O 46.5%）、普通过磷酸钙（含 P_2O_5 16%）和硫酸钾（含 K_2O 50%）。高活性生物有机质以清洁有机质（玉米芯与牛粪发酵有机物）为载体，复配生物有机碳（有效活菌数 18 亿/克）、有机保水材料、复合功能菌而成，含有机质 42.17%、N 2.38%、P_2O_5 1.77%、K_2O 2.71%，pH 6.35，有效活菌数 200 亿 CFU/g；其病原菌、重金属等指标符合《有机肥料》（NY/T 525—2021）标准，由云南省农业科学院农业环境资源研究所提供。防治烤烟根结线虫生物农药氟吡菌酰胺（有效成分 41.7%，登记证号 PD20121664）由拜耳股份公司提供；嗜硫小红卵菌 HNI-1（有效活菌数 2 亿 CFU/mL，登记证号 PD20190021），由湖南新长山农业发展股份有限公司提供；线虫净（有效成分 12.5%，含淡紫拟青霉等有效活菌数 200 亿 CFU/g，登记证号 PD20181171），由河南瑞德隆生物科技有限公司提供。高活性生物基质药肥配制按表 7-9 进行。

表 7-9　高活性生物基质药肥配方

品种	原料	每吨药肥各原料用量	备注
药肥 1	高活性生物有机质	1 000 kg	
	氟吡菌酰胺（有效成分 41.7%）	2 500 mL	按农药登记说明添加
药肥 2	高活性生物有机质	1 000 kg	
	嗜硫小红卵菌 HNI-1	1 000 mL	按农药登记说明添加
药肥 3	高活性生物有机质	1 000 kg	
	线虫净（有效成分 12.5%）	2 000 g	按农药登记说明添加

7.2.2.3　试验设计

设置 8 个处理，即化肥常规用量+不施任何防根结线虫药（T1）、化肥常规用量+氟吡菌酰胺（T2）、化肥常规用量+嗜硫小红卵菌 HNI-1（T3）、化肥常规用量+线虫净（T4）、化肥常规用量 80%+生物有机质（T5）、化肥常规用量 80%+药肥 1（生物有机质+氟吡菌酰胺）（T6）、化肥常规用量 80%+药肥 2（生物有机质+嗜硫小红卵菌 HNI-1）（T7）、化肥常规用量 80%+药肥 3（生物有机质+线虫净）（T8）。小区面积 60 m^2，各小区栽烟 80 株，重复 3 次，随机区组排列。采用漂浮育苗移栽，株行距 0.6 m×1.2 m，烤烟移栽后覆膜直至采烤结束。相同用药处理施药量一致，在烤烟移栽时施用。烟株大田期生物有机质及 N、P_2O_5、K_2O 施用量见表 7-10，N∶P_2O_5∶K_2O 为 1∶1.5∶3。烟草复合肥、普通过磷酸钙、硫酸钾和高活性生物有机质全部基施；在烟株长出第 12 片新叶时用硝酸钾（150 kg/hm^2）兑水浇施，其他与当地优质烟生产相同。

表 7-10　各试验处理肥料施用量及农药施用方式

处理	生物有机质/（kg/hm^2）	纯氮/（kg/hm^2）	磷（P_2O_5）/（kg/hm^2）	钾（K_2O）/（kg/hm^2）	农药种类	每公顷用药剂量	施用方式
T1	0	98	146	293	不施	—	—
T2	0	98	146	293	氟吡菌酰胺	11 250 mL	烤烟移栽时兑水稀释 1 500 倍灌根
T3	0	98	146	293	嗜硫小红卵菌 HNI-1	4 500 mL	烤烟移栽时兑水稀释 1 500 倍灌根
T4	0	98	146	293	线虫净	9 000 g	烤烟移栽时兑水溶解 2 000 倍灌根
T5	4 500	78	117	234	不施	—	—
T6	4 500	78	117	234	氟吡菌酰胺	11 250 mL	药剂兑水稀释 1 500 倍与生物基质肥配成药肥
T7	4 500	78	117	234	嗜硫小红卵菌 HNI-1	4 500 mL	药剂兑水 1 500 倍与生物基质肥制成药肥
T8	4 500	78	117	234	线虫净	9 000 g	药剂兑水 2 000 倍与生物基质肥制成药肥

7.2.2.4 样品采集及测定指标

1. 烟株农艺性状

在烟叶成熟时，按小区随机选取健康烟株 8 株，按 YC/T 142—2010 标准，测定株高、茎围、叶片数、脚叶和腰叶长宽，求烟叶的叶面积。

2. 烤烟根结线虫发生情况调查

于烤烟采收后（9 月上中旬），参照《烟草病虫害分级及调查方法》（GB/T 23222—2008）调查烟株发病率和病情指数。烤烟根结线虫调查分级标准，0 级：根部正常；1 级：1/4 以下根上有少量根结；3 级：1/4～1/3 根上有少量根结；5 级：1/3～1/2 根上有根结；7 级：1/2 以上根上有根结，少量次生根上发生根结；9 级：所有根上（含次生根）长满根结。烟株发病率和病情指数计算公式为：

$$发病率（\%）=（发病株数/调查总株数）×100\%$$

$$病情指数=[\sum（各级病株数×该病级值）]/（调查总株数×最高级值）×100\%$$

3. 烤烟根结线虫发生程度划分

参照《烟草病害预测预报调查规程 第 5 部分：根结线虫病》（YC/T 341.5—2010）进行。烟草根结线虫病发生程度分 6 级，以平均病情指数（以 M 表示）确定，各级指标见表 7-11。

表 7-11 烟草根结线虫病发生程度分级指标

级别	0（无发生）	1（轻度发生）	2（中等偏轻发生）	3（中等发生）	4（中等偏重发生）	5（严重发生）
病情指数	0	$0<M\leqslant5$	$5<M\leqslant20$	$20<M\leqslant35$	$35<M\leqslant50$	$M>50$

4. 土壤微生物数量及微生物量碳、氮测定

用稀释平板计数测定土壤微生物数量。真菌用马丁氏培养基；细菌为牛肉膏蛋白胨培养基；放线菌为高氏 1 号培养基，分别分离和计数微生物数量（CFU/g 干土）。采用氯仿熏蒸-K_2SO_4 浸提法在 C/N 分析仪（TOC Multi C/N 2100，德国）上测定土壤微生物量碳、氮。

5. 烤烟经济性状

烟叶成熟时，按小区挂牌采收、烘烤，采用 GB 2635—92 标准划分初烤烟叶分级、称重，计算上等烟比例、产量和产值。

6. 烟叶化学成分及可用性指数

采集各小区烟叶 B2F（上橘二）、C3F（中橘三）和 X1F（下橘一）样品。用连续流动分析仪（AA3 型）测定烟叶总糖和还原糖（YC/T 159—2002）、总氮（YC/T 161—2002）、烟碱（YC/T 468—2013）、钾（YC/T 217—2007）和水溶性氯含量（YC/T 162—2011）。

7.2.3 结果与分析

7.2.3.1 不同处理对烤烟农艺性状的影响

由表 7-12 可知，与 T1（CK）不施药相比，处理 T2、T3、T4、T5、T6、T7 和 T7 的烟株株高、有效叶片数、茎围、脚叶宽、腰叶长及腰叶叶面积显著增加。T4、T5、T8 脚叶长与 CK 差异不显著，其他处理的烤烟脚叶长则显著高于 CK；T5 的脚叶叶面积与 CK 差异不显著，而其他处理脚叶叶面积显著高于 CK。处理 T2、T4、T6、T7、T8 腰叶宽较 CK 显著增加。综合而言，施高活性生物有机质及其药肥的处理烟株长势强于施化肥，烟株腰叶叶面积显著增大，说明高活性生物有机质能有效促进烟株生长。

表 7-12　不同处理对烤烟农艺性状的影响

处理	株高/cm	叶片数	茎围/cm	脚叶长/cm	脚叶宽/cm	脚叶叶面积/cm²	腰叶长/cm	腰叶宽/cm	腰叶叶面积/cm²
T1（CK）	108.4d	18.2c	11.8c	55.1c	25.4d	951.77c	62.7c	24.5c	1 005.11e
T2	122.6a	20.7b	12.4b	63.3a	29.5a	1 184.17a	69.2b	27.6a	1 214.93c
T3	122.9a	19.7b	12.1b	60.6b	27.8c	1 072.72b	68.3b	25.7c	1 148.49d
T4	120.4b	21.5a	12.5b	57.5c	27.9c	1 049.66b	72.3b	26.0b	1 197.77d
T5	117.8c	20.4b	12.3b	55.6c	27.2c	989.51c	69.9b	25.2c	1 152.54d
T6	125.7a	21.1a	13.2a	61.5b	28.2b	1 095.78b	76.1a	28.5a	1 371.58a
T7	126.5a	21.2a	13.5a	60.2b	29.1a	1 108.86b	75.2a	26.8b	1 275.83b
T8	124.3a	20.6b	13.2a	58.5c	28.6b	1 059.43b	71.8b	27.6a	1 261.28b

7.2.3.2 不同处理对烟株根结线虫发病的影响

由表 7-13 可知，与 T1（CK）相比，其他处理烟株根结线虫病发病率均显著下降，其中施生物有机质（T5）防治效果较施药处理略差。从施药处理看，不论是氟吡菌酰胺、嗜硫小红卵菌 HNI-1 及线虫净药剂单独施用，还是配制成高活性生物基质药肥，其防治烟株根结线虫效果高低均呈现：氟吡菌酰胺 > 嗜硫小红卵菌 HNI-1 > 线虫净，而且药肥效果优于单独施用药剂。

表 7-13　烤烟根结线虫病害情况

处理	发病率/%	病情指数	根结线虫发生程度	防治效果/%
T1（CK）	96.53a	57.24a	严重发生	—
T2	22.13g	8.12e	中等偏轻发生	88.49b
T3	36.47d	15.78c	中等偏轻发生	84.51d
T4	38.29c	15.16c	中等偏轻发生	81.63e
T5	57.27b	34.49b	中等发生	69.24f
T6	18.92h	4.84f	轻度发生	93.18a
T7	26.33f	8.98e	中等偏轻发生	90.15b
T8	28.16e	10.19d	中等偏轻发生	87.74c

7.2.3.3　不同处理对烟株根际土壤微生物的影响

由表 7-14 可知，施生物有机质及药肥较单一施化肥处理能显著增加烟株根际土壤真菌、细菌、放线菌数量，以 T6、T7 增加最多，其较 T1（CK）分别增加 2.91、2.14、3.9 倍和 2.54、1.95、3.4 倍。T5、T6、T7、T8 的土壤微生物量碳、氮含量及碳/氮较 T1（CK）显著增加，增幅分别为 66.88% ~ 104.20%、16.88% ~ 28.01% 和 42.41% ~ 63.81%，说明施生物有机质及药肥有利于增加土壤微生物群落丰富度，且生物有机质及生物农药具有较好的相容性。

表 7-14　不同处理对烤烟根际土壤微生物数量及碳氮比的影响

处理	真菌/（×10⁵CFU /g dry soil）	细菌/（×10⁵CFU /g dry soil）	放线菌（×10⁵CFU /g dry soil）	微生物量碳 /（mg/kg）	微生物量氮 /（mg/kg）	微生物量碳氮比
T1（CK）	40.74d	63.51d	38.39f	82.85e	32.29d	2.57d
T2	57.02c	70.83c	61.73e	90.31d	33.82c	2.67c
T3	58.85c	77.19c	83.54d	94.27d	34.46c	2.74c
T4	60.13c	81.57c	69.62e	103.49d	35.58c	2.91c
T5	64.42b	92.38b	101.35c	138.26c	37.74b	3.66b
T6	118.64a	136.13a	149.86a	169.18a	40.17a	4.21a
T7	103.28a	124.02a	130.58a	157.03a	38.95a	4.03a
T8	98.65a	116.27a	122.49b	148.54b	41.33a	3.62b

7.2.3.4 不同处理对烤烟经济性状的影响

由表 7-15 可知，与 CK（T1）相比，在烟叶上等烟比例、产量、产值、产指上，处理 T2、T6、T7、T8 最优，其次为 T3、T4。其中 T6、T7 烟叶产量较 CK 分别显著增加 11.51%、18.62%，其产值较 CK 分别显著提高 41.21%、31.75%。处理 T6、T7 烟叶外观品质最优（见表 7-16）。同时，施用生物基质药肥的烟叶上等烟比例、产值较单一施相同生物农药处理明显提高。

表 7-15　不同处理对烤烟经济性状的影响

处理	上等烟比例 /%	中上等烟比例 /%	产量 /（kg/hm²）	产值 /（元/hm²）	均价 /（元/kg）	产指	级指
T1（CK）	64.95c	87.52b	1 824.3e	49 478.25f	27.12d	69.44h	57.10d
T2	68.53b	89.18a	2 013.8c	64 461.15c	32.01b	116.15a	64.23b
T3	63.68c	84.75c	1 958.1d	55 911.60d	28.55d	78.47f	60.11c
T4	65.76b	85.54c	1 949.0d	58 222.05d	29.87c	81.72e	62.89c
T5	62.17c	88.49a	1 777.1e	52 535.40e	29.56c	73.73g	62.24c
T6	72.52a	93.66a	2 034.3c	69 869.40a	34.35a	98.06b	72.31a
T7	70.81a	90.17a	2 163.9a	65 186.70b	30.12c	91.49c	63.42b
T8	69.59b	92.91b	2 089.7b	64 743.60c	29.40c	86.24d	61.90c

表 7-16　不同处理对烟叶外观品质的影响

处理	颜色	成熟度	叶片结构	叶片厚度	油分	光泽
T1（CK）	桔黄	成熟	疏松	薄	无	弱
T2	桔黄	成熟	尚疏松	薄	有	较强
T3	桔黄	成熟	尚疏松	适中	有	中
T4	桔黄	成熟	尚疏松	薄	有	中
T5	桔黄	成熟	尚疏松	适中	有	中
T6	桔黄	成熟	尚疏松	适中	较多	较强
T7	桔黄	尚熟	稍密	稍厚	多	较强
T8	桔黄	成熟	疏松	适中	有	中

7.2.3.5 不同处理对各部位烟叶化学成分的影响

由表 7-17 可知，与 T1（CK）相比，不同处理对初烤烟叶化学成分的影响程度不一。T4、T6 上部烟叶总糖含量较 CK 显著升高，T5、T6 显著增加中部烟叶总糖含量，T2、T3、T5、T7、T8 下部烟叶总糖较 CK 显著增加。CK 上部烟叶还原糖含量最高，T5、T6 中部烟叶还原糖含量较 CK 显著提高，所有处理的下部烟叶还原糖均显著高于 CK。上、中、下部烟叶总氮、烟碱含量以 CK 最低，其他各处理与 CK 间烟叶总氮、烟碱含量差异均达显著水平。上、中、下部烟叶钾含量以 CK 最低，相同部位其他处理与 CK 间烟叶钾含量差异显著。同一部位烟叶水溶性氯含量在不同处理间差异未达显著水平。

表 7-17　不同处理对各部位烟叶化学成分的影响

烟叶部位	处理	总糖/%	还原糖/%	总氮/%	烟碱/%	氧化钾/%	水溶性氯/%
上部（B2F）	T1（CK）	37.87b	25.38a	2.14c	1.75c	1.06d	0.32a
	T2	35.54c	20.22c	2.88a	1.91b	1.57c	0.44a
	T3	35.43c	21.20c	2.78a	2.05b	1.42c	0.39a
	T4	39.26a	23.44b	2.68a	1.93b	1.83b	0.50a
	T5	34.84c	19.16c	2.83a	2.37a	1.76b	0.88a
	T6	38.59a	22.81b	2.53b	2.07b	1.91a	0.68a
	T7	36.01c	20.41c	2.69b	1.90b	1.93a	0.37a
	T8	35.50c	19.89c	2.74a	1.96b	2.04a	0.43a
中部（C3F）	T1（CK）	41.72b	22.36c	2.01b	1.67d	1.92d	0.52a
	T2	40.92b	20.21d	2.29a	1.95b	2.61b	0.33a
	T3	39.37c	19.10d	2.28a	1.84c	2.40b	0.40a
	T4	42.42b	21.88d	2.21a	1.97b	2.22c	0.32a
	T5	43.79a	28.03a	2.00b	1.81c	2.33c	0.26a
	T6	44.04a	23.44b	2.17a	2.25a	2.82a	0.50a
	T7	38.54c	18.03d	2.30a	2.21a	2.56b	0.48a
	T8	38.66c	19.79d	2.44a	2.40a	2.46b	0.34a
下部（X1F）	T1（CK）	32.29c	18.19e	1.65d	1.79e	1.59b	0.59a
	T2	34.30b	20.56d	1.84b	1.91d	1.78a	0.64a
	T3	33.41b	18.45e	1.98b	1.90d	1.92a	0.60a
	T4	31.46c	20.92d	2.08b	2.01d	1.64b	0.61a
	T5	35.75b	22.33c	1.77c	2.32b	1.61b	0.78a
	T6	31.68c	20.23d	2.39a	2.58b	1.88a	0.48a
	T7	37.56a	25.20a	2.27a	2.82a	1.72a	0.42a
	T8	34.95b	23.54b	2.48a	2.92a	1.97a	0.37a

7.2.3.6 不同处理对其化学成分可用性的影响

以中部烟叶总糖、还原糖、总氮、烟碱、钾和水溶性氯 6 项指标为对象，评价各处理化学成分可用性。运用隶属度函数模型指数和主成分分析法计算烟叶化学成分可用性指数（CCUI）。烟叶化学成分的隶属函数类型、拐点值及权重见表 7-18。由表 7-19 可知，T1（CK）的 CCUI 值最低，除 T2、T8 处理间 CCUI 差异不显著外，剩余处理间 CCUI 值差异均达显著水平。综合而言，施用生物有机质药肥更能有效改善烟叶化学成分协调性。

表 7-18　烟叶化学成分的隶属函数类型、拐点值及权重

化学成分	函数类型	下临界值	下限最优值	上限最优值	上临界值	权重/%
总糖/%	抛物线	10	20	28	45	14.82
还原糖/%	抛物线	12.5	19	20	30	11.57
总氮/%	抛物线	1.0	1.3	2.2	3.5	17.69
烟碱/%	抛物线	1.0	1.5	2.4	3.0	13.76
氧化钾/%	S 型	1.5			3.0	15.15
水溶性氯/%	抛物线	0.10	0.3	0.4	0.8	9.91

表 7-19　不同处理烟叶化学成分可用性综合评价

处理	CCUI	CCUI 排序
T1（CK）	45.23g	8
T2	84.16c	4
T3	82.31d	5
T4	80.25e	6
T5	77.24f	7
T6	89.49a	1
T7	86.28b	2
T8	84.53c	3

7.2.4 讨论

本研究中，与化肥常规用量相比，施高活性生物有机质后，扣减化肥常规用量20%并未影响烟株生长，且仍能保持较高的烟叶产量、产值，烟叶化学成分更协调，

说明高活性生物有机质可替代 20% 的化肥。前人研究表明，施有机肥会影响土壤有机碳、活性氮的"库"和"源"，土壤微生物量碳氮比（SMBC/SMBN）反映土壤微生物群落，其比值高低会影响烟株根际微生物繁殖和生长，细菌 SMBC/SMBN 约5∶1，真菌约 10∶1，放线菌约 6∶1（郭振等，2017；何玉亭等，2016）。本研究表明，施高活性生物有机质及药肥可显著增加烟株根际土壤真菌、细菌、放线菌数量，微生物碳氮量及 SMBC/SMBN 比值，以氟吡菌酰胺、嗜硫小红卵菌 HNI-1C/N 复配的 2 种药肥最显著，这说明药肥相容性较好，但二者间的微生物群落消长、融合机理还有待进一步研究。

前人研究表明，云南烟区烤烟结线虫主要有南方根结线虫、花生根结线虫和爪哇根结线虫，占总根结线虫种类的 97.5%，还存在少量北方根结线虫和未知种类线虫（徐兴阳等，2017）。同时，氟吡菌酰胺、嗜硫小红卵菌 HNI-1 和线虫净是烤烟较好的杀线剂（杨云飞，2022；李星星等，2023）。本研究证实，利用 3 种杀线生防菌与生物有机质复配的药肥对线虫具有较好毒杀作用，且效果优于单一杀线剂，这种协同增效作用与杨云飞利用生物炭基肥及淡紫紫孢菌复配的烟草杀线型功能肥料试验结果基本吻合，这可能是与生物基质肥的存在为生防菌定殖提供充足的养分，促进生防菌生长发育有关。本试验以氟吡菌酰胺与生物有机质复配的药肥防治效果最好，平均防效达 93.18%，其次是嗜硫小红卵菌 HNI-1 药肥，防效达 90.15%，这主要是因为氟吡菌酰胺、嗜硫小红卵菌 HNI-1 对南方根结线虫二龄幼虫的毒力较强（李星星等，2023）。

7.2.5　结论

以高活性生物有机质与氟吡菌酰胺、嗜硫小红卵菌 HNI-1、线虫净配制的高活性生物基质药肥可较好地防治烤烟根结线虫，其能促进烟株生长，提高烟叶产值及改善烟叶化学成分协调性均优于 3 种生物农药单一施用，其中以氟吡菌酰胺配制的药肥防效最佳，防治效果达 93.18%，其次是嗜硫小红卵菌 HNI-1 药肥，防效达 90.15%。土壤真菌、细菌、放线菌及微生物量碳、氮含量均显著增加。在施高活性生物有机质的基础上，扣减化肥常规用量 20% 不影响烟株生长，烟叶产量、产值较高，烟叶化学成分更协调。由此可见，开发含氟吡菌酰胺或嗜硫小红卵菌 HNI-1 的高活性生物基质药肥在云南烤烟根结线虫生物防治领域具有较大潜力。推荐使用方法及用量：在烤烟移栽时塘底水分全干，栽好烟苗后，以距烟苗 7～10 cm 为半径，环状施用复合肥，再用高活性生物基质药肥盖塘，完全覆盖复合肥，覆盖厚度为 3～5 cm，药肥施用量 4 500 kg/hm²，化肥纯氮磷钾扣减 20%。

7.3 防治烤烟黑胫病高活性生物基质药肥研制及应用

7.3.1 研究背景

烟草黑胫病[*Phytophthora Parasitica* Var. *nicotianae*（Breda de Hean）Tuker]属鞭毛菌亚门（Mastigomycotina），卵菌纲（Oomycetes），霜霉目（Peronosporales），疫霉菌属（Phytophthora），是危害烟叶产量和品质较为严重的土传病害之一。目前，防治烟草黑胫病以氟吗啉、氟菌·霜霉威、噁霜·锰锌、霜脲氰、丙森锌、百菌清、三乙膦酸铝和噻菌铜等化学药剂为主，存在环境污染风险高的问题。研究表明，烟草黑胫病发生的本质是土传病菌的生长和繁殖，土壤温度、湿度、酸碱度（魏国胜等，2011）、硝态氮和铵态氮（谭军等，2017）、碳组分（陈海念，2020）均直接或间接影响其传播。其次，土壤过氧化氢酶活性，相对较高丰度的放线菌门、酸杆菌门、孢球托霉属和较低丰度的厚壁菌门、棘壳孢属等根际微生物与烟草黑胫病发病水平关系密切（吴寿明等，2023），根际环境不仅是土传真菌的侵染场所，还是微生物与病原菌相互作用的主战场。本研究基于云南丰富的种养废弃物原料，复配复合微生物、生物有机碳等，研发出高活性生物基质药肥，集微生物、有机养分于一体，肥料与农药双重特性，符合农业绿色发展的需求。为此，探究该药肥对土壤生态环境因子、烟草黑胫病发病程度间的关系，提升复合菌剂在复配产品中的稳定性，增强其在植烟土壤中的定殖增殖能力，为今后研发、推广防治烟草黑胫病的稳定高效生物复配药肥提供理论基础。

7.3.2 材料与方法

7.3.2.1 试验地基本概况

本试验于 2023 年在寻甸七星（103°25′E，25°56′N，海拔 1 819.4 m）进行。烤烟大田期 4～9 月平均降雨量为 921.7 mm，年平均气温为 16.7 ℃。试验地土壤类型为红壤，土壤质地为黏土，前茬苦荞。烤烟移栽前耕层（0～20 cm）土壤基础养分：pH 6.51，有机质 35.27 g/kg，全氮 1.82 g/kg，水解性氮 116.34 mg/kg，有效磷

31.99 mg/kg，速效钾 276.42 mg/kg，水溶性氯离子（Cl⁻）16.38 mg/kg。

7.3.2.2　供试材料

烤烟品种为云烟 87。肥料：烟草专用复合肥（N：P_2O_5：K_2O=12%：10%：24%）、硝酸钾（含 N 13.5%，K_2O 46.5%）、普通过磷酸钙（含 P_2O_5 16%）和硫酸钾（含 K_2O 50%）。清洁有机质（玉米芯、牛粪混合发酵有机物），含有机质 46.19%、全 N 1.83%、P_2O_5 1.29%、K_2O 3.93%，pH 7.12，其病原菌、重金属等指标符合《有机肥料》（NY/T 525—2021）标准。高活性生物有机质，以清洁有机质为载体，复配生物有机碳（有效活菌数 18 亿/克）和复合功能菌而成，含有机质 49.26%、N 2.07%、P_2O_5 1.32%、K_2O 3.95%，pH 7.08。高活性生物基质药肥 A，由高活性生物有机质复配复合微生物菌剂（含枯草芽孢杆菌、哈茨木霉、多粘芽孢杆菌等）组成，有效活菌数 200 亿 CFU/g。高活性生物基质药肥 B，由高活性生物有机质与 80%烯酰吗啉水分散粒剂混合而成，其中烯酰吗啉登记证号为 PD20102039，按其使用说明施用。

7.3.2.3　试验设计

设置 5 个处理，即清洁有机质+化肥（烟农常规用量）+不施任何药剂（T1）、清洁有机质+化肥（烟农常规用量）+烯酰吗啉（T2）、高活性生物有机质+化肥（80%烟农常规用量）（T3）、高活性生物基质药肥 A+化肥（80%烟农常规用量）（T4）、高活性生物基质药肥 B+化肥（80%烟农常规用量）（T5）。小区面积 60 m²，各小区栽烟 80 株，重复 3 次，随机区组排列。采用漂浮育苗移栽，株行距 0.6 m×1.2 m，4 月 25 日烤烟移栽后覆膜，烟株团棵期揭膜培土。相同用药处理施药量一致，在烤烟移栽时施用。清洁有机质、高活性生物有机质、药肥 A 和 B 用量为 4 500 kg/hm²，化肥 N、P_2O_5、K_2O 施用量见表 7-20，N：P_2O_5：K_2O 为 1：1.5：3。烟草复合肥、普通过磷酸钙、硫酸钾、清洁有机质、高活性生物有机质、药肥 A 和药肥 B 全部基施；烟株有第 12 片叶时追施硝酸钾（兑水浇施）150 kg/hm²，其他与当地优质烟生产相同。

表 7-20　各试验处理肥料施用量及农药施用方式

处理	纯氮/（kg/hm²）	磷（P_2O_5）/（kg/hm²）	钾（K_2O）/（kg/hm²）
T1	98	146	293
T2	98	146	293
T3	78	117	234
T4	78	117	234
T5	78	117	234

7.3.2.4　样品采集及测定指标

1. 烤烟黑胫病调查

参照《烟草病虫害分级及调查方法》（GB/T 23222—2008），每小区选择 15 株，以株为单位调查烟株发病率和病情指数。分级标准如下，0 级：全株无病；1 级：茎部病斑不超过茎围的 1/3，个别叶片萎蔫；3 级：茎部病斑不超过茎围的 1/3，或 1/2 以下叶片轻度凋萎或下部少数叶片出现病斑；5 级：茎部病斑不超过茎围的 1/2，或 1/2 以上叶片轻度凋萎；7 级：茎部病斑环绕茎围，或 2/3 以上叶片凋萎；9 级：病株全部叶片凋萎或枯死。计算公式为：

$$发病率（\%）=（发病株数/调查总株数）\times 100\%$$

$$病情指数=[\sum（各级病株数 \times 该病株级值）]/（调查总株数 \times 最高级值）\times 100\%$$

2. 土壤养分、微生物数量及微生物量碳、氮测定

对调查完发病等级的烟株连根拔起，去除杂草、沙石及根围近地表的土壤，然后抖落收集烟株根际须根 2 cm 范围内土壤，充分混匀装袋。参照鲍士旦的方法测定土壤养分含量。用稀释平板计数测土壤微生物数量。真菌用马丁氏培养基；细菌用牛肉膏蛋白胨培养基；放线菌用高氏 1 号培养基，分离和计数微生物数量（CFU/g 干土）。用氯仿熏蒸-K_2SO_4 浸提法，在 C/N 分析仪（TOC Multi C/N 2100，德国）上测定土壤微生物量碳、氮。

3. 农艺性状

在烟叶成熟时，按小区选取健康烟株 8 株，按 YC/T 142—2010 标准，测定株高、茎围、叶片数、腰叶长宽，计算烟叶叶面积。

4. 经济性状

烟叶成熟时，按小区挂牌采收、烘烤，采用 GB 2635—92 标准划分初烤烟叶分级、称重，计算上等烟比例、产量和产值。

5. 烟叶化学成分及可用性指数

采集各小区烟叶 C3F（中橘三）样品。用连续流动分析仪（AA3 型）测定烟叶总糖和还原糖（YC/T 159—2002）、总氮（YC/T 161—2002）、烟碱（YC/T 468—2013）、钾（YC/T 217—2007）和水溶性氯含量（YC/T 162—2011）。运用隶属度函数模型指数和主成分分析法计算烟叶化学成分可用性指数（CCUI）。

7.3.3　结果与分析

7.3.3.1　不同处理对烤烟黑胫病发生的影响

由表 7-21 可知，与 T1（CK）相比，其他处理烟株的黑胫病发病率均显著下降，呈现单独施农药（T2）、生物有机质（T3）或药肥 A、药肥 B 均可有效防治烤烟黑胫病。防病效果高低依次为：药肥 A ＞药肥 B ＞生物有机质＞烯酰吗啉，表明药肥效果优于单独施用农药药剂。

表 7-21　烤烟黑胫病发生情况

处理	发病率/%	病情指数	黑胫病发生程度	防治效果/%
T1（CK）	90.27a	53.29a	严重发生	—
T2	30.75b	12.13b	中等发生	85.23d
T3	25.31c	11.18c	轻度发生	87.61c
T4	17.53e	5.47e	较轻发生	94.29a
T5	20.94d	8.81d	轻度发生	90.18b

注：同列数据后不同小写字母表示不同处理间差异显著（$P < 0.05$），表中数据为平均值与标准差。下同。

7.3.3.2　不同处理对烟株根际土壤养分含量的影响

由表 7-22 可知，土壤 pH 值在不同处理间无显著变化。处理 T3、T4 和 T5 的土壤有机质含量较 CK 分别显著增加 8.81%、11.67% 和 33.19%。与 CK 相比，T3、T4、T5 的土壤水解性氮含量分别提高 9.38%、6.52% 和 5.79%。T3、T4 和 T5 的土壤有效磷含量分别较 CK 显著提高 46.59%、18.05%、30.64%。T3、T4 和 T5 的土壤速效钾含量较 CK 分别显著增加 31.36%、18.45% 和 28.77%。与 CK 相比，T3、T4、T5 的土壤电导率大幅降低，分别下降 25.37%、28.29% 和 34.52%。T3、T4、T5 的土壤总碳与总氮较 CK 增幅分别为 30.74%～47.67%、2.84%～10.79%。由此可见，施生物有机质有利于提高土壤肥力，降低土壤电导率。

表 7-22　不同处理对植烟土壤养分含量的影响

处理	pH	有机质/（g/kg）	水解性氮/（mg/kg）	有效磷/（mg/kg）	速效钾/（mg/kg）	电导率/（μS/cm）	总碳/%	总氮/%
T1（CK）	6.51a	35.98c	114.61b	31.53c	220.00c	121.83a	30.71b	1.76b
T2	6.39a	37.85c	117.42b	33.78c	223.80c	114.25a	33.12b	1.81b
T3	6.41a	39.15b	125.36a	46.22a	289.00a	90.92b	40.15a	1.95a
T4	6.81a	40.18b	122.08a	37.22b	260.60b	87.36b	43.27a	1.90a
T5	6.39a	47.92a	121.25a	41.19a	283.30a	79.78c	45.35a	1.84a

7.3.3.3　不同处理对烟株根际土壤微生物菌群数量的影响

由表 7-23 可知，与 CK 相比，T2、T3、T4、T5 的烟株根际土壤真菌数量分别增加 1.12、1.43、1.76、1.56 倍，而 T2、T3、T4、T5 处理烟株的根际土壤细菌、放线菌数量较 T1（CK）分别增加 1.11、1.27、1.82、1.34 倍和 1.53、2.28、2.66、2.42倍。T3、T4、T5 的土壤微生物量碳、氮含量及其碳/氮比较 CK 显著增加，增幅分别为 57.55%～94.42%、4.15%～30.63% 和 46.36%～51.34%，其中 T4 的土壤微生物量碳、氮含量增幅最大，表明施高活性生物有机质复配复合微生物菌剂更有利于增加土壤微生物群落数量。

表 7-23　不同处理对烤烟根际土壤微生物数量及碳氮比的影响

处理	真菌/（×10⁵ CFU/g dry soil）	细菌/（×10⁵ CFU/g dry soil）	放线菌/（×10⁵ CFU/g dry soil）	微生物量碳/（mg/kg）	微生物量氮/（mg/kg）	微生物量碳氮比
T1（CK）	68.93e	83.54e	55.39e	71.19d	27.23d	2.61b
T2	77.14d	92.86d	84.75d	80.48c	26.89d	2.99b
T3	98.36c	106.18c	126.47c	115.27b	30.15b	3.82a
T4	121.27a	151.69a	147.58a	138.41a	35.57a	3.89a
T5	107.45b	112.27b	133.84b	112.16b	28.36c	3.95a

7.3.3.4　不同处理对烤烟农艺性状的影响

由表 7-24 可知，在烤烟移栽后 50 d，处理 T3、T4、T5 烟株的株高、茎围、叶片数、叶面积及叶面积系数均较 CK 显著增加，增幅分别为 36.16%～49.51%、8.22%～13.7%、26.14%～40.91%、39.41%～44.76%、20.18%～42.11%。烤烟采烤前，处理 T3、T4、T5 烟株长势强于 CK，3 个处理烟株在茎围、叶片数、叶面积和叶面积系数上均较 CK 显著提高，增幅分别为 6.42%～14.68%、4.89%～16.3%、7.75%～14.06%、7.17%～13.96%，其中处理 T4、T5 烟株长势最好，表明施生物基质药肥可以替代化肥 20%。

7.3.3.5　不同处理对烤烟经济性状的影响

由表 7-25 可知，与 CK 相比，处理 T3、T4、T5 可显著提高烟叶上等烟比例、产量、产值，其中 T3、T4、T5 的上等烟叶比例分别较 CK 提高 5.19%、8.88%、5.75%，T3、T4、T5 产量与产值分别较 CK 增加 7.45%～15.85%、10.28%～29.57%。说明施用生物基质药肥可显著提高烟叶产量、产值。

表 7-24　不同处理对烟株农艺性状的影响

处理	移栽 50 d					采烤前				
	株高/cm	茎围/cm	叶片数	叶面积/cm²	叶面积系数	株高/cm	茎围/cm	叶片数	叶面积/cm²	叶面积系数
T1（CK）	30.7b	7.3b	8.8d	443.19d	1.14d	117.5c	10.9c	18.4c	1 005.00d	2.65c
T2	30.9b	7.5b	9.3c	477.72c	1.26d	114.3c	11.2b	18.7c	1 023.98d	2.70c
T3	41.8a	7.9a	11.1b	623.48b	1.37c	123.2a	11.6b	19.3b	1 082.91c	2.84b
T4	45.9a	8.3a	12.4a	641.56a	1.62a	127.1a	12.5a	21.4a	1 146.33a	3.02a
T5	42.4a	8.1a	12.2a	617.87b	1.49b	119.4b	12.3a	19.8b	1 109.60b	2.95a

表 7-25　不同处理对烤烟经济性状的影响

处理	上等烟比例/%	产量/（kg/hm²）	产值/（元/hm²）	产指	级指
T1（CK）	64.74c	2 376.0d	56 234.25e	79.76e	47.94e
T2	66.51c	2 164.5d	60 949.35d	86.45d	59.91b
T3	69.93b	2 553.0c	62 012.40c	87.96c	50.36d
T4	73.62a	2 752.5a	72 862.65a	103.35a	60.73a
T5	70.49b	2 635.5b	67 892.70b	96.30b	54.82c

7.3.3.6　不同处理对中部烟叶化学成分的影响

由表 7-26 可知，与 CK 相比，T3、T4、T5 的烟叶总糖、还原糖及钾含量分别显著提高 22.76%～32.63%、2.44%～18.68%、10.64%～18.72%。T3、T4、T5 的烟叶总氮与烟碱含量分别下降 5.49%～17.58%、4.14%～30.77%。烟叶水溶性氯含量无显著变化。烟叶化学成分可用性指数（CCUI）以 T3、T4、T5 最高，说明施高活性生物有机质及其药肥改善了烟叶化学成分协调性。

表 7-26　不同处理对中部烟叶化学成分的影响

处理	总糖/%	还原糖/%	总氮/%	烟碱/%	氧化钾/%	水溶性氯/%	CCUI
T1（CK）	25.22c	20.08b	1.82a	1.69a	2.35b	0.21a	64.47e
T2	26.21c	19.71b	1.81a	1.68a	2.20b	0.25a	75.37d
T3	33.45a	23.83a	1.54b	1.21b	2.60a	0.06a	81.65c
T4	30.96b	20.57b	1.72a	1.62a	2.79a	0.12a	87.54a
T5	33.02a	22.99a	1.50b	1.17b	2.65a	0.07a	84.97b

7.3.4　讨论

本研究中，与常规施用化肥量相比，施高活性生物有机质及其配制的药肥均可替代化肥氮磷钾 20%，该现象主要归因于其有机质改善了土壤肥力，同时所含的生物有机碳、复合生物菌剂改善了烟株根际土壤真菌、细菌和放线菌群落数量，激发土壤微生物活性，增加土壤活性氮库、碳氮矿化量和矿化率，进而提高土壤养分有效性（郭振等，2017；周博等，2020）。前人的研究表明，复合菌（含枯草芽孢杆菌、哈茨木霉、多粘芽孢杆菌等）、苦参硫磺、烯酰吗啉均是防治烤烟黑胫病较好的生物菌剂（邓涛等，2023）。本研究表明，利用复合菌、烯酰吗啉与生物有机质复配的药肥防治烤烟黑胫病的效果优于单一使用菌剂，这是因为复配药肥中所含的优势复合微生物菌群挤占了有害菌的生存空间，降低烟株病害发生概率，并在烟株新生根表面形成生物保护膜，从而提高了烤烟的抗病能力。同时，这也与有益菌代谢产物提升了土壤抗氧化酶（POD、CAT、SOD）活性、化学肥料利用效率，促进烟株生长，烤烟自身抗病性提高有关。本试验以复合菌剂与生物有机质复配的药肥防治黑胫病效果最好，平均防效达 94.29%，其次是烯酰吗啉药肥，防效达 90.18%，这是因为复配原料生物有机碳富含放线菌、酸杆菌、孢球托霉，且药肥中添加了枯草芽孢杆菌、哈茨木霉、多粘芽孢杆菌等复合菌，施用后可增加土壤同类霉的相对丰度，从而降低烤烟黑胫病的发病水平（吴寿明等，2023；方芋等，2022）。

7.3.5　结论

利用高活性生物有机质复配含枯草芽孢杆菌、哈茨木霉、多粘芽孢杆菌等的复合微生物菌剂，或复配 80%烯酰吗啉，相容性较好，两种生物基质药肥表现出明显的肥料与农药双重特性。与 CK 相比，施用 2 种药肥防治烟草黑胫病效果分别达94.29%、90.18%，可提高土壤肥力，降低土壤电导率，增加土壤微生物群落数量，以及土壤微生物量碳、氮含量及其碳/氮比；促进烟株生长，提高烟叶上等烟叶比例及产值分别为 8.88%、5.75%、29.57%、20.73%，改善烟叶化学成分协调性。推荐使用方法及用量：在烤烟移栽时塘底水分全干，栽好烟苗后，以距烟苗 7～10 cm 为半径，环状施烟草专用复合肥，再用高活性生物基质药肥覆盖复合肥及包裹烟株，药肥施用量为 4 500 kg/hm^2，扣减化肥纯氮磷钾 20%。

8 化肥与烟用商品有机肥精准配施技术——以曲靖为例

8.1 烤烟无机肥精准施肥模型构建及应用

8.1.1 研究背景

烤烟精准施肥是基于每一管理单元（土壤、气候）特征与烤烟品种需肥规律进行融合后构建的新型农业生产系统，可实现烤烟合理、精准化施肥。其能更好地平衡土壤养分，节约资源，提高肥料利用率，减少肥料对环境的污染，降低农户劳动成本，增加农民收入，是一项环境友好型农业技术，对烤烟可持续发展起着举足轻重的作用。在国家"2020 年化肥零增长计划""耕地质量保护与提升行动""生态文明建设"和"碳达峰、碳中和"中，精准施肥依据更合理、科学、高效的理念，被列为实现"双碳"目标的重要途径。

施肥模型是精准施肥的核心内容之一，在农作物推荐施肥研究和实践中，有 60 多种施肥模型，分属测土施肥法、肥料效应函数法、营养诊断法 3 大系统。目前，测土施肥法和肥料效应函数法融合交叉，在配方施肥的整体和细节把控上实现了相应的价值；测土配方施肥与营养诊断法结合，能够取得较好的配方施肥的效果。从国内外施肥模型研究来看，将目标产量法和肥料效应函数法应用在配方施肥上是比较普遍的做法（谭金芳，2002）。试验表明，此方法较为精确，已得到诸多学者的认同和应用。目标产量法首先要获取有效的土壤养分校验系数和肥料利用率，其关键在于土壤养分测定方法需要与研究作物的生长状况在一定程度上有关联。前人研究表明：土壤有效养分利用率和肥料养分利用率这两个参数是相互影响的变量，不是常数；土壤的有效养分测定值和利用率呈显著负相关，与当季肥料养分利用率呈负相关关系，与土壤供应量呈对数曲线关系（Cerrato et al., 1990; Cassman et al., 2002）。肥料效应函数法能反映肥料用量与作物产量之间相关关系的统计式，可直观准确地揭示肥料间的相互作用。该模型可以算出最优产量以及最高产量的最优和最高施肥量，同时还可以对多种肥料的相互作用进行评价。不同研究者对作物产量与施肥量之间的数量关系提出多个表达式，如直线函数 $Y=bX+A$，二次抛物线函数 $Y=b_0+b_1X+b_2X$（王凤仙，2000）。国内许多土肥研究者提出"先测土后效应"的技术，即在测算前先用基础土样的各项指标建立肥效模型，解出额定的施肥量；随后根据测定值和推算量确立回归关系式，从而实现用土测值来估算施肥量等参数，用于施肥实践。养分分区施肥模型是根据土壤有效养分供应能力确定施肥指标。首先根据烟区养分的高低，划分不同的养分级别。一般根据作物生长需求，按土壤有效养分的丰缺划分为"低、中、高"3级，或者划分为"很低、低、中、高、很高"5级。然后根据专家经验和实验结果，为不同养分级别推荐最优施肥量（柯庆明等，2005）。目前，施肥模型的建立主要有 3 种方法：第 1 种是回归函数法，如已建立的烟草施肥经验模型（陈伟强等，2008）、早稻推荐施肥模型（施建平等，2002）、小白菜施肥模型（柯庆明等，2005）。第 2 种是养分平衡法，如已建立的菠菜施肥模型（阮云泽等，2005）、基于土壤肥力的红壤旱地和水田的平衡施肥模型（孙波等，2006），推荐施肥量可应用曲劳-斯坦福方程（Truog-Stanford）进行计算，其关键参数有目标产量、单位产量需肥量、肥料利用率和土壤养分校正系数等（周孚美等，2016）。第 3 种是人工神经网络模型，如已建立的玉米变量施肥模型（谭宗琨等，2004）。这 3 种方法各有优点和技术特点，故所起作用有区别，同时也有各自的不足。回归函数法是利用施肥与产量或品质指标间的函数关系，通常没有考虑土壤基础肥力的影响，因此其应用范围受到了限制。养分平衡法中的土壤养分校正系数变异大，常常会影响土壤供肥量的准确估算。人工神经网络模型的建立需要大量的样本对模型进行训练，建模成本较大。在国际上应用最为广泛的测土施肥方法是目标产量法（有效养分校正模型）。该方法为著名的土壤化学家 Troug 于 1960 年首次提出，并由 Stanford 改进后大量应用于生产实践中，它是根据作物目标产量所需的养分量与土壤养分供应量之差作为施肥依据。作物需肥量由作物目标产量、单位籽粒经济产量需肥量、土壤供肥量、肥料单季利用率、肥料中有效养分含量 5 个参数共同确定。在确定肥料利用率时，学者还建立了肥料利用率修正模型，包括质地、地形、灌溉条件和肥料种类 4 方面的修正模型。在确定作物养分需要量时，建立烟叶品种耐肥性、前茬作物影响和目标产量 3 方面的修正模型。从作物施肥模型研究看，随着人们对施肥研究的不断深入，模型参数不断增加，涉及因素更全，但施肥模型研究集中在水稻、玉米，对烤烟施肥模型研究相对较少，精准施肥的相关研究大都停留在研究层面和小尺度多点试验，区域养分管理技术、综合集成应用技术研究相对欠缺，特别是烤烟精准施肥技术仍难以突破，本文以曲靖烟区为对象，基于气象数据划分生态类型、土壤特性及历年施肥研究成果数据，构建烤烟精准施肥模型，以期对烤烟化肥配施烟用商品有机肥的精准施用提供技术支撑。

8.1.2　数据来源

本文曲靖烤烟生态相似性区域划分引用了杨荣生等人的研究成果。土壤养分覆盖 9 个曲靖烤烟生态气候相似区（101 个乡镇），近 8 000 个（2013—2023 年）典型烟田土壤的水解性氮、有效磷、速效钾指标，约 4 万个数据。氮、磷、钾施肥数据为近 10 年曲靖烤烟生产施肥的相关研究成果汇总。

8.1.3　施肥模型构建

8.1.3.1　各变量关系间施肥数学模型参数

为使构建的施肥更加精准，符合生产实际，本文吸纳了 2013—2023 年曲靖 9 个生态相似区大田施肥试验的研究成果，系统分析后形成如下模型参数。

1. 目标产量下不同烤烟品种的养分需要量

不同烤烟品种生产 100 kg 烤烟所吸收的养分量如表 8-1 所示。从表中可以看出，6 个烤烟品种需肥特性差异极大，每生产 100 kg 烤烟所需 N、P、K 量以红花大金元为最低，云烟 105 次之，其他品种较高。

表 8-1　不同烤烟品种生产 100 kg 烤烟所吸收的养分量

品种	N/kg		P_2O_5/kg		K_2O/kg		吸收比例
	变幅	均值	变幅	均值	变幅	均值	N：P_2O_5：K_2O
红花大金元	2.82～3.17	2.99	0.96～1.16	1.06	4.73～5.01	4.84	1：0.35：1.62
K326	3.69～3.94	3.80	1.23～1.47	1.33	5.48～6.12	5.79	1：0.35：1.53
云烟 87	3.66～3.85	3.77	1.42～1.75	1.63	5.42～6.15	5.85	1：0.43：1.55
云烟 97	3.38～3.74	3.57	1.29～1.82	1.53	5.06～5.76	5.41	1：0.42：1.51
云烟 100	3.16～3.63	3.45	1.17～1.46	1.29	5.02～5.62	5.3	1：0.37：1.53
云烟 105	3.12～3.31	3.21	0.89～1.25	1.07	4.45～5.27	4.88	1：0.33：1.51

2. 不同烤烟品种的肥料表观利用率

不同烤烟品种肥料利用率如表 8-2 所示。由表可知，不同烤烟品种间肥料表观利用率存在明显差异，且同一品种在不同生态下，其肥料表观利用率变幅较大。

表 8-2 不同烤烟品种肥料利用率

品种	N/%		P₂O₅/%		K₂O/%	
	变幅	均值	变幅	均值	变幅	均值
红花大金元	30.81～37.27	34.41	13.65～18.13	16.51	34.15～39.34	36.84
K326	28.14～37.01	32.08	11.92～13.82	12.55	28.78～32.56	30.69
云烟 87	29.25～37.29	34.41	10.81～12.95	12.09	28.32～29.91	28.47
云烟 97	27.49～36.47	33.99	9.29～15.48	14.64	26.67～31.59	28.53
云烟 100	30.38～38.52	34.75	10.23～15.03	13.22	30.17～32.81	31.87
云烟 105	29.46～38.43	34.21	14.65～17.64	15.96	31.19～35.49	33.40

3. 土壤养分校正系数

土壤具有缓冲与吸收性能，故土壤有效养分测定值仅代表养分的相对含量，不是作物能吸收的绝对量，需找到实际有多少量可被吸收，其所占测定值的比例，称为土壤养分校正系数，其计算公式为：

土壤养分校正系数=[不施肥烤烟的养分吸收量（kg/hm²）]/
[土壤养分测定值（mg/kg）×0.15]×100%

式中，0.15 为土壤养分测定值（mg/kg）换算成公顷耕层土壤潜在供肥量的换算系数。根据历年烤烟施肥典型试验，部分试验点土壤基础养分及土壤养分校正系数见表 8-3。

表 8-3 各试验点土壤养分校正系数

试验地点	土壤基础养分/（mg/kg）			土壤养分校正系数		
	水解性氮	有效磷	速效钾	N/%	P₂O₅/%	K₂O/%
马龙袜度	166.35	80.73	322.37	25.27	19.99	16.30
马龙月望	123.16	42.8	176.72	32.39	28.41	27.42
马龙旧县	128.16	21.46	201.8	31.35	41.64	24.44
沾益大坡	135.19	24.74	283.73	29.99	38.49	18.20
罗平罗雄	141.20	34.3	388.07	28.93	32.12	13.88
马龙旧县跑马路	123.75	33.67	182.28	32.27	32.45	26.69
马龙马过河下鲁石	121.03	28.8	392.49	32.86	35.38	13.75
马龙旧县下袜度	200.47	59.03	172.18	21.66	23.77	28.04
马龙马过河土乔冲	151.42	70.99	403.56	27.31	21.46	13.42
马龙通泉镇新村	134.89	77.89	225.47	30.05	20.39	22.21

续表

试验地点	土壤基础养分/（mg/kg）			土壤养分校正系数		
	水解性氮	有效磷	速效钾	N/%	P₂O₅/%	K₂O/%
宣威德禄	101.57	41.35	217.8	37.98	28.96	22.88
宣威热水	98.41	46.28	167.90	38.99	27.21	28.66
宣威田坝	165.51	53.37	192.84	25.38	25.14	25.42
富源中安	152.13	40.73	204.12	27.21	29.20	24.20
麒麟越州	128.82	26.31	215.94	31.21	37.20	23.05
陆良小百户	112.48	55.03	152.30	34.91	24.72	31.18
师宗彩云	137.28	50.44	213.41	29.62	25.94	23.29
罗平罗雄	115.65	27.59	284.29	34.12	36.23	18.17

以土壤养分含量为自变量（X, mg/kg），对应的土壤养分校正系数为因变量，建立回归方程（见表 8-4 和图 8-1）。由表 8-4 可知，3 个拟合曲线函数方程均有统计学意义（$p<0.01$），决定系数为 0.994 ~ 0.999，拟合误差均在 3% 以内，说明拟合优度很好，各拟合曲线能很好地反映土壤养分校正系数（C）与土壤养分测定值的数学关系。

表 8-4　土壤养分校正系数与土壤养分拟合曲线模型

自变量	相关方程	曲线模型	R^2	F 值	p 值
水解性氮	Y（N-校正系数）$=1\,726.552\,X^{-0.826}$	幂函数	0.994	1 511.630	0.000
有效磷	Y（P-校正系数）$=227.658\,X^{-0.554}$	幂函数	0.999	13 937.890	0.000
速效钾	Y（K-校正系数）$=2\,409.459\,X^{-0.865}$	幂函数	0.995	2 943.728	0.000

由图 8-1 可知，随着植烟土壤水解性氮、有效磷和速效钾含量的增加，其相应的土壤养分校正系数均呈下降趋势。

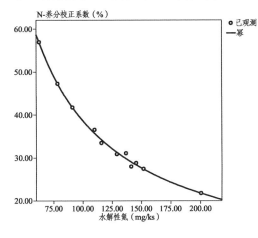
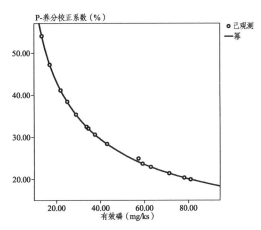

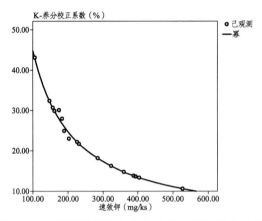

图 8-1　土壤校正系数与有效养分含量的拟合曲线

8.1.3.2　构建推荐施肥模型

利用曲劳-斯坦福方程，结合主要参数，如烟草总养分 U=烟叶目标产量×养分系数；烤烟田间养分施用纯量 W（kg/hm²）=（$U-N_s$）/R；植烟土壤养分供应量 N_s（kg/hm²）=实测养分含量×2.25×土壤养分校正系数 C×当季利用率 R（%），其中肥料表观利用率=[（施肥区养分吸收量-不施肥区养分吸收量）/肥料施用量]×100%。按 9 个生态相似区，以不同烤烟品种目标产量 Y 及植烟土壤养分测试值 S 为第 2 变量，构建烤烟氮、磷、钾推荐施肥模型（见表 8-5）。

表 8-5　曲靖烟区生态类型相似区推荐施肥模型

类别	生态相似区	区域范围	品种	推荐施肥模型
I	西北低热多日照区	会泽县：火红乡、金钟镇、老厂乡、乐业镇、马路乡、娜姑镇、田坝镇、五星乡、迤车镇、者海镇、纸厂乡、鲁纳镇 沾益区：德泽镇	K326、云烟87、云烟97、云烟100	Y_N（N）$=0.080\,6Y-2.838S_N^{0.212}$ Y_P（P₂O₅）$=0.065\,1Y-0.691S_P^{0.219}$ Y_K（K₂O）$=0.179\,6Y-4.125S_K^{0.248}$
			云烟105	Y_N（N）$=0.071\,6Y-2.039S_N^{0.254}$ Y_P（P₂O₅）$=0.082\,4Y-1.547S_P^{0.396}$ Y_K（K₂O）$=0.213\,5Y-3.162S_K^{0.391}$
			红花大金元	Y_N（N）$=0.095\,3Y-1.870S_N^{0.341}$ Y_P（P₂O₅）$=0.072\,9Y-1.293S_P^{0.373}$ Y_K（K₂O）$=0.185\,7Y-2.924S_K^{0.291}$
II	高热河谷区	会泽县：大井镇、鲁纳镇、上村乡、雨碌乡、田坝镇 沾益区：德泽镇	K326、云烟87、云烟97、云烟100	Y_N（N）$=0.084\,2Y-2.504S_N^{0.242}$ Y_P（P₂O₅）$=0.078\,3Y-0.438S_P^{0.418}$ Y_K（K₂O）$=0.221\,5Y-3.713S_K^{0.315}$

续表

类别	生态相似区	区域范围	品种	推荐施肥模型
II	高热河谷区	宣威市·务德镇、格宜镇、宝山镇、东山镇、海岱镇、田坝镇、杨柳乡、双河乡、阿都乡、普立乡、乐丰乡、文兴乡	云烟105	$Y_N（N）=0.069\ 7Y-1.916S_N^{0.228}$ $Y_P（P_2O_5）=0.062\ 3Y-0.309S_P^{0.302}$ $Y_K（K_2O）=0.214\ 1Y-3.854S_K^{0.317}$
			红花大金元	$Y_N（N）=0.114\ 4Y-1.735S_N^{0.426}$ $Y_P（P_2O_5）=0.066\ 5Y-0.283S_P^{0.293}$ $Y_K（K_2O）=0.211\ 3Y-3.152S_K^{0.339}$
III	北部中热区	会泽县：大井镇 宣威市：得禄乡、热水镇、务德镇、格宜镇、东山镇、西泽乡、龙潭镇、落水镇、倘塘镇、来宾镇、龙场镇、板桥镇、宝山镇、羊场镇、西宁街道办	K326、云烟87、云烟97、云烟100	$Y_N（N）=0.129\ 1Y-1.845S_N^{0.438}$ $Y_P（P_2O_5）=0.084\ 5Y-0.316S_P^{0.276}$ $Y_K（K_2O）=0.205\ 3Y-3.042S_K^{0.321}$
			云烟105	$Y_N（N）=0.070\ 4Y-1.553S_N^{0.264}$ $Y_P（P_2O_5）=0.095\ 3Y-0.357S_P^{0.613}$ $Y_K（K_2O）=0.189\ 5Y-2.764S_K^{0.295}$
			红花大金元	$Y_N（N）=0.118\ 2Y-1.918S_N^{0.385}$ $Y_P（P_2O_5）=0.072\ 4Y-0.259S_P^{0.287}$ $Y_K（K_2O）=0.229\ 1Y-3.116S_K^{0.324}$
IV	中部高海拔中热区	沾益区：播乐乡、炎方乡、白水镇 富源县：后所镇、墨红镇、中安镇 宣威市：板桥镇、落水镇、热水镇	K326、云烟87、云烟97、云烟100	$Y_N（N）=0.091\ 2Y-2.227S_N^{0.265}$ $Y_P（P_2O_5）=0.082\ 7Y-0.295S_P^{0.622}$ $Y_K（K_2O）=0.184\ 6Y-2.434S_K^{0.274}$
			云烟105	$Y_N（N）=0.073\ 8Y-1.745S_N^{0.239}$ $Y_P（P_2O_5）=0.101\ 5Y-0.482S_P^{0.568}$ $Y_K（K_2O）=0.181\ 4Y-2.371S_K^{0.246}$
			红花大金元	$Y_N（N）=0.104\ 3Y-1.625S_N^{0.398}$ $Y_P（P_2O_5）=0.081\ 7Y-0.262S_P^{0.292}$ $Y_K（K_2O）=0.189\ 5Y-2.907S_K^{0.316}$
V	次高热平坝区	沾益区：西平镇 麒麟区：西城街道办、珠街乡、茨营乡、三宝镇、越州镇、寥廓街道办事处 陆良县：板桥镇、芳华镇、小百户镇、中枢镇、大莫古镇、马街镇	K326、云烟87、云烟97、云烟100	$Y_N（N）=0.094\ 3Y-2.311S_N^{0.287}$ $Y_P（P_2O_5）=0.078\ 5Y-0.248S_P^{0.534}$ $Y_K（K_2O）=0.178\ 2Y-2.256S_K^{0.302}$
			云烟105	$Y_N（N）=0.068\ 5Y-1.564S_N^{0.232}$ $Y_P（P_2O_5）=0.112\ 7Y-0.623S_P^{0.749}$ $Y_K（K_2O）=0.190\ 4Y-2.581S_K^{0.258}$
			红花大金元	$Y_N（N）=0.115\ 2Y-1.718S_N^{0.417}$ $Y_P（P_2O_5）=0.060\ 1Y-0.275S_P^{0.253}$ $Y_K（K_2O）=0.171\ 5Y-2.723S_K^{0.305}$

类别	生态相似区	区域范围	品种	推荐施肥模型
VI	西部中热多日照区	沾益区：大坡乡、菱角乡、盘江镇 马龙区：通泉镇、王家庄镇、旧县镇、马鸣乡、纳章镇、月望乡、大庄、马过河镇 陆良县：小百户镇、芳华镇 麒麟区：寥廓街道办事处、三宝镇	K326、云烟87、云烟97、云烟100	$Y_N(N)=0.090\,5Y-2.265S_N^{0.271}$ $Y_P(P_2O_5)=0.083\,1Y-0.412S_P^{0.625}$ $Y_K(K_2O)=0.172\,8Y-2.128S_K^{0.279}$
			云烟105	$Y_N(N)=0.077\,9Y-1.861S_N^{0.264}$ $Y_P(P_2O_5)=0.134\,2Y-0.719S_P^{0.843}$ $Y_K(K_2O)=0.182\,5Y-2.424S_K^{0.327}$
			红花大金元	$Y_N(N)=0.092\,1Y-2.143S_N^{0.315}$ $Y_P(P_2O_5)=0.072\,9Y-0.325S_P^{0.792}$ $Y_K(K_2O)=0.184\,6Y-2.681S_K^{0.328}$
VII	东部中热少日照区	富源县：大河镇、营上镇、中安镇、竹园镇、老厂乡、富村镇	K326、云烟87、云烟97、云烟100	$Y_N(N)=0.102\,7Y-2.347S_N^{0.309}$ $Y_P(P_2O_5)=0.094\,5Y-0.635S_P^{0.712}$ $Y_K(K_2O)=0.163\,8Y-2.211S_K^{0.253}$
			云烟105	$Y_N(N)=0.083\,2Y-1.985S_N^{0.271}$ $Y_P(P_2O_5)=0.142\,9Y-0.861S_P^{0.796}$ $Y_K(K_2O)=0.178\,3Y-2.369S_K^{0.258}$
			红花大金元	$Y_N(N)=0.095\,2Y-2.417S_N^{0.284}$ $Y_P(P_2O_5)=0.081\,3Y-0.361S_P^{0.815}$ $Y_K(K_2O)=0.189\,5Y-2.495S_K^{0.313}$
VIII	南部中热湿润区	陆良县：活水乡、龙海乡、召夸镇 麒麟区：东山镇 罗平县：阿岗镇 师宗县：雄壁镇、竹基乡、葵山镇、彩云镇、丹凤镇、龙庆乡	K326、云烟87、云烟97、云烟100	$Y_N(N)=0.109\,8Y-2.651S_N^{0.296}$ $Y_P(P_2O_5)=0.085\,3Y-0.612S_P^{0.684}$ $Y_K(K_2O)=0.154\,9Y-2.184S_K^{0.227}$
			云烟105	$Y_N(N)=0.079\,6Y-1.423S_N^{0.318}$ $Y_P(P_2O_5)=0.151\,2Y-0.915S_P^{0.879}$ $Y_K(K_2O)=0.174\,5Y-2.427S_K^{0.268}$
			红花大金元	$Y_N(N)=0.090\,4Y-2.248S_N^{0.275}$ $Y_P(P_2O_5)=0.087\,9Y-0.412S_P^{0.893}$ $Y_K(K_2O)=0.194\,8Y-2.516S_K^{0.297}$

类别	生态相似区	区域范围	品种	推荐施肥模型
IX	东部高热多雨区	富源县：古敢乡、黄泥河镇、十八连山乡 罗平县：老厂乡、马街镇、九龙镇、罗雄镇、板桥镇、钟山乡、大水井乡、旧屋基乡、富乐镇 师宗县：龙庆乡、五龙乡	K326、云烟87、云烟97、云烟100	Y_N（N）=0.107 2Y-2.617$S_N^{0.301}$ Y_P（P$_2$O$_5$）=0.079 3Y-0.545$S_P^{0.683}$ Y_K（K$_2$O）=0.163 9Y-2.213$S_K^{0.266}$
			云烟105	Y_N（N）=0.078 8Y-1.441$S_N^{0.325}$ Y_P（P$_2$O$_5$）=0.150 6Y-0.947$S_P^{0.873}$ Y_K（K$_2$O）=0.172 1Y-2.415$S_K^{0.237}$
			红花大金元	Y_N（N）=0.088 6Y-2.264$S_N^{0.281}$ Y_P（P$_2$O$_5$）=0.085 3Y-0.401$S_P^{0.906}$ Y_K（K$_2$O）=0.187 5Y-2.452$S_K^{0.334}$

公式中，Y 为烟叶每公顷目标产量（kg/hm^2），S_N、S_P、S_K 分别为植烟土壤水解性氮、有效磷、速效钾的土壤测定值（mg/kg）；Y_N、Y_P 和 Y_K 为每公顷烤烟化学肥料氮磷钾纯施用量（kg/hm^2）。应用时，设定目标产量后，将土壤养分值输入上述施肥模型，即可获得推荐的氮、磷、钾化肥施用纯量。

8.1.4　施肥模型应用

根据 2018—2023 年曲靖植烟土壤数据及历年研究成果，采用如表 8-5 所示施肥模型，以云烟 87 为示例，设定目标产量 160 kg/亩，得出曲靖 9 大烤烟生态相似区烤烟推荐氮、磷、钾施肥用量（见表 8-6 ~ 表 8-14）。

8.1.5　施肥模型应用效果

采用施肥模型（见表 8-5）及其推荐的曲靖 9 大烤烟生态相似区烤烟氮、磷、钾施肥用量（见表 8-6 ~ 表 8-14）进行烤烟生产，结果表明：与常规施肥相比，推荐施肥平均减少化肥用量 13.4%，增加烟叶产量及产值分别为 5.72%、12.47%，提高上等烟比例平均为 5.4%。总体烟叶外观质量明显提高，中部烟叶总糖、还原糖、总氮、烟碱、氧化钾更加协调，烟叶填充值好，香气质、香气量足。其对推进曲靖烟草降本增效、绿色发展、增强卷烟品牌竞争力，促进生态环境保护、乡村振兴、"三型农业"（资源节约型农业、环境友好型农业和生态保育型农业）战略实施提供重要的技术支撑。

表 8-6 曲靖西北低热多日照区推荐氮、磷、钾施肥用量

县（市）区	乡（镇）	村委会	土壤类型	土壤质地	各区域推荐氮、磷、钾施肥用量/（kg/亩）		
					纯氮	磷（P_2O_5）	钾（K_2O）
会泽	金钟	卡郎、交支、松山、后落	紫色土	中壤土	6.0~6.7	7.5~10.5	15.5~21.5
会泽	金钟	沿都、温泉	新积土	重壤土	5.2~6.6	7.1~11.7	14.3~22.6
会泽	金钟	沿都、温泉	红壤	重壤土	6.0~6.9	7.8~12.1	13.9~23.4
会泽	娜姑	拖车、云峰、牛泥塘、发基卡、干海子、炉房	紫色土	中壤土	6.2~6.7	8.2~11.6	14.1~22.8
会泽	娜姑	拖车、发基卡、炭山	红壤	重壤土	6.1~6.8	9.1~12.3	16.4~24.1
会泽	娜姑	拖车、落水、石咀	水稻土	重壤土	5.9~6.4	8.5~11.9	17.5~23.4
会泽	娜姑	落水、云峰、干海子	新积土	轻粘土	5.1~6.0	8.2~10.7	14.1~19.2
会泽	娜姑	云峰村	新积土	中壤土	5.5~6.5	10.2~12.1	13.4~20.3
会泽	火红	泥黑、耳子、湾子、格支、田湾、臭水、滴水岩、冒沙井	红壤	重壤土	5.1~5.7	10.1~11.8	15.7~18.5
会泽	火红	龙树、耳子、湾子、格支、田湾、臭水、许家院、罗布邑	新积土	重壤土	6.2~7.1	12.5~15.3	18.2~21.9
会泽	老厂	拖基嘎、老厂	紫色土	中壤土	4.9~5.8	8.5~11.7	13.4~16.8
会泽	老厂	茶花箐	新积土	中壤土	5.4~5.9	9.1~12.4	14.7~15.6
会泽	乐业	曾家、大麦冲、长岭、鲁珠、梭落、六合、团坡、乐业	紫色土	重壤土	5.1~6.4	8.4~13.8	15.1~19.2
会泽	乐业	马厂	红壤	重壤土	5.4~6.7	7.2~10.4	15.2~20.5
会泽	乐业	六合	水稻土	重壤土	4.5~5.5	6.3~9.1	13.5~17.2
会泽	马路	老铜店、巴图、新山、老洞、硝厂、大坪、半坡、脚泥、江子、旁官	新积土	重壤土	5.8~6.7	7.8~10.4	16.2~20.4
会泽	马路	硝厂、龙元、荒田、大坪、尖山、八道	紫色土	中壤土	5.5~6.2	8.1~9.3	17.1~19.6

续表

县（市）区	乡（镇）	村委会	土壤类型	土壤质地	各区域推荐氮、磷、钾花肥用量/(kg/亩)		
					纯氮	磷（P₂O₅）	钾（K₂O）
会泽	马路	老铜店、新山、龙洞、硝厂、荒田、马路、大坪、半坡、劳官、水口	红壤	重壤土	5.5~6.3	8.8~10.2	15.9~20.1
会泽	五星	石龙、红石岩	新积土	中壤土	5.0~5.6	7.1~9.7	14.7~17.2
会泽	五星	红石岩	红壤	重壤土	5.5~6.3	6.9~10.1	16.2~21.7
会泽	迤车	中河、张家、中寨、小河、老房、五合、磨黑、陷塘、梨园、坪洞、上郎、店子	紫色土	中壤土	6.0~6.6	8.9~9.5	18.1~20.6
会泽	迤车	石门、陷塘、迤北、阿都、营盘、梨园、坪洞、上郎	红壤	重壤土	6.5~7.1	8.5~10.2	18.2~22.4
会泽	者海	钢铁、三家、新店子、拖木、盖胜、陆兴	红壤	重壤土	6.0~7.0	9.1~11.3	18.4~21.7
会泽	者海	陆兴	新积土	重壤土	5.5~6.2	8.7~10.1	16.2~20.4
会泽	纸厂	大石板	紫色土	重壤土	6.0~6.6	7.9~8.5	15.4~17.8
会泽	纸厂	浑水塘、灯草塘	红壤	轻粘土	5.5~6.1	8.5~10.4	16.7~19.2
会泽	纸厂	马家村	新积土	中壤土	5.5~6.7	7.8~8.1	15.8~18.9
会泽	鲁纳	朝阳、座舍、新鲁、狮子、陕咀	紫色土	轻粘土	6.0~7.2	8.1~10.4	17.2~20.3
会泽	鲁纳	朝阳、鲁纳、陕咀	新积土	重壤土	5.5~6.1	4.1~5.2	13.4~17.2
会泽	鲁纳	雨冰、座舍、新鲁、鲁纳、陕咀	红壤	重壤土	6.0~6.6	8.7~10.7	19.1~21.8
沾益	德泽	德泽	紫色土	中壤土	4.9~5.8	4.5~5.2	13.6~16.3
沾益	德泽	富冲、德泽、炭山、老官云、后山、棠梨树	红壤	轻粘土	6.5~7.0	8.1~10.3	17.5~20.9

表8-7　曲靖高热河谷区推荐氮、磷、钾施肥用量

县（市）区	乡（镇）	村委会	土壤类型	土壤质地	各区域推荐氮、磷、钾施肥用量/(kg/亩) 纯氮	磷（P_2O_5)	钾（K_2O)
会泽	大井	井田、大水、尖山、里可、色夫、德白	红壤	轻粘土	6.5~7.2	8.4~10.4	17.6~21.7
会泽	大井	色夫、仓房、芦坪、银坪、蚂蟥塘、刘家山、盐塘、马安、双车、木厂	紫色土	重壤土	6.0~6.5	7.2~9.2	16.9~19.5
会泽	上村	自扎、法科	新积土	轻粘土	6.0~6.7	4.1~5.6	15.4~18.3
会泽	上村	大河、上村、闸塘	紫色土	轻粘土	5.0~6.2	4.4~7.1	14.3~19.2
会泽	上村	白蒿、马桑坝、阳山、上村、革黑、法科	红壤	中壤土	5.2~6.3	7.1~9.2	16.1~20.8
会泽	雨碌	马桑坝	新积土	重壤土	5.5~6.7	4.3~5.2	13.2~16.7
会泽	田坝	车乌、金槽、田坝、鱼塘	红壤	轻粘土	5.5~6.9	8.6~10.5	16.2~18.9
会泽	田坝	金槽	水稻土	轻粘土	4.5~5.5	2.3~3.9	11.2~14.8
会泽	田坝	车乌、多着、田坝、鱼塘	新积土	重壤土	5.0~6.0	3.6~4.6	14.4~16.9
会泽	田坝	板坡、海山、白土	紫色土	中壤土	6.0~6.7	5.2~7.8	17.4~20.6
沾益	德泽	热木嘎、小柳树、米支嘎、炭山村、左水冲	水稻土	重壤土	5.0~6.1	3.8~4.9	14.1~16.2
沾益	德泽	小米嘎、左水冲、老官云	紫色土	重壤土	6.0~6.6	5.3~7.5	15.7~19.8
宣威	东山	恰德、安迪、海那、戈乐、歌可	红壤	轻粘土	5.5~6.5	9.1~11.6	16.7~21.4
宣威	东山	安迪、戈乐、歌可	新积土	轻壤土	5.5~6.2	5.6~7.1	14.8~19.2
宣威	海岱	乐所、密格、鼠场、月亮田、文阁、顾湾	新积土	中壤土	5.5~6.6	3.7~5.2	13.6~17.7
宣威	海岱	乐所、鼠场、箐头村、月亮田、文阁、顾湾、羊场村、磨嘎、大栗树、水坪、德来	紫色土	重壤土	6.0~6.5	7.3~8.5	14.7~18.9
宣威	海岱	箐头村、月亮田、文阁、磨嘎、顾湾、岩上村、鲁河、腊谷	水稻土	重壤土	5.0~5.5	3.7~4.6	13.8~15.7
宣威	海岱	水坪、代坪、岩上村、大栗树	红壤	重壤土	6.5~7.0	9.4~10.7	18.3~21.4

续表

县（市）区	乡（镇）	村委会	土壤类型	土壤质地	各区域推荐氮、磷、钾施肥用量/（kg/亩）		
					纯氮	磷（P_2O_5）	钾（K_2O）
宣威	田坝	联盟、新民、中和、龙家	红壤	重壤土	5.5~6.5	7.6~9.2	15.4~20.8
宣威	田坝	石塘	新积土	重壤土	5.5~6.0	4.1~5.3	14.7~16.4
宣威	田坝	四坪	紫色土	重壤土	6.0~6.5	6.0~8.7	15.8~17.3
宣威	杨柳	杨柳、海庆、可渡、水塘、克基、和平	水稻土	重壤土	5.0~6.0	3.8~4.3	14.9~18.4
宣威	杨柳	杨柳、留田、蒋箐、可渡、国伇、克基	紫色土	轻粘土	6.0~6.5	7.9~9.2	16.7~20.2
宣威	杨柳	海庆、和平	红壤	砂粘土	6.0~6.8	9.1~10.8	15.4~19.6
宣威	杨柳	可渡、水塘	新积土	中壤土	6.0~6.5	4.1~5.6	17.5~20.7
宣威	双河	新寨	新积土	砂壤土	5.5~6.5	4.2~5.2	15.8~19.4
宣威	双河	尖山、云瑞、新寨、白所、梨树坪、簸嘎、杨家村	紫色土	轻粘土	6.0~6.5	8.9~11.4	18.1~21.3
宣威	双河	白所	红壤	重壤土	6.5~7.0	10.5~11.6	20.2~21.7
宣威	阿都	增坪、荣胜、发吉、大佐	红壤	轻壤土	6.0~6.5	8.2~10.1	19.4~22.3
宣威	阿都	施都、荣胜、发吉、合庆	紫色土	轻壤土	6.0~6.7	7.9~9.3	17.6~20.7
宣威	普立	普立、阿基卡、鹤谷、戈特、攀枝嘎	新积土	重壤土	5.5~6.6	4.1~5.2	16.3~19.5
宣威	普立	阿基卡、逸兴、簸火、关寨	红壤	轻壤土	6.0~6.5	8.2~10.4	17.8~21.6
宣威	乐丰	明德	水稻土	重壤土	5.0~6.0	3.2~4.7	15.3~16.9
宣威	乐丰	明德、新德	新积土	中壤土	5.0~6.0	3.0~4.5	14.7~18.3
宣威	乐丰	明德、新德、水炉、新月	紫色土	中壤土	6.0~6.5	5.8~7.4	17.2~19.3
宣威	乐丰	新德、色官、新月	红壤	重壤土	6.0~6.8	8.4~10.8	17.9~21.6

表8-8 曲靖北部中热区推荐氮、磷、钾施肥用量

县（市）区	乡（镇）	村委会	土壤类型	土壤质地	各区域推荐氮、磷、钾施肥用量/（kg/亩）		
					纯氮	磷（P_2O_5）	钾（K_2O）
会泽	大井	色夫	紫色土	重壤土	6.5~7.0	7.9~10.2	16.7~21.3
会泽	大井	色夫	水稻土	重壤土	5.0~6.0	3.7~5.1	14.8~18.2
宣威	得禄	迷那、色空、志度	水稻土	中壤土	6.0~6.4	4.1~5.3	15.1~17.4
宣威	得禄	德禄、永乐	红壤	中壤土	6.0~6.8	7.6~11.8	17.4~21.2
宣威	得禄	大营、小营、河艾、德禄、多乐、永乐、志度	紫色土	重壤土	5.7~6.6	8.2~10.5	15.6~18.9
宣威	热水	迷溢、中村、乐堆、柏木、响宗、格依、密上、陕沟、吉科、黎山、海德、干海、秧草、热水	红壤	重壤土	5.9~6.7	8.5~11.2	16.2~20.4
宣威	热水	花鱼、吉科、色卡、阿浪、关云、千海、建新	水稻土	重壤土	5.0~6.1	4.1~5.3	14.2~18.1
宣威	热水	花鱼、色卡、阿浪、海德、岔海、关云、菅沟、建新	新积土	轻粘土	5.5~6.0	3.3~5.1	16.4~18.7
宣威	务德	多德、宏爱、嘎姑、小衙、庆发、拖克、法图、岔路、火姑、扑嘎、炎发、上坪、新店、遮乐	红壤	重壤土	5.0~6.5	7.1~9.4	15.2~19.3
宣威	务德	嘎姑、太阳、庆发、太阳	紫色土	重壤土	6.0~6.5	7.8~10.6	16.4~20.1
宣威	务德	太阳、新华、糯嘎、新店	新积土	砂壤土	5.0~6.1	4.2~6.5	15.1~17.2
宣威	格宜	华泽、陆村、大兴、法宜、石磨、大兴、旱稻、焦马	红壤	重壤土	6.5~6.8	8.1~11.2	18.3~22.4
宣威	格宜	法宜	水稻土	轻粘土	5.0~6.3	6.2~8.3	15.7~19.2
宣威	格宜	华泽、米茂、翠华、陆村、大兴、龙山、法宜	新积土	轻壤土	5.5~6.2	4.6~5.1	16.4~20.7
宣威	格宜	米茂、塌土	紫色土	重壤土	5.5~6.7	7.1~9.3	16.1~21.6
宣威	西泽	西泽、戈平、建设	水稻土	中壤土	5.0~5.6	4.2~5.1	15.7~18.4
宣威	西泽	西泽、石城、新建、建设、马夏、拖卑、瑞井、新房、石磨、睦乐、糯着	红壤	轻壤土	6.0~6.8	8.9~11.4	18.1~20.5
宣威	西泽	拖那、瑞井、新房、新房、糯着	新积土	重壤土	5.4~6.2	8.1~10.8	15.4~19.8

续表

县（市）区	乡（镇）	村委会	土壤类型	土壤质地	各区域推荐氮、磷、钾施肥用量/(kg/亩)		
					纯氮	磷（P₂O₅）	钾（K₂O）
宣威	龙潭	新茂、新启、新河、龙潭、中岭子、下格、大坡、陡泉、磨石	紫色土	重壤土	5.2~6.8	4.3~5.1	16.7~20.3
宣威	龙潭	新启、下格	红壤	中壤土	6.0~6.5	8.3~11.4	18.2~21.7
宣威	龙潭	新茂、龙潭、下格	新积土	中壤土	5.0~6.4	4.4~9.2	16.7~20.9
宣威	龙潭	新河、龙潭、中岭子、上格、下格、大坡	水稻土	重壤土	5.1~6.2	3.6~5.1	15.3~19.4
宣威	落水	落水、三道村、马图村、火石村、多乐、黄路、海子、灰桐	红壤	轻粘土	6.2~6.8	8.1~10.3	18.4~22.7
宣威	落水	瑞桐、海子、灰桐	水稻土	重壤土	5.1~6.2	4.2~6.3	16.3~19.6
宣威	落水	黄路	新积土	重壤土	5.0~5.5	4.6~6.7	15.8~19.2
宣威	倘塘	宜木夏、鲁乍、贝古、法宏、新乐、松林	紫色土	轻壤土	5.6~6.7	4.9~7.3	16.4~20.1
宣威	倘塘	得宜、英阿、法宏、新乐	水稻土	中壤土	5.1~5.6	4.2~6.8	15.7~17.3
宣威	倘塘	东冲、兴龙、新堡、松林	红壤	中壤土	6.4~7.2	8.6~10.3	18.4~22.4
宣威	倘塘	东冲、兴龙、新乐、松林	新积土	重壤土	5.3~6.1	4.5~7.4	16.8~19.2
宣威	来宾	来宾、观云、普色、虎头村、宗范、朱屯、大屯、盘龙、徐屯、所乐	紫色土	重壤土	6.1~6.7	8.7~10.3	17.8~20.9
宣威	来宾	朱屯、大屯、所乐	新积土	轻粘土	5.4~6.2	4.6~6.5	16.9~19.2
宣威	来宾	虎头村、后乐、盘龙	红壤	重壤土	6.1~6.6	9.0~11.3	19.4~21.8
宣威	龙场	联峰、阿直、五里、旧营	水稻土	中壤土	5.1~5.7	4.4~5.5	15.3~17.9
宣威	龙场	联峰、阿直、五里	紫色土	重壤土	5.4~6.8	4.3~8.4	16.1~20.6
宣威	龙场	五里、旧营、志夏	红壤	重壤土	6.1~6.7	8.2~11.3	18.2~21.7
宣威	板桥	板桥、西边、庄子、下村、龙津、鸭塘、耿屯、歌乐、永安、东屯、土墩、木乃、石缸	红壤	重壤土	6.2~6.8	8.5~10.3	19.8~22.4

续表

县（市）区	乡（镇）	村委会	土壤类型	土壤质地	各区域推荐氮、磷、钾施肥用量/（kg/亩）		
					氮	磷	钾
宣威	宝山	海西、被古、塘子、德马田、包村、白嘎、大和、德积、摩布	红壤	轻粘土	6.1~6.9	8.9~10.3	18.7~21.6
宣威	宝山	嘎立、白嘎、大和、鸡场、摩嘎	新积土	重粘土	5.2~5.7	4.6~6.8	16.9~18.7
宣威	羊场	小箐、清水、崇德	红壤	轻粘土	6.1~6.8	8.2~10.3	17.4~19.1
宣威	羊场	鸡场、大田坝	紫色土	重壤土	6.2~6.7	8.5~11.2	18.9~21.4
宣威	羊场	兔场、英角、陈湾、崇德、大田坝	水稻土	重壤土	5.1~5.8	4.4~5.3	16.2~17.6
宣威	羊场	清水、普瓦、兔场、英角	新积土	轻粘土	5.2~6.3	4.7~6.9	15.6~18.3
宣威	西宁街道	靖外、马场、赤水、列租、老堡、茨营	红壤	中壤土	6.1~6.6	8.4~9.7	19.2~21.4
宣威	西宁街道	靖外、马街、复兴	水稻土	轻粘土	4.4~5.7	4.9~6.8	13.9~16.6

表 8-9 曲靖中部高海拔中热区推荐氮、磷、钾施肥用量

县（市）区	乡（镇）	村委会	土壤类型	土壤质地	各区域推荐氮、磷、钾施肥用量/（kg/亩）		
					纯氮	磷（P_2O_5）	钾（K_2O）
沾益	播乐	水田、大海、沙简、罗平、小海村、罗木	红壤	中壤土	6.0~6.7	9.1~11.4	17.6~20.7
沾益	播乐	鸭团	水稻土	轻粘土	5.1~5.5	4.2~5.3	16.9~18.2
沾益	播乐	沙石岭、罗木	新积土	重壤土	5.2~6.1	4.1~7.2	15.8~19.4
沾益	炎方	卡居	紫色土	重粘土	6.2~6.7	7.3~9.4	17.5~20.8
沾益	炎方	法洒、五拐、腊诺、母官、麦地、松韶、青山、刘麦、炎方、西河、磨嘎、尖山、新屯、来远	红壤	重壤土	6.1~6.9	9.2~10.8	18.2~19.7
沾益	白水	白水、新排、尖山、中心、勾达、王官、马场、下坡、潘家洞、岗路	红壤	重壤土	6.2~6.7	8.1~11.4	18.6~20.8

续表

县（市）区	乡（镇）	村委会	土壤类型	土壤质地	各区域推荐氮、磷、钾施肥用量/（kg/亩）		
					纯氮	磷（P₂O₅）	钾（K₂O）
沾益	白水	尖山、大德、座棚、中心、马场	新积土	重壤土	5.6~6.2	9.6~10.5	17.8~19.2
富源	后所	洗洋塘、阿依诺、杨家坟、双河	红壤	重壤土	6.1~6.7	9.1~11.4	19.6~21.9
富源	后所	洗洋塘、阿依诺、杨家坟	新积土	轻粘土	5.2~6.3	4.7~7.3	17.1~20.4
富源	墨红	三台、加克、世依、摩山、光山、法土、溪流	红壤	重壤土	6.1~6.8	8.4~10.4	18.9~21.6
富源	墨红	三台、朴克、吉克、九河、玉麦	紫色土	轻粘土	6.2~6.7	8.1~10.9	19.1~20.7
富源	墨红	加克、世依、墨红、摩山	水稻土	轻粘土	5.3~6.4	6.1~9.2	16.7~19.1

表8-10　曲靖次高热平坝区推荐氮、磷、钾施肥用量

县（市）区	乡（镇）	村委会	土壤类型	土壤质地	各区域推荐氮、磷、钾施肥用量/（kg/亩）		
					纯氮	磷（P₂O₅）	钾（K₂O）
沾益	西平	石羊、龙泉、双河、清水、玉光、新海、大营、桃园	红壤	轻壤土	6.2~6.8	8.9~10.4	19.9~21.8
沾益	西平	龙泉、双河	水稻土	重壤土	5.4~6.2	4.5~7.3	16.6~18.4
麒麟	西城街道办	王三屯、西山	红壤	重壤土	5.6~6.8	7.6~10.2	17.8~20.9
麒麟	西城街道办	西山、晏官屯	紫色土	重壤土	6.1~6.6	8.2~10.4	18.1~19.6
麒麟	珠街	联合	红壤	轻粘土	6.2~6.8	8.5~10.2	18.3~20.7
麒麟	珠街	堡子村	水稻土	轻粘土	5.0~5.6	4.3~6.7	19.1~21.0
麒麟	茨营	小河、团结、茨营、吴官、蔡寨、整寨、杨家村、哈马、红土	红壤	轻壤土	6.0~6.5	8.9~11.1	19.5~21.4
麒麟	茨营	吴官、整寨、杨家村、哈马、大麦村	紫色土	重壤土	6.1~6.6	8.7~9.2	18.4~19.8
麒麟	茨营	小河、团结、茨营、吴官、蔡家、红土	水稻土	轻粘土	5.2~6.1	7.1~9.7	14.2~18.1
麒麟	三宝	何旗、五联、兴龙、青峰、温泉、黄旗、鸡汤、长坡、青龙	水稻土	重壤土	5.1~5.6	4.3~7.1	15.1~16.4

续表

县（市）区	乡（镇）	村委会	土壤类型	土壤质地	各区域推荐氮、磷、钾施肥用量/（kg/亩）		
					纯氮	磷（P$_2$O$_5$）	钾（K$_2$O）
麒麟	三宝	何旗、五联、青峰、张家营、温泉、长坡、青龙	红壤土	轻粘土	6.1~6.8	8.9~11.2	19.2~21.7
麒麟	三宝	何旗、青龙、联合	紫色土	重壤土	5.4~6.7	8.1~9.7	16.1~19.2
麒麟	越州	上坡、马坊、新田、向桂、竹园、辽浒、老吴、大梨树、黄泥堡、横大路、和平	红壤	轻粘土	6.1~6.9	8.7~10.4	19.2~20.7
麒麟	越州	上坡、马坊、西关、新田、竹园、董旗、老吴、黄泥堡、横大路、辽浒	水稻土	重壤土	5.5~6.1	4.3~6.9	16.2~18.1
麒麟	廖廓街道办	潇湘、石灰窑、冷家屯、文明村、沙坝	水稻土	重壤土	5.1~6.3	4.7~6.7	15.4~17.2
麒麟	廖廓街道办	潇湘、冷家屯	紫色土	重壤土	6.2~6.7	7.8~8.4	18.1~19.3
麒麟	廖廓街道办	潇湘、石灰窑、冷家屯、沙坝	红壤	轻粘土	6.1~6.8	8.9~10.7	19.6~20.4
陆良	板桥	石坝、渔塘、洪武	红壤	重粘土	5.4~6.6	9.1~11.4	20.1~22.7
陆良	板桥	石坝、渔塘、洪武	水稻土	中壤土	5.1~5.6	3.4~4.2	15.3~16.8
陆良	芳华	芳华、威家山、双合村、狮子口、雨补	水稻土	重壤土	5.0~5.7	3.5~4.9	14.9~16.7
陆良	芳华	芳华、威家山、雍家村、狮子口、板田、龙潭、乘明、高梨树	红壤	中壤土	6.2~6.8	8.7~9.2	19.7~20.9
陆良	小百户	小百户、上坝、芦山、中坝、上坝、兴仁、罗贡、老母、炒铁、普乐、天花、北山	红壤	轻壤土	6.1~6.5	3.4~5.3	17.9~19.4
陆良	小百户	小百户、上坝芦山、永清、兴仁、老母、炒铁、兴隆、天花、双官、北山	水稻土	中壤土	5.2~6.0	2.5~3.7	15.1~17.2
陆良	中枢	中纪、茶花	水稻土	中壤土	5.1~6.0	3.7~4.9	14.9~16.7
陆良	中枢	中纪	红壤	重壤土	6.0~6.6	7.2~8.7	16.4~19.8
陆良	大莫古	大莫古、甘河、新村、大地、发峨哨、大平、唷、麻舍所、嘎古、挪岩、烂泥沟	红壤	重壤土	6.0~6.7	8.3~9.6	18.5~20.4
陆良	大莫古	爱位	水稻土	轻粘土	5.4~6.2	4.1~5.2	14.9~17.3
陆良	马街	金家、黄官营、薛官堡	水稻土	轻粘土	5.1~6.0	3.7~4.8	15.2~17.1

表8-11 曲靖西部中热多日照区推荐氮、磷、钾施肥用量

县（市）区	乡（镇）	村委会	土壤类型	土壤质地	各区域推荐氮、磷、钾施肥用量		
					纯氮	磷（P_2O_5）	钾（K_2O）/（kg/亩）
沾益	大坡	威格、耕德、土桥、大坡、新庄、麻拉、章溪、天生桥、妥乐、河匀、岩竹、法土、地河、德威	红壤	重壤土	6.0~6.8	8.4~9.1	19.5~21.8
沾益	大坡	亮泉、河尾、麻拉、妥乐、秧田冲	紫色土	重壤土	6.1~6.7	8.7~9.5	18.4~20.7
沾益	大坡	红寨、麻拉	新积土	重壤土	5.4~6.0	4.1~5.2	14.6~16.9
沾益	大坡	烟子、威格、耕德、新庄、红寨、石仁	水稻土	轻粘土	5.1~6.1	2.7~4.1	15.7~17.4
沾益	菱角	赤章、黎山、刘家庄、炔所、稻堆、糊云、白沙坡、菱子、菱角、水冲	红壤	中壤土	6.0~6.8	8.9~10.4	19.2~21.7
沾益	菱角	旧务鲁、菱角、小卡朗、仆嘎	水稻土	轻粘土	5.6~6.1	4.6~6.9	17.2~19.4
沾益	菱角	仆嘎	新积土	中壤土	5.4~6.0	4.5~6.5	16.1~18.2
沾益	盘江	谭家营、大兴、芹菜沟、龙凤、菜兴、吴家庄	红壤	重壤土	6.0~6.8	7.9~9.4	19.3~20.3
沾益	盘江	龙凤	水稻土	中壤土	5.2~6.0	3.4~5.7	14.1~17.6
沾益	盘江	芹菜沟、吴家庄	紫色土	重壤土	6.0~6.8	8.1~9.5	19.4~20.7
马龙	通泉	大龙井、小寨、让田、大海哨、瓦念、桃园	水稻土	重壤土	5.1~6.2	3.7~4.3	14.3~16.4
马龙	通泉	大龙井、庄郎、昌隆、杨官、小寨、杨官、鸡头	红壤	轻壤土	6.1~6.6	8.5~9.2	17.6~19.8
马龙	王家庄	格里、庄郎、王家庄、高视槽、此度、新屯、关家田、吴官田、上坝、小龙井、中屯、小屯	水稻土	轻壤土	5.1~5.7	4.2~6.4	16.1~18.2
马龙	王家庄	中屯、小屯	紫色土	重壤土	6.2~6.8	7.9~10.2	19.3~20.7
马龙	王家庄	格里、庄郎、高视槽、吴官田、张安屯	红壤	轻粘土	6.0~7.0	9.1~10.2	18.4~19.6
马龙	旧县	照和	紫色土	重壤土	6.0~6.8	5.4~6.1	17.5~19.2
马龙	旧县	旧县、小房子、袜村、红桥、白塔、此度、梁家田、高堡村、龙海	红壤	重壤土	6.0~6.7	7.1~8.5	17.1~19.4

续表

县（市）区	乡（镇）	村委会	土壤类型	土壤质地	各区域推荐氮、磷、钾施肥用量/（kg/亩）		
					纯氮	磷（P₂O₅）	钾（K₂O）
马龙	旧县	祿度、红桥、高堡村、龙海	水稻土	中壤土	5.0~6.1	3.1~4.7	16.2~17.3
马龙	马鸣	马鸣、新楼房、密郎、挪地、永胜	红壤	中壤土	6.0~6.7	8.2~9.1	19.4~20.7
马龙	马鸣	瓦窑、咨卡	紫色土	重粘土	6.0~6.6	8.9~9.5	19.1~21.2
马龙	马鸣	永胜	水稻土	轻壤土	5.1~6.2	4.7~5.3	15.4~17.0
马龙	纳章	纳章	新积土	重壤土	5.5~6.0	3.5~5.1	16.6~18.8
马龙	纳章	纳章、竹园、方郎	红壤	轻粘土	6.0~6.8	8.1~9.5	18.5~20.7
马龙	纳章	竹园、曲宗、方郎、龙洞	水稻土	重粘土	5.0~5.5	3.2~4.3	15.7~17.3
马龙	月望	深沟、西海子	新积土	重壤土	5.0~6.1	3.1~4.8	16.4~18.1
马龙	月望	月望、沙坡、深沟、西海子、松溪坡、猫猫洞	红壤	中壤	6.0~6.7	7.2~8.7	17.9~19.6
马龙	月望	下营、越洲屯、小海子、奎冲、松溪坡	水稻土	轻壤土	5.5~6.2	3.5~4.6	16.2~18.1
马龙	大庄	新发、石河	新积土	重壤土	5.3~6.0	3.1~4.8	15.4~17.2
马龙	大庄	大庄、乱头、石河、民村	水稻土	中壤	5.0~5.9	4.3~6.7	14.7~16.9
马龙	大庄	大庄、窝郎、乱头、新发、民村	红壤	轻壤土	6.0~6.8	8.2~9.8	18.9~20.5
马龙	马过河	马过河、何家、鲁章、车章、鲁石	水稻土	重粘土	5.0~6.2	3.6~4.7	15.5~17.4
马龙	马过河	马过河、麻衣、何家、车章、鲁石	红壤	轻粘土	6.4~6.8	7.7~10.2	19.2~21.7

表8-12 曲靖东部中热少日照区推荐氮、磷、钾施肥用量

县（市）区	乡（镇）	村委会	土壤类型	土壤质地	各区域推荐氮、磷、钾施肥用量/（kg/亩）		
					纯氮	磷（P₂O₅）	钾（K₂O）
富源	大河	大河、磨盘、圭山、起铺	新积土	重粘土	5.5~6.1	3.5~6.7	14.2~16.5
富源	大河	磨盘、篾涛、圭山、格宗、黄竹	红壤	轻壤土	6.0~6.8	7.3~8.9	17.8~19.4

续表

县（市）区	乡（镇）	村委会	土壤类型	土壤质地	各区域推荐氮、磷、钾施肥用量/（kg/亩）		
					纯氮	磷（P$_2$O$_5$）	钾（K$_2$O）
富源	大河	大河、长坪、庵子、格宗、起铺、黄竹	紫色土	轻粘土	6.0~6.4	7.9~9.2	17.2~20.1
富源	大河	大河、篆湾	水稻土	重壤土	5.0~5.5	3.6~4.8	13.4~16.7
富源	营上	都格、大栗、拖茂、那当、哈播、速助	红壤	重壤土	6.0~6.7	8.0~9.7	18.2~19.6
富源	营上	大栗、拖茂、那当	紫色土	轻粘土	6.0~6.6	7.8~9.5	17.3~18.4
富源	营上	都格、海嘎	水稻土	重壤土	5.5~6.1	3.2~5.1	14.7~16.3
富源	中安	回隆、洞上、海坪、厦格、腰站、寨子口	红壤	重壤土	6.0~6.9	8.1~9.4	17.5~19.8
富源	中安	寨子口	红壤	中壤土	5.0~5.6	3.7~4.3	14.9~16.2
富源	中安	回隆、厦格、青石、洞上、龙潭、石缸、寨子口	新积土	重壤土	5.0~6.1	3.2~4.8	13.7~15.9
富源	中安	青石	紫色土	轻壤土	6.0~6.7	7.9~9.2	18.4~19.5
富源	竹园	团结、海章、竹园、新街、松林、大路、纳佐	红壤	轻粘土	6.3~6.8	7.0~8.6	17.1~19.2
富源	竹园	竹园、海章	新积土	重壤土	5.5~6.1	3.6~4.8	13.7~15.9
富源	竹园	茂兰、新街	水稻土	中壤土	5.0~6.0	3.2~6.5	14.9~16.2
富源	竹园	团结、新街、大路、茂兰	紫色土	轻粘土	6.0~6.7	8.1~9.2	17.8~19.4
富源	富村	新厂、白石岩、居核、松子山、砂厂、亦佐	紫色土	重壤土	5.5~6.6	7.5~9.1	18.3~20.7
富源	富村	新厂、白石岩、富村、居核、松子山、砂厂、托田、新坪、亦佐	新积土	重壤土	5.2~6.3	7.1~8.9	14.7~16.9
富源	富村	白石岩、德胜、富村、托田	水稻土	轻粘土	5.1~6.0	3.2~4.8	13.5~15.1
富源	富村	德胜、新店、居核、富村、托田、新坪、亦佐、水井、鲁纳、块泽	红壤	中壤土	6.0~6.8	8.2~9.7	18.9~20.4

表 8-13　曲靖南部中热湿润区推荐氮、磷、钾施肥用量

县（市）区	乡（镇）	村委会	土壤类型	土壤质地	各区域推荐氮、磷、钾施肥用量/（kg/亩）		
					纯氮	磷（P₂O₅）	钾（K₂O）
陆良	活水	黑木、活水、新台子、龙家水塘、沙锅村、雨麦红	红壤	重壤土	6.0~6.8	7.2~8.9	16.4~18.7
陆良	活水	新台子、石槽河、沙锅村、雨麦红	新积土	轻粘土	5.3~6.1	3.3~4.6	13.9~15.8
陆良	龙海	核桃村、大新、小寨、双箐口、再邑、树达棚、大竹园、雨古、吉都、阪依	红壤	轻粘土	6.5~7.0	8.4~9.2	19.4~21.3
陆良	召夸	果河、水塘、他官营、大栗村、新庄、召夸、小坝	红壤	轻粘土	6.0~6.8	6.9~8.7	15.4~18.9
麒麟	东山	石头寨、转长河、撒玛依、法色、卡基	红壤	轻粘土	6.0~6.7	7.8~9.1	18.5~20.1
麒麟	东山	石头寨、撒基格	紫色土	重壤土	6.0~6.6	8.1~9.3	19.4~21.7
麒麟	东山	石头寨	水稻土	重壤土	5.1~6.0	3.4~4.9	15.2~17.3
罗平	阿岗	阿岗、法郎、洒谷、岗德、招恰、海马、高桥、戈维、乐作、木冲、阿黄	红壤	轻粘土	5.6~6.2	4.1~5.4	16.1~17.9
罗平	阿岗	以宜、木冲、革宜	黄壤	重壤土	4.7~5.4	5.2~8.1	13.9~15.3
师宗	雄壁	长冲	新积土	轻粘土	5.8~6.5	5.0~8.5	14.8~16.9
师宗	雄壁	天生桥、扯乐、大舍、小黑那	红壤	重壤土	6.3~6.8	8.1~9.2	18.7~19.8
师宗	竹基	竹基、斗坞、坞白、蒲草塘、永安、七排、本寨	红壤	重壤土	6.2~6.9	7.2~8.8	15.4~17.9
师宗	竹基	坞白、阿白	新积土	轻粘土	5.0~6.1	4.1~5.6	14.9~16.8
师宗	竹基	六丘、阿白、龙甸、抵鲁	紫色土	重壤土	6.0~6.6	7.3~9.2	16.7~19.2
师宗	竹基	六丘、龙甸	水稻土	轻粘土	5.5~6.2	4.2~5.3	13.8~15.9
师宗	葵山	温泉、马厂、峰龙潭	紫色土	重壤土	6.0~6.7	8.1~9.2	16.9~18.4
师宗	葵山	温泉、瓦葵、查拉、地利找、山乌果、马厂、黎家坝	红壤	轻粘土	6.3~6.8	7.6~10.3	18.9~20.1
师宗	彩云	多龙、足法、石洞、红土	水稻土	重壤土	5.0~6.1	4.2~5.1	13.7~16.5
师宗	彩云	路撒、法块、额则、多龙、足法、石洞、红土	红壤	轻粘土	6.0~6.9	7.8~9.3	19.1~21.7

续表

县（市）区	乡（镇）	村委会	土壤类型	土壤质地	各区域推荐氮、磷、钾施肥用量/（kg/亩）		
					纯氮	磷（P$_2$O$_5$）	钾（K$_2$O）
师宗	彩云	槟榔、长街	紫色土	重壤土	6.0~6.6	7.5~9.1	18.4~20.6
师宗	丹凤	海宴、新村、古城、大堵、山龙、法雨、激足、兑龙、丰岭、法糯、大同、石碑、糯白、色从、长桥	红壤土	轻粘土	6.3~7.0	8.1~9.5	19.5~21.3
师宗	丹凤	糯白、官庄、色从、兴安、阿梅者、牛宿、米丰、黑那	紫色土	轻粘土	6.0~6.6	7.9~8.8	17.9~19.3
师宗	龙庆	束米旬、笼杂、杜吉、落红、龙庆、让寨、下寨	红壤土	轻粘土	6.2~6.8	8.3~10.1	19.2~20.7
师宗	龙庆	落红、豆温、山黑、龙庆	新积土	重壤土	5.3~6.1	4.2~5.6	14.9~16.8
师宗	龙庆	下寨	水稻土	重壤土	5.2~6.3	3.4~5.0	15.1~17.2

表 8-14　曲靖东部高热多雨区推荐氮、磷、钾施肥用量

县（市）区	乡（镇）	村委会	土壤类型	土壤质地	各区域推荐氮、磷、钾施肥用量/（kg/亩）		
					纯氮	磷（P$_2$O$_5$）	钾（K$_2$O）
富源	古敢	沙云、古敢	水稻土	轻粘土	5.0~6.2	4.1~7.1	14.8~17.3
富源	古敢	沙云、古敢	红壤土	重壤土	6.0~6.9	8.2~9.4	18.4~20.7
富源	黄泥河	拖更者、牛场、新寨、小羊场	红壤土	轻粘土	6.2~6.8	7.6~8.7	19.3~21.6
富源	黄泥河	牛额、龙潭、布谷、箐口、阿汪	黄壤土	轻壤土	6.0~6.7	6.8~7.9	17.6~19.9
富源	黄泥河	阿汪	水稻土	重壤土	5.1~6.2	3.2~4.8	15.9~17.2
富源	十八连山	雨汪	黄壤土	轻粘土	6.3~6.7	8.1~10.2	18.2~20.4
富源	十八连山	雨汪、箐头、细冲、阿南、茂峰、朴章、腊甲、天宝、卡锡、华毕、德厚、海子、老屋、取木得	红壤土	轻粘土	6.2~6.8	7.6~8.4	17.7~21.2
富源	十八连山	天宝、卡锡、华毕、德厚	新积土	重壤土	5.1~6.2	3.9~4.8	14.2~17.3
富源	老厂	拖憨黑、新堡、新角、者米、押租	红壤土	轻粘土	6.0~6.8	8.2~9.6	17.1~19.4

县（市）区	乡（镇）	村委会	土壤类型	土壤质地	各区域推荐氮、磷、钾施肥用量/（kg/亩）		
					纯氮	磷（P_2O_5）	钾（K_2O）
富源	老厂	拖德黑、黑克、新堡、押租	新积土	重壤粘土	5.4~6.1	3.2~5.1	15.7~18.8
罗平	老厂	发新、发乃、虎山、老厂、马米妥、水塘、土冲、么龙	黄壤	轻粘土	4.6~5.7	3.4~6.8	12.9~14.7
罗平	马街	马街、宜那、戈背、歹麦、荷叶	红粘土	重粘土	5.1~5.8	7.2~8.3	15.2~17.1
罗平	马街	铁厂	新积土	重壤土	5.3~6.2	3.1~5.2	14.3~16.9
罗平	九龙	牛街、德等、关塘、堵木、撒召、非格、以土块	黄壤	重壤土	5.2~6.1	4.8~6.7	16.9~18.4
罗平	九龙	召舍	紫色土	重壤土	5.3~5.8	6.2~7.3	17.4~19.8
罗平	九龙	舍恰、很召、启乐	红壤	重壤土	4.6~5.7	7.1~8.6	15.5~18.7
罗平	九龙	阿者	水稻土	重壤土	4.5~5.2	4.0~4.9	13.8~15.9
罗平	九龙	黄泥	新积土	重壤土	4.2~4.9	3.3~5.1	12.9~14.8
罗平	罗雄	青草塘、法金、坡衣、学田、普妥、以龙、外纳、大明、新寨、大洼子、圭山、中和、朴夕	黄壤	重壤土	4.4~5.5	3.6~6.2	13.7~16.5
罗平	钟山	舍克	水稻土	重壤土	4.6~5.4	2.4~5.1	12.9~14.6
罗平	钟山	机厂、狗街、细戈、普理、鲁邑、大地坪、拖黑、密村	黄壤	轻粘土	5.1~5.8	7.2~8.3	16.1~18.2
罗平	大木井	炭山、金庆、金歹	红壤	轻粘土	5.2~5.6	8.1~9.2	17.6~19.4
罗平	大木井	小鸡灯、波罗湾	黄壤	轻粘土	5.1~5.8	4.7~6.3	16.2~18.1
罗平	旧屋基	木星、地安、安木勒、旧屋基	黄壤	重壤土	5.0~5.7	6.2~7.9	15.1~17.2
罗平	旧屋基	木星、地安、小新寨	新积土	中壤土	5.2~6.0	7.1~8.6	16.2~18.3
罗平	富乐	泌米、桃源、法本、乐丰、机厂、半坡、红岩	红壤	轻粘土	5.6~6.1	6.9~7.8	17.3~19.4
罗平	富乐	机厂	新积土	重壤土	4.8~5.7	2.3~5.3	14.1~16.6
师宗	五龙	脚家箐、大厂村、德勒、曲祖	新积土	重壤土	5.6~6.2	4.5~5.7	15.6~17.4
师宗	五龙	脚家箐、曲祖、保大	红壤	轻粘土	6.0~6.8	7.6~8.4	19.1~21.3

8.2 不同土壤类型有机肥替代化肥减施技术研究

8.2.1 研究背景

不同土壤类型的基础生产力不同：较高生产力的土壤养分供应能力较强，施肥增产效应较小，肥料利用效率较低；较低基础生产力土壤表达趋势相反（邱学礼等，2017）。红壤成土时间悠久，脱硅富铝化作用强烈，使土壤中矿物的水解、脱钾、脱盐基、脱硅等程度深，钙镁等碱金属淋失、铁铝化合物相对富集，土壤酸、粘、瘦、蚀等理化性质不良（张海林，2019）。黄壤有机质含量相对较高，在湿润条件其淋溶作用强烈，土体中钙镁碱金属元素大量淋失，呈酸性至强酸性。紫色土的风化作用以物理风化为主，土体中紫色砂页岩碎屑较多，通透性能好，有利于肥料在土壤中的转化，提高肥料利用率，紫色岩松脆易崩解，且富含磷、钾、铜、锌等矿物养分，具有较高的自然肥力，土壤多呈弱酸至中性（陈若星，2012）。新积土土层深厚，土质较疏松，耕性和通透性好，保水蓄肥能力较强；pH 值在微酸性与中性之间。水稻土受水文条件和人为因素干扰大，如在淹水条件下，有机质分解缓慢，有机质含量较高，易缺磷、钾。水稻土种植烤烟时，土壤中的 Fe^{2+} 被氧化为 Fe^{3+}，Fe^{3+} 与 PO_4^{3-} 结合，形成难溶性的磷酸铁沉淀，而 Fe^{2+} 交换土体中的 K^+ 而产生置换淋失，致使水稻土缺钾，质地偏黏重，田间持水量较高，土壤通透性较差（邱学礼等，2011）。不同土壤类型在理化性质上的差异导致烤烟生长发育、经济性状，以及初烤烟叶还原糖、总氮、氯，以及石油醚提取物，如西柏类双萜化合物、类胡萝卜素及类多萜化合物等存在差异（解莹莹等，2010）。红壤和紫色土初烤烟叶石油醚提取物含量高于水稻土，这对调控烟叶吸食品质有一定作用（马二登等，2013）。有机肥替代是实现化肥减量增效的有效途径，虽然关于有机肥配施化肥对烤烟生长发育、产质量及养分利用已有研究，但针对不同土壤类型匹配的化肥减施技术研究鲜有报道。为此，本研究选择云南烟区典型的 5 种土壤类型，研究适宜的有机肥替代化肥技术，为实现烤烟提质和增效提供技术支撑。

8.2.2 材料与方法

8.2.2.1 试验地基本情况

试验于 2021 年在罗平、陆良、宣威、马龙、沾益的核心烟区进行。各试验点土壤类型、肥力及烤烟移栽前基本土壤理化性质见表8-15。

表 8-15　各试验点土壤属性及理化性质

试验点	土壤类型	土壤肥力	pH	有机质/（g/kg）	水解性氮/（mg/kg）	有效磷/（mg/kg）	速效钾/（mg/kg）
罗平罗雄	黄壤	中等	6.32	42.60	115.79	27.73	183.71
陆良小百户	水稻土	中等	6.61	45.73	112.62	55.17	162.44
宣威德禄	紫色土	中等	6.43	37.38	101.71	41.49	227.92
马龙马过河	红壤	低	5.90	30.40	95.76	29.00	242.65
沾益大坡	红壤	中等	6.19	34.61	112.50	39.27	195.51
宣威热水	新积土	中等	6.29	50.27	118.55	46.42	178.09

8.2.2.2　试验材料

供试烤烟品种：K326。烟草专用复合肥（N：P_2O_5：K_2O=15%：8%：25%），硝酸钾（N 13.5%，K_2O 46.5%），过磷酸钙（P_2O_5 16%），硫酸钾（K_2O 50%）。烟用商品有机肥（以桑树枝条、草炭、菜籽油枯为主，含有机质55.29%、N 2.37%、P_2O_5 1.79%、K_2O 2.31%，pH值6.45），云南宸通生物科技有限公司生产，云农肥（2020）准字0168号，其病原菌、重金属等符合《有机肥料》NY/T 525—2021标准。

8.2.2.3　试验设计

采取随机区组设计，4个处理，3次重复，共12个小区，N：P_2O_5：K_2O=1：2：3。即T1，化肥常规用量；T2，化肥常规用量90%+商品有机肥；T3，化肥常规用量80%+商品有机肥；T4，化肥常规用量70%+商品有机肥。在烤烟移栽前1 d，将烟用商品有机肥以3 000 kg/hm² 的用量按对应处理施入烟塘，与土壤充分混匀。采用漂浮育苗，各试验点烤烟移栽时间分别为：罗平罗雄5月10日，陆良小百户4月20日，宣威德禄4月26日，马龙马过河4月15日，沾益大坡4月17日，宣威热水4月24日。采用烤烟小苗膜下移栽技术，株行距0.6 m×1.2 m，各处理纯N、P_2O_5、K_2O施用量见表8-16。其中烟草复合肥、过磷酸钙和硫酸钾全部基施（中层环施，施后覆盖土壤）；追肥硝酸钾在烟株长出第8片新叶时按150 kg/hm²兑水浇施，参照烤烟规范化栽培措施进行田间管理。

表 8-16　试验各处理化肥施用量

处理	罗平罗雄/（kg/hm²）			陆良小百户/（kg/hm²）			宣威德禄/（kg/hm²）		
	N	P_2O_5	K_2O	N	P_2O_5	K_2O	N	P_2O_5	K_2O
T1	75	150	225	98	195	293	98	195	293
T2	68	135	203	88	176	263	88	176	263
T3	60	120	180	78	156	234	78	156	234
T4	53	105	158	68	137	205	68	137	205

处理	马龙马过河/（kg/hm²）			沾益大坡/（kg/hm²）			宣威热水/（kg/hm²）		
	N	P_2O_5	K_2O	N	P_2O_5	K_2O	N	P_2O_5	K_2O
T1	105	210	315	105	210	315	98	195	293
T2	95	189	284	95	189	284	88	176	263
T3	84	168	252	84	168	252	78	156	234
T4	74	147	221	74	147	221	68	137	205

8.2.2.4　测定项目与方法

1. 烟株农艺性状测定

在烟叶成熟采烤前，各小区选择健康烟株 8 株，按 YC/T 142—2010 标准，测定烟株株高、茎围、有效叶片数、叶片长和宽，计算叶面积、叶面积系数。

2. 烟叶经济性状

烟叶成熟时，按小区单独挂牌采收、烘烤，初烤烟叶按 GB 2635—92 分级，统计等级结构、产量，按曲靖市 2021 年烟叶收购单价，求得产值、产指和级指，其中产指为亩（合 667 m²）产值与 C1F（中橘一）单价的比值，级指=均价/C1F 单价×100。

3. 烟叶化学成分及可用性指数

以小区为单元，收集烟叶 C3F（中橘三）样品。采用连续流动分析仪（AA3 型，德国）测定总糖和还原糖（YC/T 159—2002）、总氮（YC/T 161—2002）、烟碱（YC/T 468—2013）、钾（YC/T 217—2007）和水溶性氯含量（YC/T 162—2011）。按余小芬等（2020）人的方法计算烟叶化学成分可用性指数。

8.2.3 结果与分析

8.2.3.1 不同土壤类型有机肥替代化肥对烤烟农艺性状的影响

由表 8-17 可知,有机肥替代化肥不同减肥量处理对烟株的影响在不同肥力及土壤类型间存在一定差异。在黄壤、水稻土上减肥 30%处理各农艺性状较 CK 显著降低,长势变弱;在紫色土、红壤(中、低肥力)和新积土上,减肥 20%、30%处理显著降低烟株株高、茎围、叶面积及叶面积系数,表现为显著影响烟株生长。上述分析可见,在紫色土、红壤(中、低肥力)和新积土上,与 CK 相比,有机肥替代化肥减施 10%不影响烟株的生长。

表 8-17 不同土壤类型有机肥替代化肥对烤烟农艺性状的影响

地点	处理	株高/cm	茎围/cm	叶片数/片	叶面积/cm²	叶面积系数
罗平罗雄	T1(CK)	116.5a	12.8a	18.1a	1 184.57a	2.95a
	T2	116.6a	12.6a	17.6a	1 153.51a	2.80a
	T3	1019.1a	12.3a	18.0a	1 063.13a	2.67a
	T4	98.1b	11.1b	17.4b	919.02b	1.96b
陆良小百户	T1(CK)	122.3a	13.2a	20.6a	1 045.74a	2.94a
	T2	119.4a	12.9a	19.2a	1 029.28a	2.81a
	T3	115.3ab	12.2ab	19.1a	996.39ab	2.78ab
	T4	101.2b	11.7b	18.4b	985.62b	2.69b
宣威德禄	T1(CK)	122.7a	13.7a	21.4a	1 267.46a	2.93a
	T2	117.2a	13.5a	20.6a	1 188.16ab	2.89ab
	T3	114.4a	13.1a	19.8ab	1 145.25b	2.85b
	T4	103.7b	12.8b	19.2b	1 056.78c	2.71c
马龙马过河	T1(CK)	119.2a	13.7a	19.6a	1 281.49a	2.90a
	T2	123.7a	13.5a	20.5a	1 193.88a	2.85a
	T3	110.6b	12.1b	18.2b	1 089.26b	2.77b
	T4	97.2c	9.9c	17.7c	1 014.19c	2.64c
沾益大坡	T1(CK)	122.1a	13.2a	20.2a	1 287.43a	2.95a
	T2	117.8a	12.3a	19.6a	1 179.37b	2.87a
	T3	113.5b	11.9b	18.9b	1 134.64b	2.65b
	T4	98.3c	9.9c	18.1b	1 002.88c	2.69c

续表

地点	处理	株高/cm	茎围/cm	叶片数/片	叶面积/cm²	叶面积系数
宣威热水	T1（CK）	125.8a	12.9a	19.9a	1 185.24ab	2.96a
	T2	119.2a	13.3a	20.7a	1 284.34a	3.04a
	T3	113.6b	12.8a	19.5a	1 166.21b	2.75b
	T4	106.9b	11.7b	18.8b	1 095.16c	2.63c

8.2.3.2　不同土壤类型有机肥替代化肥对烤烟经济性状的影响

由表 8-18 可知，有机肥替代化肥减施对烤烟经济性状的影响因土壤类型而异。在黄壤、水稻土上，减肥 10%、20%处理的上等烟比例、产值、产指、级指较 CK 显著提高。在紫色土、红壤（低肥力）上，减肥 10%处理的上等烟比例、产值、产指、级指较 CK 显著增加。在红壤（中肥力）、新积土上，减肥 10%处理的上等烟比例、产值、产指、级指较 CK 显著增加，减肥 20%处理的经济性状与 CK 差异不显著，烟叶外观品质优劣与产值变化相一致（见表 8-19）。综合而言，在黄壤、水稻土上有机肥可替代化肥 10%～20%对烟叶产值无影响；在紫色土、红壤（低肥力）上，替代化肥 10%对烟叶产值无影响；在红壤（中肥力）、新积土上，替代化肥 10%～15%对烟叶产值无显著影响。

表 8-18　不同土壤类型有机肥替代化肥对烤烟经济性状的影响

试验点	处理	上等烟比例/%	产量/（kg/hm²）	产值/（元/hm²）	产指	级指
罗平罗雄	T1（CK）	48.9b	2 831a	65 510.55b	82.65b	69.49b
	T2	49.6a	2 750a	69 658.80a	98.91a	75.05a
	T3	53.7a	2 561b	68 730.45a	92.78a	70.14a
	T4	50.1c	2 493c	58 362.30c	66.96c	66.82c
陆良小百户	T1（CK）	47.2b	2 771b	68 319.75c	106.81c	72.91c
	T2	46.4a	2 889a	74 477.55a	113.79a	84.14a
	T3	48.2a	2 695c	71 947.65b	109.22b	79.63b
	T4	42.9c	2 487d	65 255.85d	102.55d	61.32d
宣威德禄	T1（CK）	52.7b	2 699c	70 428.75b	119.13b	96.91b
	T2	54.8a	2 906a	73 212.30a	125.72a	103.28a
	T3	51.2b	2 783b	64 867.65c	114.11c	85.15c
	T4	49.4c	2 571d	60 094.05d	115.73c	75.44d

试验点	处理	上等烟比例/%	产量/（kg/hm²）	产值/（元/hm²）	产指	级指
马龙马过河	T1（CK）	48.1c	2 712a	70 010.25a	127.91a	82.04a
	T2	51.5a	2 660a	68 186.70a	118.17a	75.25a
	T3	50.3ab	2 567b	65 874.15b	109.56b	64.51b
	T4	49.6b	2 562b	60 548.85c	107.14b	56.19c
沾益大坡	T1（CK）	49.9b	2 691b	65 462.55b	115.28b	71.89b
	T2	51.8a	2 763a	68 934.15a	119.54a	78.91a
	T3	48.2b	2 663b	63 588.75b	112.02b	69.45b
	T4	45.6c	2 537c	60 714.45c	96.37c	52.76c
宣威热水	T1（CK）	47.3bc	2 696b	70 251.75b	117.74b	74.33b
	T2	53.9a	2 808a	76 040.70a	128.51a	82.92a
	T3	48.5b	2 735b	71 618.85b	120.42b	79.74b
	T4	46.6c	2 573c	65 584.65c	110.13c	68.08c

表 8-19　不同土壤类型有机肥替代化肥对烤烟外观品质的影响

试验点	处理	成熟度	颜色	身份	结构	油分	色度
罗平罗雄	T1（CK）	成熟	柠檬黄	中等	稍密	稍有	中
	T2	成熟	桔黄	稍厚	紧密	有	强
	T3	成熟	桔黄	中等	尚疏松	稍有	中
	T4	尚熟	浅桔黄	稍薄	尚疏松	少	弱
陆良小百户	T1（CK）	成熟	柠檬黄	中等	尚疏松	稍有	中
	T2	成熟	桔黄	稍厚	紧密	有	强
	T3	成熟	桔黄	中等	尚疏松	稍有	中
	T4	尚熟	浅桔黄	薄	疏松	少	弱
宣威德禄	T1（CK）	成熟	柠檬黄	中等	尚疏松	稍有	中
	T2	成熟	桔黄	稍厚	紧密	有	强
	T3	成熟	桔黄	中等	尚疏松	稍有	中
	T4	尚熟	浅桔黄	稍薄	疏松	少	弱
马龙马过河	T1（CK）	成熟	桔黄	中等	疏松	有	强
	T2	成熟	桔黄	稍厚	紧密	稍有	中
	T3	成熟	桔黄	中等	尚疏松	稍有	中
	T4	尚熟	浅桔黄	稍薄	疏松	少	弱

续表

试验点	处理	成熟度	颜色	身份	结构	油分	色度
沾益大坡	T1（CK）	成熟	柠檬黄	中等	尚疏松	稍有	中
	T2	成熟	桔黄	稍厚	紧密	有	强
	T3	成熟	桔黄	中等	尚疏松	稍有	中
	T4	尚熟	浅桔黄	薄	疏松	少	弱
宣威热水	T1（CK）	成熟	柠檬黄	中等	尚疏松	稍有	中
	T2	成熟	桔黄	稍厚	紧密	有	强
	T3	成熟	桔黄	中等	稍密	稍有	中
	T4	尚熟	浅桔黄	稍薄	尚疏松	少	弱

8.2.3.3　不同土壤类型有机肥替代化肥对烟叶化学成分的影响

由表 8-20 可知，有机肥替代化肥减施对烟叶化学成分的影响因土壤类型而异。从总糖和还原糖含量看，5 种土壤类型上均呈现减肥 10%处理的总糖和还原糖含量与 CK 间差异无明显变化，但减肥 20%～30%处理的总糖、还原糖变化规律在不同土壤类型间存在一定差异。在黄壤上，减肥 20%处理的烟叶总糖、还原糖含量则显著升高；在水稻土上，减肥 20%～30%处理的烟叶总糖、还原糖含量较 CK 降低；在紫色土和红壤（低肥力）上，减肥 20%～30%处理的烟叶总糖、还原糖含量均较 CK 升高；在红壤（中肥力）上，减肥 20%～30%处理的烟叶总糖、还原糖含量较 CK 升高；在新积土上，减肥 20%～30%处理的烟叶总糖、还原糖含量与 CK 无明显差异。从总氮和烟碱含量看，与 CK 相比，在黄壤、新积土上，随减肥量增加，烟叶总氮、烟碱含量呈增加趋势；水稻土、紫色土则相反；红壤（低肥力）基本不变。在紫色土、红壤（低肥力）上，减肥 10%处理的烟叶总氮、烟碱含量较 CK 显著降低，其他土壤类型减肥 10%的烟叶总氮、烟碱含量则与 CK 差异不显著。5 种土壤类型上减肥 20%～30%处理的总氮和烟碱含量较 CK 显著降低。从烟叶钾含量看，与 CK 相比，在黄壤、紫色土、红壤（低、中肥力）上，减肥 10%处理显著提高钾含量；在水稻土上减肥 10%～20%钾较 CK 显著增加；在新积土上减肥 20%～30%处理可显著提高钾含量。5 种土壤类型上，与 CK 相比，减肥 10%～30%处理对烟叶水溶性氯含量无显著影响。

表 8-20　不同土壤类型有机肥替代化肥对烟叶化学成分的影响

试验点	处理	总糖/%	还原糖/%	总氮/%	烟碱/%	氧化钾/%	水溶性氯/%
罗平罗雄	T1（CK）	28.22b	20.44b	2.05a	2.80b	2.57a	0.72a
	T2	28.92b	21.63a	2.03a	3.17a	2.43a	0.71a
	T3	29.14a	21.51a	2.12a	3.06a	2.24b	0.77a
	T4	26.48c	19.63b	2.13a	3.25a	2.36b	0.82a
陆良小百户	T1（CK）	29.83a	20.22b	2.32a	3.21a	1.86b	0.34a
	T2	29.84b	19.81c	2.54a	3.38a	1.97a	0.36a
	T3	32.28b	21.64a	2.07a	3.00b	2.02a	0.29a
	T4	32.06b	21.66a	2.18a	3.05a	2.07a	0.28a
宣威德禄	T1（CK）	33.51b	19.78b	2.76a	2.63a	2.34a	0.26a
	T2	34.09b	19.55b	2.83a	2.60a	2.50a	0.21a
	T3	33.77b	19.92b	2.75a	2.44a	2.45a	0.17a
	T4	36.38a	22.03a	2.29b	2.07b	2.42a	0.24a
马龙马过河	T1（CK）	29.83d	20.16c	2.33a	2.88a	2.11a	0.35b
	T2	30.48c	20.80c	2.35a	3.05a	2.05a	0.45a
	T3	32.09a	21.97b	2.28a	2.84a	1.93a	0.51a
	T4	31.71b	22.25a	2.16a	2.88a	2.03a	0.50a
沾益大坡	T1（CK）	30.43b	20.75a	2.70b	2.57b	2.03a	0.32a
	T2	31.82a	20.93a	2.63b	2.68b	1.94a	0.30a
	T3	29.77c	19.68b	2.96a	3.23a	1.98a	0.29a
	T4	29.51c	19.43b	2.75b	3.07a	1.93a	0.37a
宣威热水	T1（CK）	41.14a	27.34b	2.20a	2.41a	2.20a	0.64a
	T2	40.63a	25.78c	2.51a	2.52a	2.34a	0.53a
	T3	39.70b	26.19b	2.44a	2.44a	2.37a	0.50a
	T4	39.82b	29.06a	2.28a	2.40a	2.35a	0.56a

8.2.3.4　不同土壤类型有机肥替代化肥对烟叶化学成分可用性的影响

以烟叶总糖、还原糖、总氮、烟碱、钾和水溶性氯 6 项指标作为评价各处理化学成分可用性的因子。运用隶属度函数模型指数和主成分分析法计算烟叶化学成分可用性指数。函数拐点及指标权重见表 8-21，其中下限最优值、上限最优值参考曲靖及云南省优质烟叶品质要求确定；下临界值和下临界值按试验数据确定，权重采用主成分分析法确定。

由表 8-22 可知，同一土壤类型上，有机肥替代化肥不同减施量对烟叶化学成分可用性指数（CCUI）影响存在显著差异，其中在黄壤和水稻土上，减肥 10%~20% 处理 CCUI 值显著高于 CK；在紫色土、红壤（低肥力）上，减肥 10% 处理 CCUI 值显著高于 CK；在红壤（中等肥力）、新积土上，减肥 10% 处理 CCUI 值较 CK 显著提高，减肥 20% 其 CCUI 值与 CK 差异不显著。表明有机肥替代化肥可改善烟叶化学成分的协调性，但其替代化肥量因土壤类型而异。

表 8-21　烟叶化学成分的隶属函数类型、拐点值及权重

化学成分	函数类型	下临界值	下限最优值	上限最优值	上临界值	权重/%
总糖/%	抛物线	10	20	28	46	14.19
还原糖/%	抛物线	11.5	19	20	30	13.27
总氮/%	抛物线	1.1	1.3	2.2	3.0	17.54
烟碱/%	抛物线	1.0	1.5	2.4	3.0	14.67
氧化钾/%	S 型	1.2			2.9	9.71
水溶性氯/%	抛物线	0.10	0.3	0.4	0.8	7.82

表 8-22　不同土壤类型有机肥替代化肥处理的烟叶化学成分可用性综合评价

试验点	处理	CCUI	CCUI 排序
罗平罗雄	T1（CK）	68.87c	3
	T2	76.75a	1
	T3	72.93b	2
	T4	53.36d	4
陆良小百户	T1（CK）	67.37c	3
	T2	81.19a	1
	T3	76.54b	2
	T4	58.28d	4
宣威德禄	T1（CK）	65.78b	2
	T2	83.41a	1
	T3	57.61c	3
	T4	51.35d	4

试验点	处理	CCUI	CCUI 排序
马龙马过河	T1（CK）	73.39b	2
	T2	77.41a	1
	T3	65.82c	3
	T4	55.27d	4
沾益大坡	T1（CK）	76.55b	2
	T2	81.24a	1
	T3	74.19b	3
	T4	48.35c	4
宣威热水	T1（CK1）	73.58b	2
	T2	80.27a	1
	T3	71.44c	3
	T4	60.81d	4

8.2.4 讨论

土壤类型决定土壤养分的初始状况及土壤对养分的保持能力。在本研究中，以当前烟农施肥量为基础，扣减氮、磷、钾比例因土壤类型而异，从高到低为黄壤、水稻土＞新积土＞紫色土、红壤，这反映了不同土壤类型养分变异特征的差异。以往的研究表明，曲靖土壤水解性氮以黄壤最高，紫色土最低；紫色土土壤有效磷最高，新积土次之，石灰岩土最低；土壤速效钾以紫色土最高，新积土次之，红壤最低（杨树明等，2021）。但是减肥应综合考虑土壤肥力，因其受成土母质、气候、地形、人类活动等因素影响，其中有机肥适当替代化肥在土壤 pH 较低，在砂壤土、重黏土上效果较好（段碧辉等，2022）。本研究表明，不同类型土壤及气候环境在有机肥替代方面对烤烟生长、产质量效果影响不同，这还与不同土壤类型的胶体类型和数量各异及其 CEC 也存在差异有关（李祉钰等，2023）。

8.2.5 结论

本研究表明，有机肥适当替代化肥后烟株能正常生长，可提高烟叶上等烟比例、产量、产值，改善烟叶化学成分协调性。在不同生态区及土壤类型上，以当前烟农施肥量（见表 8-16）为基础，扣减氮、磷、钾施肥量因土壤类型而异，其中黄壤、水稻土减施氮、磷、钾施肥量 10%～20%；紫色土、红壤减施 10%；新积土减施 10%～15%。综合而言，中低肥力下有机肥可替代氮、磷、钾施肥量 10%～20%。

8.3　有机肥替代化肥与根际扩容集成技术研究

8.3.1　研究背景

当前云南省应用的小苗膜下移栽技术因具有较低育苗风险，防旱保墒，节水抗旱保苗；提高烟苗成活率，促进烟株早生快发；提早成熟，避开后期低温，增产增收等优越性，一直深受烟农的青睐。但在生产中，烟农依然存在挖穴深度及穴口直径不够，烟株根际容积小；地膜掏苗开孔小，培土标准不到位，如培土少或不揭膜烟区不培土等问题。扩容培土的方式对烤烟和烟叶品质有较大影响（周黎等，2012），地膜破孔小易出现"水煮"苗，培土不到位造成土壤透气性差、根系发育不良、肥料利用率低、中后期垄体温度偏高、烟株早衰、烟草根茎类病害（烟草黑胫病、根黑腐病、青枯病、根结线虫）加重，烟叶产值效益和品质下降（魏代福，2019）。目前，对小苗膜下移栽技术虽有诸多研究，但关于烤烟移栽后地膜开孔直径、烟株根际培土容积大小及有机肥替代化肥对烟叶产质量的影响鲜有报道。因此，本研究基于有机肥料对培肥土壤作用，以及现有烤烟小苗膜下栽培技术的缺陷和中层环施肥盖土增加工时等烤烟生产实际，开展大田试验，研究烟株根际不同容量土壤、有机肥与化肥配施对烤烟生长发育、产质量的影响，为完善标准化膜下小苗移栽技术提供科学依据。

8.3.2　材料及方法

8.3.2.1　试验地基本情况

试验于 2022 年在石林长湖中高肥力土壤上进行（红壤，黏土，103°17′18.83″E，24°46′27.55″N，海拔 1 688 m，前茬小麦）。烤烟移栽前耕层土壤养分：pH 5.31、有机质 30.42 g/kg、水解性氮 105.12 mg/kg、有效磷 48.21 mg/kg、速效钾 514.92 mg/kg、氯离子 17.26 mg/kg。

8.3.2.2　供试材料

供试烤烟品种 NC102。肥料为烟草专用复合肥（$N：P_2O_5：K_2O$=12%：10%：24%）、硝酸钾（含 N 13.5%，K_2O 46.5%）、普通过磷酸钙（含 P_2O_5 16%）和硫酸钾（含 K_2O

50%）。自制普通有机肥（有机物料以桑树枝条、草炭、菜籽油枯为主），技术参数：总养分（N+P$_2$O$_5$+K$_2$O）6.3%、pH 6.41、电导率 3.51 mS/cm、有机碳 27.08%、腐殖酸总量 20.05%、游离腐殖酸 17.33%、钙 1.90%、镁 0.81%、铁 2.27%、锰 317.4 mg/kg、硫 1.41%、硼 278.54 mg/kg、钼 0.335 mg/kg。高活性生物有机肥（有机物料以清洁有机质、生物有机碳、保水保肥材料及复合功能菌为主），技术参数：总养分（N+P$_2$O$_5$+K$_2$O）6.71%、pH 5.75、电导率 1.95 mS/cm、有机碳 24.86%、腐殖酸总量 17.27%、游离腐殖酸 15.98%、钙 0.56%、镁 0.55%、铁 0.99%、锰 208.2 mg/kg、硫 0.45%、硼 191.91 mg/kg、钼 0.157 mg/kg。

8.3.2.3 试验设计

设置 6 个处理，即化肥常规用量+根际不扩容（T1，CK）、化肥常规用量的 80%+商品有机肥+根际不扩容（T2）、化肥常规用量的 80%+生物有机肥+根际不扩容（T3）、化肥常规用量+根际扩容 25 cm（T4）、化肥常规用量的 80%+普通有机肥+根际扩容 25 cm（T5）、化肥常规用量的 80%+生物有机肥+根际扩容 25 cm（T6）。小区面积 60 m^2，各小区栽烟 80 株，重复 3 次，随机区组排列。采用漂浮育苗移栽，株行距 0.6 m×1.2 m，烤烟移栽后覆膜直至采烤结束。烟株大田期有机肥及 N、P$_2$O$_5$、K$_2$O 施用量见表 8-23，N：P$_2$O$_5$：K$_2$O 为 1：1.5：3。普通有机肥、生物有机肥、化肥氮和磷肥全部基施，其中化肥采用中层环施，再施有机肥，最终覆盖干土；钾肥 70% 基施，30%在烟株长出第 8、第 12 片新叶时兑水浇施。根际扩容为陶苗时，破膜孔直径 25 cm，用泥土压掩破膜孔（补土约 2 kg），其他与当地优质烟生产相同。

表 8-23　各试验处理肥料施用量

处理	肥料种类	根际扩容	有机肥/（kg/hm^2）	纯氮/（kg/hm^2）	磷（P$_2$O$_5$）/（kg/hm^2）	钾（K$_2$O）/（kg/hm^2）
T1（CK）	常规施肥（化肥）	不	0	98	147	294
T2	商品有机肥	不	4 500	78.4	117.6	235.2
T3	生物有机肥	不	4 500	78.4	117.6	235.2
T4	常规施肥（化肥）	25 cm	0	98	147	294
T5	商品有机肥	25 cm	4 500	78.4	117.6	235.2
T6	生物有机肥	25 cm	4 500	78.4	117.6	235.2

8.3.2.4 样品采集及测定指标

1. 土壤

于烤烟采收结束（9 月下旬），按小区选取分布均匀且代表性强的点，除去 0.5 cm

左右土壤表层，用土钻于根际土壤 0 ~ 20 cm 土层进行"S"形多点采集土样并标记，将同一样品混合带回实验室，风干、制样，参照鲍士旦方法测定土壤养分含量。

2. 土壤微生物数量及微生物量碳与氮

采用稀释平板计数测定土壤微生物数量。分别用马丁氏培养基和牛肉膏蛋白胨培养基培养真菌、细菌；放线菌用高氏 1 号培养基培养，分离和计数微生物数量（CFU/g 干土）。用氯仿熏蒸-K_2SO_4 浸提法在 C/N 分析仪（TOC Multi C/N 2100，德国）上测定土壤微生物量碳、氮。

3. 烟株根系指标测定

成熟期，按小区选取 6 株挂牌，最后 1 次采叶时，采集烟根用清水冲洗干净，称取鲜重，用排水法测定烟株根部体积。

4. 烟株农艺性状

在烤烟成熟时，按小区随机选取健康烤烟植株 8 株，按 YC/T 142—2010 标准，测定株高、茎围、叶片数、叶片长和宽，求出烟叶的叶面积和叶面积系数。

5. 烤烟经济性状

烤烟成熟时，按小区挂牌采收、烘烤，按 GB 2635—92 标准划分初烤烟叶级别，称重获得上等烟比例、产量，按 2022 年昆明烟区收购价计算烟叶产值。

6. 烟叶化学成分及可用性指数

采集各小区烟叶 C3F（中橘三）样品，利用连续流动分析仪（AA3 型）测定烟叶总糖和还原糖（YC/T 159—2002）、总氮（YC/T 161—2002）、烟碱（YC/T 468—2013）、钾（YC/T 217—2007）和水溶性氯含量（YC/T 162—2011）。参考余小芬（2020）等人的方法计算烟叶可用性指数（CCUI）。

8.3.3 结果与分析

8.3.3.1 不同处理对烟株根际土壤养分含量的影响

由表 8-24 可知，与 CK 相比，土壤 pH 无显著变化。T2、T3、T5 和 T6 土壤有机质含量分别较 CK 显著增加 11.1%、21.66%、6.19%和 25.81%。T2、T3、T5、T6 水解性氮含量与 CK 差异不显著。T2、T3、T5 的土壤有效磷含量分别较 CK 显著提高 7.21%、11.42%、2.52%。T2、T3、T5 和 T6 土壤速效钾含量分别较 CK 显著增加

12.31%、24.70%、3.27%和21.27%。与CK相比，T3、T6的土壤电导率降幅最大，分别下降41.35%和45.78%。与CK相比，T2、T3、T5、T6总碳显著升高21.63%～54.81%，总氮降低27.96%～38.17%。由此可见，施有机肥有利于提升土壤肥力及总碳，降低土壤电导率，扩容对单季土壤理化特性影响较小。

表8-24 不同处理对植烟土壤有效养分含量的影响

处理	pH	有机质/ （g/kg）	水解性氮/ （mg/kg）	有效磷/ （mg/kg）	速效钾/ （mg/kg）	电导率/ （μS/cm）	总碳/ %	总氮/ %
T1（CK）	5.40a	31.62b	100.29a	47.72b	466.12c	161.85a	35.78c	1.86a
T2	5.55a	35.13a	103.87a	51.16a	523.49a	113.27b	43.52b	1.34b
T3	5.72a	38.47a	119.06a	53.17a	581.26a	94.93c	50.17a	1.15b
T4	5.58a	30.23b	94.48b	45.63b	594.15a	157.98a	33.24c	1.98a
T5	5.69a	33.58a	112.36a	48.92a	481.37b	104.25b	45.06b	1.32b
T6	5.22a	39.78a	115.16a	44.27b	565.27a	87.74c	55.39a	1.23b

注：同列数据后不同小写字母表示不同处理间差异显著（$P<0.05$），表中数据为平均值与标准差。下同。

8.3.3.2 不同处理对烟株根际土壤微生物数量的影响

由表8-25可知，施普通有机肥和生物有机肥处理均能增加烟株根际土壤真菌、细菌、放线菌数量，且根际扩容处理较不扩容增加更多，生物有机肥对增加3类菌的数量效果更显著。其中T3、T6较T1（CK）增加真菌、细菌、放线菌分别为1.45、1.30、2.28倍和2.12、2.23、3.59倍。T2、T3、T5、T6土壤微生物量碳、氮含量及碳/氮比较CK显著增加，增幅分别为35.74%～99.15%、6.56%～70.68%和33.07%～71.59%，其中扩容处理增幅大于常规，表明施生物有机肥或普通有机肥时，结合根际扩容更能提高土壤微生物群落数量。

表8-25 不同处理对烤烟根际土壤微生物数量及碳氮比的影响

处理	真菌/（×10⁵CFU /g dry soil）	细菌/（×10⁵CFU /g dry soil）	放线菌/（×10⁵CFU /g dry soil）	微生物量 碳/（mg/kg）	微生物量 氮/（mg/kg）	微生物量 碳氮比
T1（CK）	60.74d	65.57e	45.37f	62.15e	24.22c	2.57d
T2	77.15c	73.81d	78.71d	84.36d	25.81c	3.27c
T3	88.28b	85.23c	103.56b	104.21c	30.47b	3.42c
T4	56.13d	71.59d	67.65e	78.45d	29.52b	2.66d
T5	84.47b	100.49b	91.38c	121.72b	32.76b	3.72b
T6	128.62a	146.15a	162.83a	182.19a	41.34a	4.41a

8.3.3.3 不同处理对烟株根系指标的影响

由表 8-26 可知，与 CK 相比，T2、T3、T5、T6 的根鲜物质质量显著提高 8.15%、34.45%、32.24%、64.42%；T2、T3、T5、T6 根干物质质量较 CK 增加 6.29%、30.63%、28.23% 和 57.93%。T3、T5、T6 的根体积较 CK 增加 33.64%、42.27%、58.44%，T3、T6 处理烟株发根能力强，其 70% ~ 80% 的烟根密集生长在地下表 0 ~ 30 cm 的土层中，其侧根和不定根较发达，说明施生物肥更有利于烟株根系发育。

表 8-26 不同处理对烟株根系指标的影响

处理	根鲜物质质量/（g/株）	根干物质质量/（g/株）	根体积/（cm³/株）	根系分布（0 ~ 30 cm）
T1（CK）	196.12d	59.45d	215.74d	稀疏
T2	212.11c	65.19c	232.16c	密集
T3	263.69b	77.66b	288.31b	较密集
T4	211.98c	61.64d	239.54c	中等
T5	259.34b	76.23b	306.93b	密集
T6	322.47a	93.89a	341.82a	较密集

8.3.3.4 不同处理对烤烟生长及产量、产值的影响

由表 8-27 可知，不同处理间烤烟株高、茎围、叶片数无显著差异。与 CK 相比，T2、T3、T4、T5 和 T6 的叶面积、叶面积系数分别较 CK 显著提高 3.87% ~ 19.88% 和 14.71% ~ 40.76%。T2、T3、T4、T5 和 T6 的上等烟比例较 CK 增加 4.4% ~ 9.1%；T3、T6 的产量和产值较 CK 增幅最大，分别显著增加 10.87%、14.88%、12.99%、35.84%。由此表明，在化肥常规用量 80% 的基础上，配施生物有机肥及扩大烟株根际容积更能促进烤烟生长发育，提高烟叶上等烟比例、产量和产值。

表 8-27 不同处理对烟株生长及产量和产值的影响

处理	株高/cm	茎围/cm	叶片数	叶面积/cm²	叶面积系数	上等烟比例/%	产量/（kg/hm²）	产值/（元/hm²）
T1（CK）	116.7a	12.6a	19.3a	1 372.64d	2.38d	64.1b	2 048.9c	56 882.94e
T2	118.4a	12.9a	18.6a	1 425.82c	2.73c	69.2a	2 195.7b	60 452.59c
T3	122.8a	13.3a	20.9a	1 546.17b	3.16b	70.3a	2 271.6a	64 271.18b
T4	125.4a	12.8a	19.6a	1 471.39c	2.98c	68.5a	2 152.5b	58 618.72d
T5	124.3a	12.9a	19.8a	1 598.46b	3.35a	70.6a	2 263.1a	63 128.63b
T6	121.6a	13.1a	20.2a	1 645.56a	3.34a	73.2a	2 353.7a	77 271.18a

8.3.3.5 不同处理对烟叶化学成分的影响

由表 8-28 可知，6 个处理烟叶总糖含量为 32.95%～35.00%，平均为 33.92%；与 T1（CK）相比，除 T4 外，其余 4 个处理均显著低于 CK。各处理还原糖含量为 16.13%～ 20.72%，平均为 18.76%；与 CK 相比，其余 5 个处理烟叶还原糖显著降低。各处理总氮含量为 2.15%～2.59%，平均为 2.38%；与 T1（CK）相比，以 T2、T3 最高。各处理烟碱含量为 2.04%～2.72%，平均为 2.31%，其中 T2 烟碱含量较 CK 显著增加 19.29%。各处理钾含量为 1.75%～2.82%，平均为 2.27%，T3、T5、T6 较 CK 分别显著提高 31.82%、27.78% 和 42.42%。所有处理水溶性氯含量为 0.15%～0.22%，平均为 0.18%，各处理间水溶性氯含量差异不显著。与 T1（CK）相比，处理 T3、T6 烟叶化学成分可用性指数最高，说明施生物有机肥及烟株根际扩容能改善烟叶化学成分协调性。

表 8-28　不同处理对中部烟叶化学成分的影响

处理	总糖 /%	还原糖 /%	总氮 /%	烟碱 /%	氧化钾/%	水溶性氯 /%	化学成分可用性指数 CCUI
T1（CK）	35.00a	20.72a	2.44a	2.28b	1.98b	0.20a	62.55e
T2	32.95c	16.13d	2.59a	2.72a	1.75b	0.19a	75.40c
T3	33.17b	19.41b	2.47a	2.21b	2.61a	0.15a	82.34b
T4	34.96a	18.40c	2.23a	2.23b	1.95b	0.16a	68.93d
T5	33.79b	18.16c	2.15a	2.04c	2.53a	0.22a	81.26b
T6	33.66b	19.74b	2.38a	2.39b	2.82a	0.17a	86.49a

8.3.4　讨论

根际土壤体积是决定陆地生态系统碳（C）、养分和水的过程、动态和循环最重要的因素之一，对稳持根际特性、可利用的养分储量及根的生长和构造至关重要（Kuzyakov Y, et al.，2022）。本研究中，施生物有机肥并减少 20% 化肥氮、磷、钾施用量，并结合根际扩容仍能提高土壤肥力及总碳，增加土壤真菌、细菌、放线菌及微生物量碳、氮含量；且更能促进侧根和不定根发育，也明显影响地上部性状。其原因在于：一方面，高活性生物有机肥（含清洁有机物料、生物有机碳、保水保肥材料、复合功能菌为主）能为土壤微生物提供碳源、底物，促进微生物新陈代谢和繁殖；且有机物改善土壤理化性质，为土壤微生物群体生长创造良好环境（巩庆利等，2018）。另一方面，烟株发根能力增强，侧根和不定根较发达，且烟根密集生长，从而使根系能够最大限度地利用更深层次的土壤水分及养分资源，并实现最佳的肥料利用率，增加了烟叶产量。同时，施入的生物有机肥中所含的生物有机碳补充了土壤的有机碳，更有利于微生物活动，提高土壤氮、磷、钾的活化的"协同效应"（Ciro C，et al.2020）。本研究表明，根际扩容处理能显著促进根系发育及改善烟叶品质，这主要归因于破膜孔大（直径 25 cm）能增加土壤通透性、使垄体温度适中，有利于促进根群发育，促进地上部生长，减少了烟草根茎类病害（如烟草黑胫病、根黑腐病、青枯病）的发生，各种品质指标更协调。

8.3.5 结论

在常规施肥（N 98 kg/hm^2、P$_2$O$_5$ 147 kg/hm^2、K$_2$O 294 kg/hm^2）基础上，用生物有机肥（4 500 kg/hm^2）替代 20%化肥氮磷钾，结合根际扩容措施有利于提升土壤肥力及总碳，降低土壤电导率，能显著增加土壤真菌、细菌、放线菌及微生物量碳、氮含量。同时，可促进烤烟根群及地上生长发育，提高烟叶上等烟比例、产量和产值，改善烟叶化学成分协调性。

8.4 烟用商品有机肥精准施用策略

8.4.1 引言

商品有机肥是一种重要的肥料资源，其营养成分和肥效特性因组分而异，以动物粪便为主的有机肥富含氮、磷、钾，植物性有机肥富含微量元素。不同土壤类型、质地及土壤质量对有机肥的吸附和利用能力差异较大，其中"板、馋、贫、浅、酸"的土壤对有机肥响应为正效应，深耕翻土、混匀施肥、分期施肥，以及土壤水分、温度和微生物群落结构等均可提高有机肥肥效及其利用率。因此，建立有机肥因地制宜的选用机制，对提高有机肥效应至关重要。

8.4.2 施肥原则

诊断当地生物环境障碍因子；根据"烤烟品种、土壤属性（类型及质地）测土配肥、平衡营养"；选择和生产满足当地烤烟—土壤—气候匹配的烟用商品有机肥产品；配合土壤碳素和多种养分元素（N、P、K 等）的最佳综合管理技术的原则施用商品有机肥，实现土壤培肥及烤烟"优质、适产"的目标。

8.4.3 有机肥选用机制

根据如表 8-29 所示的有机肥选用机制表，因地制宜地选用有机肥机制。

表 8-29 有机肥选用机制

项目	有机肥选用说明
生物环境障碍因子	土壤障碍（沙性、黏性、土壤结构、酸性、盐化、碱化、土壤水分、修复污染土壤、土壤板结及贫瘠、土层浅薄），气候干燥、降雨量少、气温高的区域必须施用有机肥
酸性土壤	选用中性或碱性有机肥
碱性土壤	选用中性或酸性有机肥
低有机碳土壤	匹配有机碳氮比和有机碳磷比低或中等的有机肥
高有机碳土壤	匹配有机碳氮比和有机碳磷比高或中等的有机肥
中有机碳土壤	匹配有机碳氮比（15～20）：1 的有机肥

8.4.4 有机肥精准施用策略

8.4.4.1 烤烟膜下小苗移栽技术

按烤烟膜下小苗移栽技术要点（见表 8-30）进行。

表 8-30 烤烟膜下小苗移栽技术要点

操作	技术要点
膜下小苗移栽塘标准及移栽规格	塘直径 35～40 cm，深度 15～20 cm；株距 0.6 m，行距 1.2～1.3 m
膜下小苗育苗盘标准	300～400 孔
烤烟苗龄	苗龄控制在 30～35 d，苗高 5～8 cm，4 叶一心～5 叶一心，烟苗清秀健壮，整齐度好
最适宜移栽时间	4 月 15～25 日
烤烟移栽密度	株行距 60 cm×120 cm，根据烤烟品种特性适当调整
移栽浇水	移栽时浇水：每塘 3～4 kg。第一次追肥时浇水：在移栽后 7～15 d（掏苗时）浇水 1 kg 左右。第二次追肥时浇水：移栽后 30～40 d（破膜培土）浇水 1～2 kg

操作	技术要点
地膜	透光率在30%以上的黑色地膜，厚度6～8 m，宽1～1.2 m
开孔	移栽后根据天气，在膜上两侧（非顶部）分别开一直径3～5 cm小孔，以降低膜下温度，防止膜下温度过高灼伤烟苗
掏苗	观察膜下小苗生长情况，以苗尖生长接触膜之前为标准，把握掏苗关键时间，一般在移栽后10～15 d，掏苗时间选择在阴天、早上9点之前或下午5点之后。掏苗孔直径15～20 cm，破孔炼苗3 d，再将苗掏出，覆土压严实膜孔
查塘补缺	移栽后3～5 d内或掏苗结束后，用同一品种，大小一致的备用烟苗补苗，确保苗全、苗齐
揭膜培土	在移栽后30～40 d进行（雨季来临时），1 800 m以下海拔烟区进行完全揭膜、培土和施肥，1 800 m以上海拔或秋发地不揭膜

8.4.4.2 无机氮磷钾精准施用量

根据烤烟氮、磷、钾推荐施肥模型（见表8-5）计算烤烟化肥纯氮磷钾用量。

8.4.4.3 无机和有机肥精准配施

1. 土壤类型

根据土壤类型调整无机和有机肥施用量（参考表8-31）。

表8-31 各类土壤类型的烤烟无机和有机肥用量

土壤类型	无机氮、磷、钾用量/（kg/hm²）	有机肥用量/（kg/hm²）
黄壤	表8-6～表8-14推荐氮、磷、钾用量扣减10%	4 500
水稻土	表8-6～表8-14推荐氮、磷、钾用量扣减10%	3 000
紫色土	表8-6～表8-14推荐氮、磷、钾用量扣减5%	4 500
红壤	表8-6～表8-14推荐氮、磷、钾用量扣减5%	4 500
新积土	表8-6～表8-14推荐氮、磷、钾用量扣减5%	3 000

2. 土壤质地

根据土壤质地调整无机和有机肥施用量（参考表8-32）。

3. 种植制度

按烤烟种植制度调整无机和有机肥施用量（参考表8-33）。

表 8-32 不同土壤质地烤烟无机和有机肥用量

土壤质地	无机氮、磷、钾用量/（kg/hm²）	有机肥用量/（kg/hm²）	参考文献
黏壤土	表 8-6～表 8-14 推荐氮、磷、钾用量扣减 10%	4 500	张晓伟等，2023
壤土	表 8-6～表 8-14 推荐氮、磷、钾用量扣减 5%	3 000	张晓伟等，2023
砂壤土	表 8-6～表 8-14 推荐氮、磷、钾用量	4 500	张晓伟等，2023

表 8-33 不同烤烟种植制度烤烟施无机和有机肥量

种植制度	无机氮、磷、钾用量（kg/hm²）	有机肥用量/（kg/hm²）
麦类-烤烟-玉米	表 8-6～表 8-14 推荐氮、磷、钾用量	4 500
麦类-烤烟	表 8-6～表 8-14 推荐氮、磷、钾用量	4 500
豆类-烤烟-玉米	表 8-6～表 8-14 推荐氮、磷、钾用量扣减 10%	3 000
烤烟-油菜	表 8-6～表 8-14 推荐氮、磷、钾用量扣减 10%	4 500
烤烟-羊肚菌	表 8-6～表 8-14 推荐氮、磷、钾用量扣减 15%	4 500
烤烟-冬闲	表 8-6～表 8-14 推荐氮、磷、钾用量扣减 10%	4 500
烤烟-水稻	表 8-6～表 8-14 推荐氮、磷、钾用量扣减 15%	4 500
烤烟-绿肥	表 8-6～表 8-14 推荐氮、磷、钾用量 10%	0
烤烟-大蒜	表 8-6～表 8-14 推荐氮、磷、钾用量扣减 15%	3 000

8.4.4.4 无机和有机肥施用方式

按表 8-34 所列要求施用无机和有机肥。

表 8-34 烤烟无机和有机肥施用

项目	肥料种类	施肥方式	要求
无机肥施用	氮肥	基施与追施结合	氮肥基追比为 70%：30%
	磷肥	基施	全部基施
	钾肥	基施与追施结合	硝酸钾在烤烟移栽长出 8 片新叶时兑水浇施，其他钾肥基施（如烟草专用复合肥、硫酸钾）
有机肥施用	—	塘施	将所有烟用商品有机肥基施入塘底，并与塘底细土拌匀，或将商品有机肥覆盖于烟株中层环施的化肥上，再覆盖干土，以见不到无机肥或商品有机肥为宜。整地采用垂直深旋耕（用大型拖拉机旋耕作业，深度 40 cm，垄高 35 cm，垄幅 120 cm）更加
中微量元素		基施、追施	基肥土施肌醇硼 5～10 kg/亩或硼砂 0.5～0.75 kg/亩，或追肥在团棵期、现蕾期叶面喷施 0.1%～0.25%硼酸或硼砂各一次；基肥土施钼肥 0.1～0.2 kg/亩或追肥在团棵期、现蕾期叶面喷施 0.02%～0.1%钼肥溶液各一次；叶面喷施一般在上午 9 点和下午 5 点以后喷施，阴天可全天喷，雨天或阳光过强时不宜喷，避免养分流失

8.4.4.5 提质增效施肥

在上述施肥的基础上，可在烤烟团棵期、旺长期喷施外源物质。喷施外源物质的时期及浓度可参考表 8-35。

表 8-35 喷施外源物质时期及浓度

外源物质	浓度（倍）（团棵期）	浓度（倍）（旺长期）
硅酸钾	800	600
硅镁肥	800	600
硅酸钠	600	600
纳米硅	1 000	800
鱼蛋白	300	200
硅钠肥	600	300
氯化钾	0.5%	—
硅钾肥	600	400
低氮高镁钾肥	80	40
高氮高镁钾肥	120	100
废弃叶梗高温燃烧灰分	0.5%	0.2%
植物活化剂	80	40

8.4.5 建立生产档案

详细记录烤烟种植过程中商品有机肥特性（碳氮比、碳磷比、pH 值、可溶性盐浓度）、用量、田间管理及其他溯源数据，建立生产档案，并保留 3 年以上。

8.4.6 无机和有机肥精准施用提高烟叶品质效果

2021—2023 年以曲靖烟区为对象，对无机和有机肥精准施用区（处理区）与对照区（常规施肥），随机抽取收购大货 C3F（占收购总量的 30% 左右）样品各 200 个，测定外观质量、化学成分，选择其中 60 份样品分析物理特性及感官评吸。

8.4.6.1 外观质量

基于《烤烟分级标准》GB/T 2635—92 及《中国烟草种植区划》（王彦亭等，2010）

中的烟叶外观质量加权评价法，聘请烟叶外观质量评级专家对烤烟油分、颜色、身份、色度等 7 个指标进行量化打分，通过感官标度赋值加权计算、加权得分对处理区和对照区的烟叶外观质量进行对比分析。结果表明：处理区和对照区间烟叶外观质量存在一定差异（见表 8-36）。从处理区和对照区烟叶外观质量感官标度赋值加权得分方差分析结果看（见表 8-37），处理区和对照区在外观质量综合得分、油分、色度、结构 4 项指标达到了极显著水平（$P<0.01$），在身份指标上达到了显著水平（$P<0.05$），成熟和颜色指标得分上差异不显著。

表 8-36 处理区和对照区烟叶外观质量标度赋值加权得分

区域	外观指标及得分	最小值	最大值	均值	标准偏差
处理区	颜色	7.50	9.30	8.458 4	0.385 56
	成熟	6.80	8.70	9.211 9	7.828 03
	结构	8.00	9.30	8.640 6	0.293 32
	身份	6.50	9.30	8.473 3	0.401 22
	油分	5.00	9.50	6.823 8	0.662 89
	色度	4.50	8.00	6.183 2	1.004 89
	综合得分	**7.10**	**8.90**	**8.331 7**	**2.010 57**
对照区	颜色	7.50	9.00	8.406 0	0.337 20
	成熟	7.30	9.00	8.410 0	0.346 85
	结构	7.70	9.00	8.523 0	0.313 94
	身份	6.70	9.00	8.364 0	0.371 05
	油分	4.00	7.70	6.540 0	0.755 05
	色度	4.50	7.70	5.415 0	0.682 00
	综合得分	**6.20**	**8.70**	**7.627 0**	**1.547 55**

表 8-37 烟叶外观质量得分方差分析

外观指标	差异来源	平方和	自由度	均方	F	显著性
颜色	组间	0.138	1	0.138	1.052	0.306
	组内	26.122	199	0.131		
	总计	26.260	200			
成熟	组间	32.311	1	32.311	1.047	0.307
	组内	6 139.716	199	30.853		
	总计	6 172.026	200			

续表

外观指标及得分	差异来源	平方和	自由度	均方	F	显著性
结构	组间	0.695	1	0.695	7.531	0.007**
	组内	18.361	199	0.092		
	总计	19.056	200			
身份	组间	0.600	1	0.600	4.016	0.046*
	组内	29.728	199	0.149		
	总计	30.328	200			
油分	组间	4.046	1	4.046	8.021	0.005**
	组内	100.383	199	0.504		
	总计	104.429	200			
色度	组间	29.651	1	29.651	40.132	0.000**
	组内	147.029	199	0.739		
	总计	176.680	200			
综合	组间	24.952	1	24.952	7.742	0.006**
	组内	641.336	199	3.223		
	总计	666.288	200			

8.4.6.2 化学品质

根据云南中烟工业公司企业标准《优质烤烟内在化学成分指标要求》(Q/YZY 1—2009），无机和有机肥精准施用可降低烟叶总糖、还原糖、总氮和烟碱含量，提升钾含量，烟叶化学成分协调性较对照区好（见表8-38）。

表8-38 各处理对烟叶化学成分的影响

区域	总糖/%	还原糖/%	总氮/%	烟碱/%	氧化钾/%	水溶性氯/%	CCUI
处理区	28.69	21.81	2.74	2.78	2.96	0.27	88.49
对照区	31.01	24.58	2.91	3.95	2.19	0.21	79.32

8.4.6.3 物理特性

参考中国烟叶公司发布《中国烟叶质量白皮书》标准，无机和有机肥精准施用可改善烟叶填充值与叶梗重均衡，质地均匀、物理性质优异，且综合得分最高（见表 8-39 ）。

表 8-39　各处理对烟叶物理特性的影响

区域	单叶重/g	含梗率/%	叶长/cm	叶宽/cm	叶片厚度/mm	密度/($g·cm^{-3}$)	叶面积质量/($g·cm^{-2}$)	填充值/($d·cm^3·g^{-1}$)	平衡含水率/%	得分
处理区	15.88	30.01	71.71	33.34	0.13	1.65	165.74	3.63	17.54	85.76
对照区	18.14	30.18	63.27	29.31	0.11	1.37	148.21	2.87	16.29	79.24

8.4.6.4　感官质量特征

与对照区相比，无机-有机肥精准施用的烟叶香气质好，丰富性好，透发性好，香气量较足，细腻好，甜度好，绵延性较好，成团性较好，柔和性好，浓度尚浓至较浓，杂气有至略有，刺激有至略有，余味较净较适，劲头中，香气量更足，香气特征显露程度较强。

参考文献

[1] Ahmed H M A，Versiani M A，De-deus G，et al. A new system for classifying root and root canal morpholpgy[J]. International Endodontic Journal，2017，50（8）：761-770.

[2] 安婷婷，汪景宽，李双异，等. 商品有机肥配施化肥对烤烟养分吸收变化规律及烟碱合成的影响[J]. 山西农业科学，2017，45（9）：1492-1498.

[3] 艾童非，杨鹏九，费洪波，等. 微生物菌剂有机肥对植烟土壤环境及烤烟产质量的影响[J]. 安徽农业科学，2016，44（18）：99-102+119.

[4] 敖金成，李博，阎凯，等. 连作对云南典型烟区植烟土壤细菌群落多样性的影响[J]. 农业资源与环境学报，2022，39（1）：46-54.

[5] 鲍士旦. 土壤农业化学分析[M]. 3 版. 北京：中国农业出版社，2000.

[6] 白娜玲，吕卫光，李双喜，等. 施肥方式对稻麦轮作土壤团聚体分布的影响[J]. 水土保持学报，2019，33（3）：88-92，100.

[7] Chu D. P，Chen Q. R，Tai Z. et al. Effects of soybean-seaweed organic fertilizer on flue-cured tobacco growth and soil bacterial community[J]. Acta Tabacari Sinica，2021，27（6）：43-51.

[8] 陈红金，姚燕来，朱有为，等. 商品有机肥容重测定方法的建立及不同原料对有机肥容重的影响[J]. 浙江农业科学，2016，57（6）：945-950.

[9] 陈尧，郑华，石俊雄，等. 施用化肥和菜籽粕对烤烟根际微生物的影响[J]. 土壤学报，2012，49（1）：198-203.

[10] 陈雪，翟欣，杨振智，等. 特制酒糟有机肥对喀斯特烟区烤烟生长与品质的影响[J]. 土壤学报，2019，56（5）：1151-1160.

[11] 陈江华，刘建利，李志宏. 中国植烟土壤及烟草养分综合管理[M]. 北京：科学出版社，2008.

[12] 陈伟强，华一新，张世全. 基于 GIS 的烟草精准施肥配方系统研究[J]. 测绘科学技术学报，2008，25（6）：455-458.

[13] 陈海念. 植烟土壤土传病害区土壤微生物生态特征变化及其影响因素分析[D]. 贵州：贵州大学，2020.

[14] 蔡娟，张应虎，张昌勇，等. 牛粪堆肥过程中的物质变化及腐熟度评价[J]. 贵州农业科学，2018，46（10）：72-75.

[15] 曹秀芹，刘超磊，朱开金，等. 微生物菌剂强化餐厨垃圾和污泥联合堆肥[J]. 环境工程学报，2022，16（02）：576-583.

[16] 崔江宽，任豪豪，孟颗光，等. 我国烟草根结线虫病发生与防治研究进展[J]. 植物病理学报，2021，51（5）：663-682.

[17] 丁梦娇，黄莺，易维洁，等. 施用有机肥对植烟土壤氮素转化与功能微生物的影响[J]. 西南农业学报，2016，29（05）：1166-1171.

[18] 杜为研，唐杉，汪洪. 我国有机肥资源及产业发展现状[J]. 中国土壤与肥料，2020，（3）：210-219

[19] 刁朝强，聂忠扬，程传策，等. 高碳基肥施用方法对清镇植烟土壤及烤烟品质的影响[J]. 江西农业学报，2018，30（6）：57-62.

[20] 邓亚琴，王宇蕴，李兰，等. 云南省畜禽粪污土地消纳能力的评估及其肥料化发展前景[J]. 农业环境科学学报，2021，40（11）：2419-2427.

[21] 邓小华，张敏，周米良，等. 山地土壤酸化阻控和修复探索与实践[M]. 北京：中国农业科学技术出版社，2020.

[22] 邓小华，杨丽丽，邹凯，等. 烟稻轮作模式下烤烟增密减氮的主要化学成分效应分析[J]. 植物营养与肥料学报，2017，23（4）：991-997.

[23] 邓小华，周米良，田峰，等. 山地植烟土壤维护与改良理论与实践[M]. 北京：中国农业科学技术出版社，2019.

[24] 邓小华，邓永晟，刘勇军，等. 垂直深旋耕配施改土物料改良酸性土壤并提高烟草种植效益研究[J]. 中国烟草学报，2021，27（1）：64-73.

[25] 邓永晟，张敏，李伟，等. 垂直深旋耕对植烟土壤理化性状和烤烟生长的影响[J]. 中国烟草科学，2020，41（6）：30-36.

[26] 段碧辉，孙奥，王芳，等. 荆门市耕地不同土壤类型养分含量特征及肥力评价[J]. 资源环境与工程，2022，36（6）：802-807.

[27] 段红平. 云南有机肥发展的机遇、困难与对策[J]. 云南农业，2017（9）：70-73.

[28] 付利波，苏帆，陈华，等. 菜籽饼肥不同用量对烤烟产量及质量的影响[J]. 中国生态农业学报，2007，15（6）：77-80.

[29] 冯婷婷，王梦雅，符云鹏，等. 不同有机物料对土壤和烟叶主要质量指标的影响[J]. 中国烟草科学，2016，37（5）：22-27，33.

[30] 方芋，白涛，刘东梅，等. 烟草黑胫病植株根际土壤真菌群落多样性及结构分析[J]. 西南农业学报，2022，35（4）：822-830.

[31] 樊俊，谭军，王瑞，等. 秸秆还田和腐熟有机肥对植烟土壤养分、酶活性及微生物多样性的影响[J]. 烟草科技，2019，52（02）：12-18+61.

[32] 葛均青，于贤昌，王竹红. 微生物肥料效应及其应用展望[J]. 中国农业学报，2003，11（3）：87-88.

[33] 葛楠楠，石芸，杨宪龙，等. 黄土高原不同土壤质地农田土壤碳、氮、磷及团聚体分布特征[J]. 应用生态学报，2017，28（5）：1626-1632.

[34] 龚雪蛟，秦琳，刘飞，等. 有机类肥料对土壤养分含量的影响[J]. 应用生态学报，2020，31（4）：1403-1416.

[35] 郭振，王小利，徐虎，等. 长期施用有机肥增加黄壤稻田土壤微生物量碳氮[J]. 植物营养与肥料学报，2017，23（5）：1168-1174.

[36] 郭帅，贺晓辉. 云南省有机肥产业发展现状及对策研究[J]. 昆明学院学报，2014，36（3）：48-52，60.

[37] 郭皓升. 中国玉米产业面临的挑战与机遇[J]. 现代管理科学，2020（2）：31-33.

[38] 高家合，杨祥，李梅云，等. 有机肥对烤烟根系发育及品质的影响[J]. 中国烟草科学，2009，30（6）：38-41，45.

[39] 高传奇，刘国顺，杨永锋，等. 不同质地土壤对烤烟地上部生长动态的影响[J]. 土壤，2014，46（1）：158-164.

[40] 高贵，郭亚莉，戴辉，等. 甘蔗渣与牛粪不同配比对烤烟产质量的影响[J]. 贵州农业科学，2016，44（12）：83- 87.

[41] 高铭. 有机肥对植烟土壤改良及烟叶产量、质量的影响[D]. 南宁：广西大学，2018.

[42] 高璐阳，贾伟，马志明，等. 基于科学施肥视角的土壤质量提升与粮食安全[J]. 肥料与健康，2023，50（4）：1-6.

[43] 巩庆利，翟丙年，郑伟，等. 渭北旱地苹果园生草覆盖下不同肥料配施对土壤养分和酶活性的影响[J]. 应用生态学报，2018，29（1）：205-212.

[44] 关菁，史利平. 复合微生物肥和生物有机肥对不同土壤改良作用的机理探究[J]. 现代农业，2016，（1）：28.

[45] 关连珠. 土壤肥料学[M]. 北京：中国农业出版社，2001，255-264.

[46] 耿建建，陶亮，岳海，等. 澳洲坚果果壳综合利用研究综述[J]. 热带农业科技，2021，44（2）：41-47.

[47] 贺熙勇，聂艳丽，吴霞，等. 云南澳洲坚果产业高质量发展的建议[J]. 中国南方果树，2022，51（4）：205-210.

[48] 胡清泉，刘秉岗，刘健梅. 云南省畜禽粪污处理与资源化利用情况调研[J]. 养猪，2021，（6）：69-73.

[49] 胡晓明，张无敌，尹芳. 云南省农作物秸秆资源综合利用现状[J]. 安徽农业科学，2009，37（23）：11167-11169，11175.

[50] 胡国松. 烤烟营养原理[M]. 北京：科学出版社，2000.

[51] 胡天睿，蔡泽江，王伯仁，等. 有机肥替代化学氮肥提升红壤抗酸化能力[J]. 植物营养与肥料学报，2022，28（11）：2052-2059.

[52] 濮永瑜，包玲凤，杨佩文，等. 生物有机肥调控的碱性植烟土壤微生物群落多样性特征[J]. 西南农业学报，2022，35（4）：780-789.

[53] 何玉亭，王昌全，沈杰，等. 两种生物质炭对红壤团聚体结构稳定性和微生物群落的影响[J]. 中国农业科学，2016，49（12）：2333-2342.

[54] 何冬冬，魏欣琪，林紫婷，等. 不同有机肥对植烟红壤真菌群落结构及功能的影响[J]. 植物营养与肥料学报，2020，26（11）：2081-2094.

[55] 何萍，金继运. 集约化农田节肥增效理论与实践[M]. 北京：科学出版社，2012.

[56] 何俊龙，刘强，荣湘民，等. 有机肥部分替代无机肥条件下早稻稻田氮素动态变化[J]. 中国农学通报，2013，29（3）：24-28.

[57] 黄维，胡小东，李焱，等. 不同有机肥对楚雄烟区紫色植烟土壤微生物数量和烟叶产量、品质的影响[J]. 江苏农业科学，2017，45（13）：78-81.

[58] Jiang R，Wang M，ChenWP，Li XZ，Romero MB. Changes in the integrated functional stability of microbial community under chemical stresses and theimpacting factors in field soils[J]. Ecological Indicators，2020，1（10）：905-919.

[59] 季璇，冯长春，郑学博，等. 饼肥等氮替代化肥对植烟土壤养分、酶活性和氮素利用的影响[J]. 中国烟草科学，2019，40（5）：23-29.

[60] 焦永鸽. 红壤供氮特性及对烤烟氮素营养的贡献[D]. 南宁：广西大学，2018.

[61] 姜林，耿增超，李珊珊，等. 祁连山西水林区土壤阳离子交换量及盐基离子的剖面分布[J]. 生态学报，2012，32（11）：3368-3377.

[62] 金慧芳，史东梅，钟义军，等. 红壤坡耕地耕层土壤质量退化特征及障碍因子诊断[J]. 农业工程学报，2019，35（21）：84-91.

[63] 贾梦圆，黄兰媚，李琦聪，等. 耕作方式对农田土壤理化性质、微生物学特性及小麦营养品质的影响[J]. 植物营养与肥料学报，2022，28（11）：1964-1976.

[64] 孔样波，徐坤，尚庆文，等. 生物有机肥对生姜生长及产量、品质的影响[J]. 中国土壤与肥料，2007，（2）：64-67.

[65] 孔银亮. 膜下小苗移栽对预防病毒病、烟草生长发育及经济性状的影响[J]. 烟草科技，2011（9）：75-80.

[66] 柯庆明，林文雄，黄珍发，等. 小白菜平衡施肥数学模型模拟研究[J]. 中国生态农业学报，2005，13（1）：119-121.

[67] Li J. R，Hou H. P，Wang C. et al. So bacteria diversity of reclaimed soil based on high through put sequencing[J]. Environmental Science & Technology，2018，41（12）：148-157.

[68] Luo R，Yang M，Yu Z. T. et al. Seasonal dynamics of soi microbial community and

enzyme activities inHipophae rhamnoides plantation[J]. Chinese Jounal of Applied Ecology，2018，29（4）：1163-169.

[69] 李正辉，殷全玉，马君红，等. 羊粪有机肥对洛阳植烟土壤微生物群落结构和功能的影响[J]. 山东农业科学，2022，54（05）：84-97.

[70] 李佳，李璐，杨胜男，等. 生物有机肥对植烟土壤微生物及烤后烟叶质量的影响[J]. 江西农业学报，2019，31（06）：63-67.

[71] 李影，李斌，姜桂英，等. 植烟根际土壤生物活性对生物炭配施有机菌肥的响应[J]. 中国农学通报，2019，35（36）：54-60.

[72] 李景，李国鹏，汪滨. 国内外有机肥料相关标准比对研究[J]. 中国土壤与肥料，2023，（4）：230-237.

[73] 李亮，张佩佳，张翔，等. 不同饼肥配比对烟田土壤生物学特性及氮素转化的影响[J]. 土壤，2019，51（4）：648-657.

[74] 李艳平，刘国顺，丁松爽，等. 混合有机肥用量对烤烟根系活力及根际土壤生物特性的影响[J]. 中国烟草科学，2016，37（1）：32-36，44.

[75] 李星星，尚嘉彦，袁海琪，等. 不同药剂对南方根结线虫的室内生物活性测定[J]. 农业灾害研究，2023，13（8）：32-33.

[76] 李亮，张翔，王亚宁，等. 不同栽培方式与追钾时间对烤烟光合特性、钾含量及产质量的影响[J]. 中国土壤与肥料，2018，（4）：71-74.

[77] 李哲. 酒糟有机肥生产、肥效以及酒糟生物质炭的效应研究[D]. 重庆：西南大学，2021.

[78] 李健铭，刘青丽，李志宏，等. 不同有机肥料对烤烟氮素吸收和产值的影响[J]. 江苏农业科学，2022，50（9）：83-88.

[79] 李京京，刘文，任天宝，等. 不同土壤质地和含水率对炭基肥料氮素矿化的影响[J]. 土壤，2020，52（1）：40-46.

[80] 李源环，邓小华，张仲文，等. 湘西典型植烟土壤酸碱缓冲特性及影响因素[J]. 中国生态农业学报，2019，27（1）：109-118.

[81] 李智全，王丽丽，许江，等. 基于可定制机制的农产品质量安全追溯系统的构建和应用[J]. 安徽农业科学，2022，50（1）：240-243.

[82] 李华，李秀英，王磊，等. "双碳"目标下肥料行业发展对策-基于2011—2020年碳减排与存在问题的分析[J]. 中国生态农业学报，2023，31（2）：206-213.

[83] 梁洪涛，李莉，孙明辉，等. 菜籽饼肥对漯河烟叶化学成分及其感官质量的影响[J]. 江西农业学报，2015，27（2）：71-73，78.

[84] 罗倩，苟剑渝，彭玉龙，等. 氮、磷、钾失调对土壤有效性及烤烟产质量的影响[J]. 湖南农业科学，2019，（11）：46-51.

[85] 刘青丽，石俊雄，张云贵，等. 应用 ^{15}N 示踪研究不同有机物对烤烟氮素营养

及品质的影响[J]. 中国农业科学，2010，43（22）：4642-4651.

[86] 刘宇. 有机-无机肥配比量对烟草生长发育及产质量影响的研究[D]. 长沙：湖南农业大学，2008.

[87] 刘佳琪，彭光爵，郑重谊，等. 粉垄及秸秆腐熟有机肥对湖南稻作烟区土壤养分和烤烟产质量的影响[J]. 西南农业学报，2022，35（2）：397– 404.

[88] 刘魁，王正旭，田阳阳，等. 不同商品有机肥对烤烟根际土壤环境及烟叶质量的影响[J]. 中国烟草科学，2020，41（3）：16-21.

[89] 林雷通，林中麟，赖荣泉. 不同时期揭膜培土对烤烟产量、质量的影响[J]. 福建农业科技，2008，（6）：22-24.

[90] 刘棋，王皓，张留臣，等. 耕作方式对山地烟田耕层养分库容和烤烟根系、土壤水氮空间分布特征的影响[J]. 中国土壤与肥料，2021，（6）：104-111.

[91] 刘秀梅，罗奇祥，冯兆滨，等. 我国商品有机肥的现状与发展趋势调研报告[J]. 江西农业学报，2007（4）：49-52.

[92] 刘兰英，何肖云，黄薇，等. 福建省有机肥中养分和重金属含量特征[J]. 福建农业学报，2020，35（6）：640-648.

[93] 卢文钰，何忠伟. 中国有机肥料产业发展现状、问题及对策[J]. 科技和产业，2022，22（9）：258-262.

[94] 龙文军，姜楠. 发达国家有机肥规范及推广的经验做法[J]. 农村工作通讯，2021（9）：59-61.

[95] 马连刚，胡佳佳，贾琰. 贵阳市粪源有机肥施用的环境污染风险调查分析[J]. 南方农业，2022，16（21）：145-148.

[96] 马兴华，陈乐，石屹，等. 化肥与豆饼配施对烤烟中性致香成分含量及产质量的影响[J]. 中国烟草科学，2016，37（3）：29-33.

[97] 马坤，芦光新，邓晔，等. 有机类肥料对垂穗披碱草根际微生物及土壤理化性质的影响[J]. 草地学报，2022，30（3）：594-602.

[98] 马二登，李军营，马俊红. 土壤类型和有机无机肥配施比例对烟叶产质量的影响[J]. 安徽农业科学，2013，41（35）：13546-13549.

[99] 马新明，刘国顺，王小纯，等. 烟草根系生长发育与地上部相关性的研究[J]. 青海农林科技，2002，（8）：26-29.

[100] 毛妍婷，刘宏斌，陈安强，等. 长期施用有机肥对减缓菜田耕层土壤酸化的影响[J]. 生态环境学报，2020，29（9）：1784-1791.

[101] 毛家伟，马聪，唐培培，等. 耕作模式对烤烟根系生长和烟叶钾、氯含量的影响[J]. 河南农业科学，2019，48（8）：56-60.

[102] Nong C, Luo J. Z, Xu Z. et al. Effects of organic fertlizer partial substituted for chemicaliertlizer on soil organic carbon pool and economic characters of

flue-cured tobacco[J]. Soil and Fertilizer Sciences in China，2016，（4）：70-75.

[103] 欧雄波. 浅析种子发芽指数（GI）的测定[J]. 检测认证，2023，（9）：209-212.

[104] 盘文政，易克，韩定国，等. 新型肥料对烤烟生长及产量品质的影响[J]. 江苏农业科学，2020，48（13）：107-112.

[105] 盘文政，王斌，张琪，等. 以油菜秸秆为主要原料的有机肥发酵工艺研究[J]. 现代农业科技，2021，（8）：162-169.

[106] 彭智良，黄元炯，刘国顺，等. 不同有机肥对烟田土壤微生物以及烟叶品质和产量的影响[J]. 中国烟草学报，2009，15（2）：41-45.

[107] 仇焕广，栾昊，李瑾，等. 风险规避对农户化肥过量施用行为的影响[J]. 中国农村经济，2014（3）：85-96.

[108] 秦文俊. 云南省肥料产业发展现状及对策建议[J]. 云南农业，2014（7）：10-13.

[109] 秦耀东. 土壤物理学[M]. 北京：高等教育出版社，2003.

[110] 邱全敏，王伟，吴雪华，等. 施用不同 pH 改良剂对荔枝园酸性土壤性质及荔枝生长的影响[J]. 热带作物学报，2020，41（2）：217-224.

[111] 邱妙文，王军，毕庆文，等. 有机肥对紫色土壤烤烟产量与品质的影响机[J]. 烟草科技，2009（2）：53-56.

[112] 戚瑞敏，温延臣，赵秉强，等. 长期不同施肥潮土活性有机氮库组分与酶活性对外源牛粪的响应[J]. 植物营养与肥料学报，2019，25（8）：1265-1276.

[113] 全国农业推广服务中心. 中国有机肥料养分志[M]. 北京：中国农业出版社，1999：1-2.

[114] 全国标准化原理与方法标准化技术委员会. 标准化工作指南：第 1 部分　标准化和相关活动的通用术语：GB/T 20000.1—2014[S]. 北京：中国标准出版社，2015：6.

[115] 任小利，王丽萍，徐大兵，等. 菜粕堆肥与无机肥配施对烤烟产量和品质以及土壤微生物的影响[J]. 南京农业大学学报，2012，35（2）：92-98.

[116] 任二芳，牛德宝，刘功德，等. 澳洲坚果仁营养成分分析与其加工副产物的综合利用研究[J]. 食品研究与开发，2020，41（6）：194-199.

[117] 阮云泽，孙桂芳，唐树梅. 土壤养分状况系统研究法在菠菜平衡施肥上的应用[J]. 植物营养与肥料学报，2005，11（4）：530-535.

[118] 施建平，鲁如坤，时正元，等. Logistic 回归模型在红壤地区早稻推荐施肥中的应用[J]. 土壤学报，2002，39（6）：853-862.

[119] 施娴，刘艳红，王田涛，等. 有机肥与烟草专用肥配施对植烟土壤微生物和土壤酶活性的动态变化[J]. 土壤通报，2017，48（05）：1126-1131.

[120] 石惠娴，沈昊文，潘方慧，等. 农业废弃物资源化梯次利用低碳模式研究[J]. 安徽农业科学，2023，51（3）：209-212，252.

[121] 孙波，严浩，施建平，等．基于组件式 GIS 的施肥专家决策支持系统开发和应用[J]．农业工程学报，2006，22（4）：75-79.

[122] 宋建群，徐智，汤利，等．不同有机肥对烤烟养分吸收及化肥利用率的影响[J]．云南农业大学学报，2015，30（3）：471-476.

[123] 沈芳芳，张哲，袁颖红，等．生物质炭配施有机肥对旱地红壤酶活性及其微生物群落组成的影响[J]．中国农学通报，2021，37（18）：65-74.

[124] 尚怀国，周泽宇，施蕊，等．澳洲坚果青皮发酵肥对茶园土壤养分和茶叶品质的影响[J]．南方农业学报 2021，52（7）：1877-1886.

[125] 汤宏，曾掌权，张杨珠，等．化学氮肥配施有机肥对烟草品质、氮素吸收及利用率的影响[J]．华北农学报，2019，34（4）：183-191.

[126] 谭宗琨．BP 人工神经网络在玉米智能农业专家系统中的应用[J]．农业网络信息，2004，（10）：9-11.

[127] 汪坤，魏跃伟，姬小明，等．生物炭基肥与哈茨木霉菌剂配施对烤烟和植烟土壤质量的影响[J]．作物杂志 2021（3）：106-113.

[128] 王睨，徐汉虹，张新明．商品有机肥补贴标准模型及其应用研究[D]．科研管理，2021，42（12）：195-203.

[129] 王兴松，王娜，杜宇，等．有机肥对玉溪植烟土壤有机质组分和微生物群落结构的影响[J]．中国农业科技导报，2023：1-12.

[130] 王锡春，靳志丽，周向平，等．不同发酵菜籽饼肥对烤烟生长发育及产质量的影响[J]．江西农业学报，2019，31（8）：65-69.

[131] 王红彦，张轩铭，王道龙，等．中国玉米芯资源量估算及其开发利用[J]．中国农业资源与规划，2016，37（1）：1-8.

[132] 王阵．凉山烟区紫色土土壤养分和烤烟品质特点及其关系分析[D]．郑州：河南农业大学，2007.

[133] 王日俊，黄成，徐照丽，等．基于中国知网的有机无机配施对烤烟产量与品质影响的整合分析[J]．土壤，2021，53（6）：1185-1191.

[134] 王新月，张敏，刘勇军，等．改土物料混用对酸性土壤 pH 和烤烟生长及物质积累的影响[J]．核农学报，2021，35（11）：2626-2633.

[135] 王晓娟，贾志宽，梁连友，等．旱地施有机肥对土壤有机质和水稳性团聚体的影响[J]．应用生态学报，2012，23（1）：159-165.

[136] 王军，丁效东，张士荣，等．不同碳氮比有机肥对沙泥田烤烟根际土壤碳氮转化及酶活性的影响[J]．生态环境学报，2015，24（8）：1280-1286.

[137] 王祺，李艳，张红艳，等．生物药肥功能及加工工艺评述[J]．磷肥与复肥，2017，32（8）：13-17.

[138] 吴克宁，赵瑞．土壤质地分类及其在我国应用探讨[J]．土壤学报，2019，56（1）：

227-241.

[139] 吴梦瑶，陈林，庞丹波，等．贺兰山不同海拔土壤团聚体碳氮磷含量及其化学计量特征变化[J]．应用生态学报，2021，32（4）：1241-1249.

[140] 吴金水，林启美，黄巧云，等．土壤微生物生物量测定方法及其应用[M]．北京：气象出版社，2006.

[141] 吴寿明，高正锋，白茂军，等．烟草黑胫病不同发病程度与根际微生物间的响应关系[J]．中国土壤与肥料，2023，（7）：223-231.

[142] 魏代福．烟草膜下栽培对蚜传病毒病发生的影响与研究[J]．现代农业科学，2009，（6）：145-147.

[143] 武雪萍，钟秀明，刘增俊．饼肥在植烟土壤中的矿化速率和腐殖化系数分析[J]．中国土壤与肥料，2007，（5）：32-35.

[144] 翁洵，王炎，郑孟菲，等．堆肥过程中氮素转化及保氮措施研究进展[J]．中国农学通报，2017，33（27）：26-32.

[145] 温烜琳，马宜林，周俊学，等．腐熟羊粪有机肥配施无机肥对植烟土壤微生物群落结构和多样性的影响[J]．土壤，2023，54（05）：1-9.

[146] Xu M. G. Organic substituting of fertilizers brings back the other half of agriculture[J]. China Rural Science and Technoiogy，2016，（2）：37-39.

[147] Xiao H. y，Zhu W，Wang H. et al. Efects of continuous application of diferent biochar on tobaco-planting soil，flue-cured tobacco leaf quality[J]. Chinese Tobacco Science，2021，42（3）：19-25.

[148] 熊维亮，张宗锦，张媛，等．微生物菌剂与有机肥复配对植烟土壤微生物区系的影响[J]．湖北农业科学，2020，59（07）：55-58+87.

[149] 薛泽，徐锐，李彦，等．云南省农作物秸秆综合利用现状及建议[J]．农机使用与维修，2022，（3）：103-109.

[150] 薛如君，高天，赵正雄，等．氮肥减量滴灌对烤烟产质量及氮磷钾吸收利用的影响[J]．云南农业大学学报（自然科学版），2019，34（5）：860-866.

[151] 谢文凤，吴彤，石岳骄，等．国内外有机肥标准对比及风险评价[J]．中国生态农业学报，2020，28（12）：1958-1968.

[152] 谢丽华，廖超林，林清美，等．有机肥增减施后红壤水稻团聚体有机碳的变化特征[J]．土壤，2019，51（6）：1106-1113.

[153] 徐兴阳，杨艳梅，李杰，等．昆明烟区根结线虫种类及生防制剂防效评价[J]．昆明学院学报，2017，39（6）：1-6.

[154] 徐仁扣，李九玉，周世伟，等．我国农田土壤酸化调控的科学问题与技术措施[J]．中国科学院院刊，2018，33（2）：160-167.

[155] 肖和友，朱伟，王海军，等．连续施用不同生物质炭对植烟土壤特性和烤烟品

质的影响[J]. 中国烟草科学，2021，42（3）：19-25.

[156] 叶沁鑫. 生物有机肥与无机肥配施对烤烟氮素供应及烤烟生长、品质的影响[D]. 雅安：四川农业大学，2019.

[157] 叶思廷. 农户有机肥施用行为及影响因素分析[D]. 长春：吉林农业大学，2021.

[158] 杨立均，郝浩浩，许晓敬，等. 高碳基土壤修复肥对连作烟田土改良及烤烟生长发育的影响[J]. 江西农业学报，2020.32（11）：86-93.

[159] 杨旭，余垚，李花粉，等. 我国与欧美化肥重金属限量标准的比较和启示[J]. 植物营养与肥料学报，2019，25（1）：149-156.

[160] 杨红武，李帆，朱开玲，等. 饼肥对烟草·植烟土壤的影响[J]. 安徽农业科学，2011，39（7）：3880 -3881.

[161] 杨彩迪，刘静静，卢升高. 生物质炭改良酸性土壤的电化学特性研究[J]. 土壤学报，2022，39（4）：1-10.

[162] 杨彩迪，宗玉统，卢升高. 不同生物炭对酸性农田土壤性质和作物产量的动态影响[J]. 环境科学，2020，41（4）：1914-1920.

[163] 杨荣生. 曲靖市植烟土壤分析与评价[M]. 北京：中国科学出版社，2011：70-71.

[164] 杨荣生. 基于 GIS 的曲靖烤烟生态质量相似性区划研究[M]. 云南：云南科技出版社，2012：239-251.

[165] 杨树明，余小芬，邹炳礼，等. 曲靖植烟土壤 pH 和主要养分空间变异特征及其影响因素[J]. 土壤，2021，53（6）：1299-1308.

[166] 杨济达，伏成秀，朱红业，等. 基于不同深翻年限土壤团聚体空间分异与稳定性研究[J]. 西南农业学报，2022，35（12）：2843-2849.

[167] 杨滨键，尚杰，于法稳. 农业面源污染防治的难点、问题及对策[J]. 中国生态农业学报，2019，27（2）：236-245.

[168] 杨旭，刘海林，黄艳艳，等. 有机无机复混肥施用量对热带水稻土壤微生物群落和酶活性的影响[J]. 植物营养与肥料学报，2021，27（4）：619-629.

[169] 杨云飞. 烟草杀线型功能肥料的研制[D]. 合肥：安徽农业大学，2022.

[170] 余小芬，杨树明，邹炳礼，等. 菜籽油枯有机无机复混肥对烤烟产质量及养分利用率的影响[J]. 土壤学报，2020，57（6）：1564-1574.

[171] 余小芬，解燕，杨树明，等. 云南曲靖减施氮磷钾肥和氮肥基追比对烤烟产质量及养分利用的影响[J]. 西南农业学报，2020，33（4）：848-854.

[172] 余小芬，邹炳礼，解燕，等. 云南多雨烟区增密减氮对烤烟产质量及养分利用率的调控效应[J]. 水土保持学报，2020，34（5）：327-333.

[173] 姚洄，卢志琴，秦立俊. 江苏口岸出口肥料产品中有毒有害元素的统计分析与污染评价[J]. 江西农业学报，2023，35（07）：106-112.

[174] 余垚颖，蒋长春，顾会战，等. 有机无机复混钾肥钾素表观释放特征及对烤烟

产质量的影响[J]. 中国烟草科学，2016，37（1）：14-19.

[175] 佘文凯，武丽，芶剑渝，等. 有机无机复混肥在山地烤烟土壤中氮素的释放迁移[J]. 安徽农业大学学报，2019，46（6）：1048-1054.

[176] 闫芳芳，孔垂旭，张映杰，等. 产紫青霉对烟草根结线虫病的生物防治研究[J]. 中国农学通报，2022，38（33）：103-108.

[177] 云南省统计局. 云南统计年鉴（2020）[M]. 北京：中国统计出版社，2020：368.

[178] 云南省统计局. 2022云南统计年鉴[D]. 中国统计出版社，2022.

[179] 云南省烟草农业研究院. 烟用有机肥标准体系：DB53/T 605—2014[S]. 北京：中国标准出版社，2014.

[180] Zhang Y. W，Xu Z，Tang l. et al. Efects of diferent oroanic fertilizers on the microbes in rhizospheric soil of fue-cured tobacco[J]. Chinese Jourmal of Applied Ecology，2013，24（9）：2551-2556.

[181] 周博，高佳佳，周建斌. 不同种类有机肥碳、氮矿化特性研究[J]. 植物营养与肥料学报，2012，18（2）：366-373.

[182] 周黎，李宏光，付亚丽. 烤烟膜下小苗栽培优势及主要技术分析[J]. 安徽农业通报，2012，（3）：42-43，60.

[183] 周宽余，卢志俊. 旱地烤烟膜下移栽效果研究[J]. 山西林业科学，1998，26（4）：85-87.

[184] 周孚美，陈小虎. 烤烟施肥数学模型及推荐施肥专家系统研究[J]. 湖南农业科学，2016，（12）：68-72.

[185] 周修金. 机械深施化肥增效增收技术简介[J]. 中国农业信息，2014，（4）：42-43.

[186] 赵斌，何绍江. 微生物学实验[M]. 北京：科学出版社，2010：85-89.

[187] 赵英，郭旭新，樊会芳，等. 不同灌溉方式对猕猴桃园土壤团聚体结构和养分的影响[J]. 水土保持学报，2021，35（3）：320-325.

[188] 赵力光，唐兴莹，汤利，等. 化肥减量配施生物有机肥对植烟土壤微生物区系的影响及其与烤烟青枯病的关系[J]. 云南农业大学学报，2018，33（04）：744-750.

[189] 赵军. 不同氮源与用量对烟草生长及土壤养分的影响[D]. 泰安：山东农业大学，2013.

[190] 赵文超. 有机肥施用对烟田土壤细菌多态性的影响[D]. 泰安：山东农业大学，2016

[191] 赵鑫明. 利用MES处理废弃玉米芯及其基质特性研究[D]. 沈阳：辽宁大学，2023.

[192] 赵松义，肖汉乾. 湖南植烟土壤肥力与平衡施肥[M]. 长沙：湖南科学技术出

版社，2005.

[193] 朱英华，田维强，芶剑渝，等. 有机无机复混肥对水稻土烤烟养分积累、分配与利用的影响[J]. 中国烟草科学，2019，40（2）：30-37.

[194] 朱佩，张继光，薛琳，等. 不同质地土壤上烤烟氮素积累、分配及利用率的研究[J]. 植物营养与肥料学报，2015，21（2）：362-370.

[195] 朱梦遥，徐大兵，佀国涵，等. 不同种类有机肥对植烟土壤微生物功能多样性的影响[J]. 中国烟草科学，2022，43（02）：12-18.

[196] 张士荣，王军，张德龙，等. 有机肥 C/N 优化及钾肥运筹对烤烟钾含量及香气品质的影响[J]. 华北农学报，2017，32（3）：220-228.

[197] 张慧，李文卿，方宇，等. 施用不同肥料对烟草土壤细菌群落的影响[J]. 安徽农学通报，2019，25（10）：29-35.

[198] 张瑶，邓小华，杨丽丽，等. 不同改良剂对酸性土壤的修复效应[J]. 水土保持学报，2018，32（5）：330-334.

[199] 张勇，徐智，邓亚琴，等. 有机类肥料部分替代化肥条件下新垦红壤团聚体变化特征及其与土壤养分供应的关系[J]. 西南农业学报，2021，34（12）：2685-2690.

[200] 中华人民共和国烟草专卖局. 烤烟肥料使用指南：YC/Z 459—2013[S]. 北京：中国标准出版社，2013.

[201] 张一扬，粟深河，林北森，等. 靖西市植烟土壤有机质含量的时空变异特征[J]. 土壤，2020，52（1）：202-206.

[202] 张璐，任天宝，阎海涛，等. 不同有机物料对烤烟根际土壤碳库、酶活性及根系活力的影响[J]. 中国烟草科学，2018，39（2）：39-45.

[203] 张昊青，赵学强，张玲玉，等. 石灰和双氰胺对红壤酸化和硝化作用的影响及其机制[J]. 土壤学报，2021，58（1）：169-179.

[204] 张晓伟，杨宗云，倪明，等. 外源有机肥碳氮比对植烟红壤微环境及烟叶品质的影响[J]. 中国农学通报，2023，32（4）：127-134.

[205] 张晓伟，刘加红，戴绍明，等. 商品有机肥对黏性红壤团聚体分布、烤烟产质量及养分利用率的影响[J]. 西南农业学报，2023，36（8）：1818-1825.

[206] 张晓伟，余小芬，张连巧，等. 不同质地土壤化肥减施对烤烟产质量及肥料利用的影响[J]. 西南农业学报，2022，35（7）：1649-1656.

[207] 张炎民. 生物磷钾肥在烟草生产上的应用[J]. 烟草科技，1993，（2）：4-12.

[208] 张敬，刘思妤，马洪超，等. 中俄农业标准中有机肥料相关标准比对分析及趋势研究[J]. 标准比对，2022，（6）：189-192.

[209] 张明，帅希祥，杜丽清，等. 澳洲坚果青皮多酚提取工艺优化及其抗氧化活性[J]. 食品工业科技，2017，38（21）：195-199.

[210] 中华人民共和国农业部. 有机肥料：NY/T 525—2021[S]. 北京：中国农业出版社，2021.

[211] 中华人民共和国农业部. 生物有机肥：NY/T 884—2012[S]. 北京：中国农业出版社，2012.

[212] 中华人民共和国农业农村部. 生物炭基有机肥料：NY/T 3618—2020[S]. 北京：中国农业出版社，2020.

[213] 中华人民共和国林业局. 油茶饼粕有机肥：LY/T 2115—2013[S]. 北京：中国标准出版社，2013.

[214] 中华人民共和国农业农村部. 有机无机复混肥：GB/T 18877—2020[S]. 北京：中国农业出版社，2020.

[215] 中华人民共和国市场监督管理局、国家标准化管理委员会. 农用沼液：GB/T 40750—2021[S]. 北京：中国农业出版社，2021.

[216] 中华人民共和国农业农村部. 沼肥：NY/T 2596—2022[S]. 北京：中国农业出版社，2022.

[217] 中华人民共和国质量监督检验检疫总局. 饲料用菜籽粕：GB/T 23736—2009[S]. 北京：中国农业出版社，2009.

[218] 中华人民共和国农业部. 农用微生物菌剂：GB 20287—2006[S]. 北京：中国农业出版社，2006.

[219] 中华人民共和国农业部. 蔬菜育苗基质：NY/T 2118—2012[S]. 北京：中国农业出版社，2012.

[220] 中华人民共和国烟草专卖局. 烟草漂浮育苗基质：YC/T 310—2009[S]. 北京：中国标准出版社，2014.

[221] 中华人民共和国烟草专卖局. 烟草农艺性状调查测量方法：YC/T 142—2010[S]. 北京：中国标准出版社，2010：1-10.

[222] 中华人民共和国技术监督局. 烤烟：GB/T 2635—92[S]. 北京：中国标准出版社，1992：7-8.

[223] 中华人民共和国烟草专卖局. 烟草病害预测预报调查规程 第 5 部分：根结线虫病：YC/T 341.5—2010[S]. 北京：中国标准出版社，2010：1-12.

[224] 中华人民共和国质量监督检验检疫总局. 烟草病虫害分级及调查方法：GB/T 23222—2008 [S]. 北京：中国标准出版社，2008：17-25.

[225] 中华人民共和国石油和化学工业委员会. 分析实验室用水规格和试验方法：GB/T 6682—2008[S]. 北京：中国农业出版社，2008.

[226] 中华人民共和国工业和信息化部. 化肥产品化学分析常用标准滴定溶液、标准溶液、试剂溶液和指示剂：HG/T 2843—1997[S]. 北京：中国标准出版社，1997.

[227] 中华人民共和国烟草专卖局. 烟草及烟草制品-水溶性糖的测定-连续流动法：YC/T 159—2002[S]. 北京：中国标准出版社，2002：397-401.

[228] 中华人民共和国烟草专卖局. 烟草及烟草制品-总氮的测定-连续流动法：YC/T 161—2002[S]. 北京：中国标准出版社，2002：409-413.

[229] 中华人民共和国烟草专卖局. 烟草及烟草制品-总植物碱的测定-连续流动（硫氰酸钾）法：YC/T 468—2013[S]. 北京：中国标准出版社，2013：1-4.

[230] 中华人民共和国烟草专卖局. 烟草及烟草制品-钾的测定-连续流动法：YC/T 217—2007[S]. 北京：中国标准出版社，2007：1-4.

[231] 中华人民共和国烟草专卖局. 烟草及烟草制品-氯的测定-连续流动法：YC/T 162—2011[S]. 北京：中国标准出版社，2011：1-5.

[232] 中华人民共和国农业部. 有机肥料中土霉素、四环素、金霉素与强力霉素的含量测定高效液相色谱法：GB/T 32951—2016[S]. 北京：中国农业出版社，2016.

[233] 中华人民共和国国家质量监督检验检疫总局，中国国家标准化管理委员会. 烟草及烟草制品　转基因检测方法：GB/T 24310—2009[S]. 北京：中国农业出版社，2009.

[234] 中华人民共和国农业部. 植物中氮、磷、钾的测定：NY/T 2017—2011 [S]. 北京：中国标准出版社，2011：1-7.

[235] 国家市场监督管理总局，国家标准化管理委员会. 肥料中砷、镉、铬、铅、汞含量的测定：GB/T 23349—2020[S]. 北京：中国标准出版社，2020.

[236] 中华人民共和国农业部. 有机肥料粗灰分的测定：NY/T 303—1995[S]. 北京：中国标准出版社，1995.

[237] 中华人民共和国农业部. 有机肥料铜、锌、铁、锰的测定：NY/T 305.1-305.4—1995[S]. 北京：中国标准出版社，1995.

[238] 中华人民共和国农业部. 有机肥料中砷、镉、铬、铅、汞、铜、锰、镍、锌、锶、钴的测定　微波消解-电感耦合等离子体质谱法：NY/T 3161—2017[S]. 北京：中国标准出版社，2017.

[239] 中华人民共和国农业部. 肥料　硝态氮、铵态氮、酰胺态氮含量的测定：NY/T 1116—2014[S]. 北京：中国标准出版社，2014.

[240] 中华人民共和国农业部. 肥料钾含量的测定：NY/T 2540—2014[S]. 北京：中国标准出版社，2014.

[241] 中华人民共和国石油和化学工业联合会. 肥料中总镍、总钴、总硒、总钒、总锑、总铊含量的测定　电感耦合等离子体发射光谱法：GB/T 39356—2020[S]. 北京：中国标准出版社，2020.

[242] 中华人民共和国农业部. 肥料中粪大肠菌群的测定：GB/T 19524.1—2004 [S]. 北京：中国农业出版社，2004.

[243] 中华人民共和国农业部. 肥料中蛔虫卵死亡率的测定：GB/T 19524.2—2004[S]. 北京：中国农业出版社，2004.

[244] 中华人民共和国林业局. 森林植物与森林枯枝落叶层全硅、铁、铝、钙、镁、钾、钠、磷、硫、锰、铜、锌的测定：LY/T 1270—1999[S]. 北京：中国标准出版社，1999.

[245] 中华人民共和国煤炭工业局. 煤中腐殖酸产率测定方法：GB/T 11957—2001[S]. 北京：中国标准出版社，2001.

[246] 中华人民共和国工业和信息化部. 腐殖酸铵肥料分析方法：HG/T 3276—2019[S]. 北京：中国标准出版社，2019.

[247] 中华人民共和国石油和化学工业协会. 复混肥料中游离水含量的测定 真空烘箱法：GB/T 8576—2010[S]. 北京：中国农业出版社，2010.

[248] 中华人民共和国石油和化学工业联合会. 复混肥料中氯离子含量的测定：GB/T 15063—2020[S]. 北京：中国标准出版社，2020.

[249] 中华人民共和国石油和化学工业协会. 复混肥料中钙、镁、硫含量的测定：GB/T 19203—2003[S]. 北京：中国农业出版社，2003.

[250] 中华人民共和国石油天然气标准化技术委员会. 沉积岩中总有机碳测定：GB/T 19145—2022[S]. 北京：中国标准出版社，2022.

[251] 中华人民共和国标准化研究院. 测量方法与结果的准确度（正确度与精密度）第 1 部分：总则与定义：GB/T 6379.1—2004[S]. 北京：中国农业出版社，2004.

[252] 中华人民共和国标准化研究院. 测量方法与结果的准确度（正确度与精密度）第 2 部分：确定标准测量方法重复性与再现性的基本方法：GB/T 6379.2—2004[S]. 北京：中国农业出版社，2004.

[253] 中华人民共和国标准化研究院. 数值修约规则与极限数值的表示和判定：GB/T 8170—2008[S]. 北京：中国农业出版社，2008.

[254] 中华人民共和国住房和城乡建设部，国家市场监督管理总局. 有机肥工程技术标准：GB/T 51448—2022 [S]. 北京：中国农业出版社，2022.

[255] 中华人民共和国农业农村部. 畜禽粪便堆肥技术规范：NY/T 3442—2019[S]. 北京：中国农业出版社，2019.

[256] 中华人民共和国工业和信息化部. 肥料中有毒有害物质的限量要求：GB/T 38400—2019[S]. 北京：中国标准出版社，2019.

[257] 中华人民共和国工业和信息化部. 肥料标识 内容和要求：GB 18382—2021[S]. 北京：中国农业出版社，2021.

[258] 中华人民共和国生态环境部，中华人民共和国国家市场监督管理总局. 土壤环境质量 农用地土壤污染风险管控：GB 15618—2018[S]. 北京：中国农业出版社，2018.

[259] 中华人民共和国出入境检验检疫局. 出口有机肥、骨粒（粉）检验规程：SN/T 1049—2002[S]. 北京：中国农业出版社，2002.

[260] 中华人民共和国烟草专卖局. 烤烟栽培技术规程：GB/T 23221—2008[S]. 北京：中国标准出版社，2008.

[261] 中华人民共和国烟草专卖局. 烟草测土配方施肥工作规程：YC/T 507—2014[S]. 北京：中国标准出版社，2014.

[262] 中华人民共和国农业农村部. 肥料合理使用准则 有机肥料：NY/T 1868—2021[S]. 北京：中国标准出版社，2021.